普通高等教育土木工程学科精品规划教材(专业任选课适用)

地理信息系统原理及工程应用

THE PRINCIPLES OF GEOGRAPHIC INFORMATION SYSTEM AND ITS APPLICATION TO ENGINEERING

熊春宝　尹建忠　贺奋琴　**编著**

内 容 提 要

本书系统总结了已有地理信息科学的基本原理、地理信息技术的实践与应用成果，强调科学性、实用性与系统性相结合，内容丰富精练、简明易读。

本书内容主要包括地理信息系统基本概念、GIS 数据结构、GIS 数据获取与处理、GIS 数据存储与管理、GIS 空间分析原理与方法、GIS 应用与服务、地下管线 GIS 开发与应用、水科学中 GIS 的应用、土木工程中 GIS 的应用、环境工程中 GIS 的应用和海洋港口海岸工程中 GIS 的应用。书中每章均配有练习题，以便引导读者更好地理解和掌握相关知识。

本书可作为高等院校 GIS、地理、测绘、市政管理、水利、环境、海洋、港口、海岸、资源、气象等专业的本科生和研究生教材，同时可作为相关科研工作者、单位专业管理人员与地理信息开发人员的参考书目。

图书在版编目(CIP)数据

地理信息系统原理及工程应用/熊春宝，尹建忠，贺奋琴编著. —天津：天津大学出版社，2014. 7

普通高等教育土木工程学科精品规划教材. 专业任选课适用

ISBN 978-7-5618-5116-6

Ⅰ. ①地… Ⅱ. ①熊… ②尹… ③贺… Ⅲ. ①地理信息系统 - 高等学校 - 教材 Ⅳ. ①P208

中国版本图书馆 CIP 数据核字(2014)第 157724 号

出版发行 天津大学出版社
出 版 人 杨欢
地　　址 天津市卫津路 92 号天津大学内(邮编:300072)
电　　话 发行部:022-27403647
网　　址 publish. tju. edu. cn
印　　刷 廊坊市长虹印刷有限公司
经　　销 全国各地新华书店
开　　本 185mm × 260mm
印　　张 13. 5
字　　数 337 千
版　　次 2015 年 1 月第 1 版
印　　次 2015 年 1 月第 1 次
印　　数 1 - 3 000
定　　价 36. 00 元

普通高等教育土木工程学科精品规划教材

编写委员会

总序

随着我国高等教育的发展,全国土木工程教育状况有了很大的发展和变化,教学规模不断扩大,适应社会对多样化人才的需求越来越紧迫。因此,必须按照新的形势在教育思想、教学观念、教学内容、教学计划、教学方法及教学手段等方面进行一系列的改革,而按照改革的要求编写新的教材就显得十分必要。

高等学校土木工程学科专业指导委员会编制了《高等学校土木工程本科指导性专业规范》(以下简称《规范》),《规范》对规范性和多样性、拓宽专业口径、核心知识等提出了明确的要求。本丛书编写委员会根据当前土木工程教育的形势和《规范》的要求,结合天津大学土木工程学科已有的办学经验和特色,对土木工程本科生教材建设进行了研讨,并组织编写了"普通高等教育土木工程学科精品规划教材"。为保证教材的编写质量,我们组织成立了教材编审委员会,聘请全国一批学术造诣深的专家作教材主审,同时成立了教材编写委员会,组成了系列教材编写团队,由长期给本科生授课的具有丰富教学经验和工程实践经验的老师完成教材的编写工作。在此基础上,统一编写思路,力求做到内容连续、完整、新颖,避免内容重复交叉和真空缺失。

"普通高等教育土木工程学科精品规划教材"将陆续出版。我们相信,本套系列教材的出版将对我国土木工程学科本科生教育的发展与教学质量的提高以及土木工程人才的培养产生积极的作用,为我国的教育事业和经济建设做出贡献。

丛书编写委员会

土木工程学科本科生教育课程体系

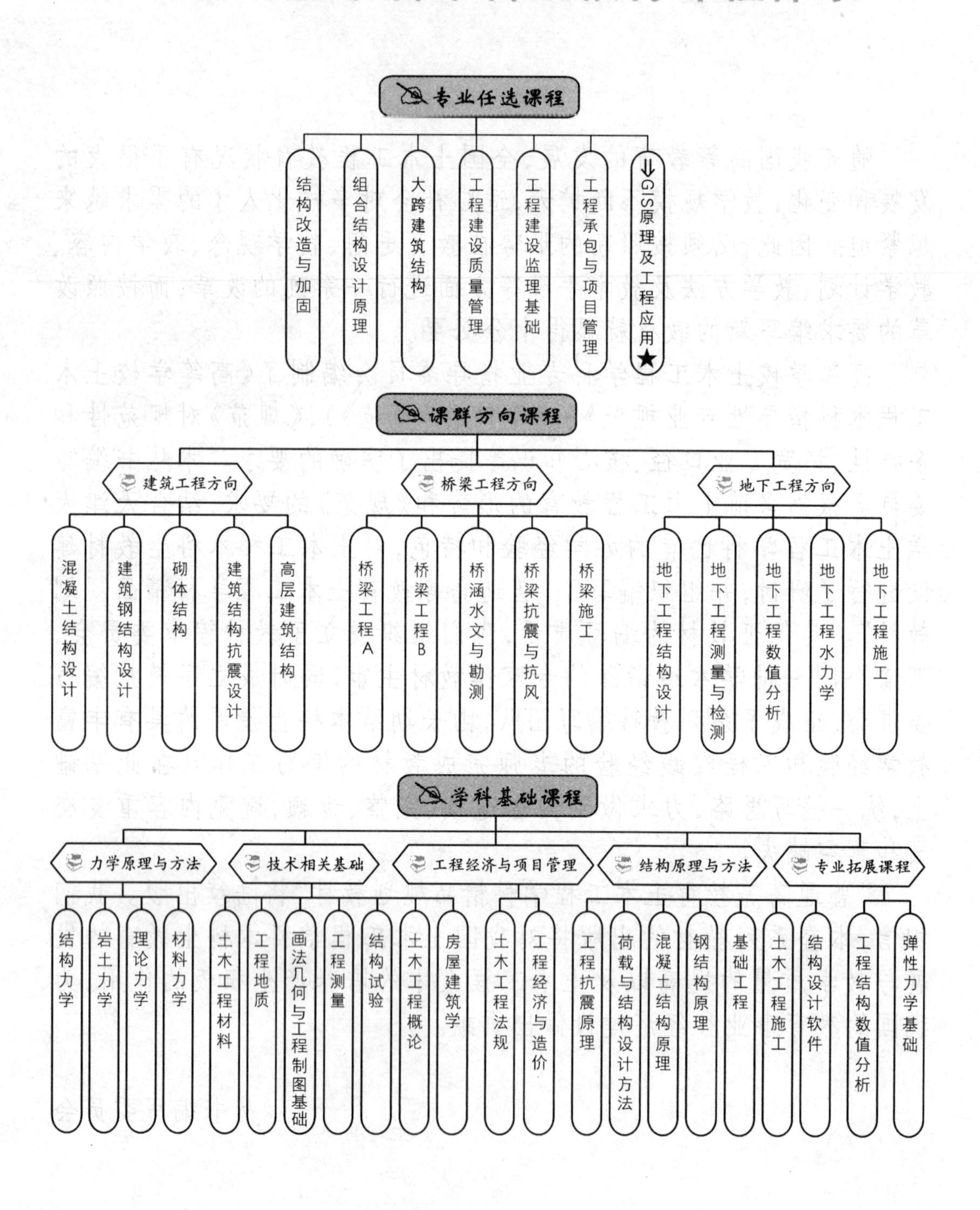

前言

地理信息科学与技术起源于20世纪60年代，其主要表现形式是计算机软件系统，用以处理空间数据、分析空间信息。经过50多年的发展，它在其他专业领域被接受的程度大大提高，并取得了很大成就。地理信息系统广泛应用于地理、测绘工程、市政管理、水利工程、环境监测、海洋工程、港口工程、海岸工程、资源管理、气象监测、交通运输以及政府各职能部门。

1992年地理信息科学之父M. F. Goodchild教授在《地理信息系统杂志》(*Journal of Geographical Information System*)上发表《地理信息科学》(*Geographical Information Science*)一文，最早提出了地理信息科学的概念。至此标志着地理信息系统从单纯的技术向交叉科学发展。*IJGISystem*国际杂志于1996年更名为*IJGIScience*，从侧面说明地理信息系统作为一门新型科学逐渐被广泛接受和认识。1999年，M. F. Goodchild教授在《地理信息科学杂志》(*Journal of Geographical Information Science*)上发表了《瓦伦纽斯项目介绍》(*Introduction to the Varenius Project*)一文，系统地讨论了地理信息科学的研究领域以及需要解决的问题。在国内，中国科学院和中国工程院院士李德仁学者在2000年阐述了地球空间信息科学的7个理论问题。2004年1月*NATURE*刊登了文章*Mapping Opportunities*，提出地学技术(Geotechnology)、纳米技术与生物技术将成为当今世界最具发展前景、最为重要和最为新兴的三大技术领域。在Google Earth推出以后，2006年2月*NATURE*刊登了文章*The Web-Wide World*，讨论Google Earth以及GIS的未来发展。国际杂志*NATURE*发表这些文章，在GIS相关领域的影响可想而知，对于GIS今后的发展相信会有深远的影响。中国“十一五”和“十二五”863专题领域中都设立了“地球观测与导航技术”领域，地理信息科学技术是其中一个重要的主题方向。

2009年7月3日，中国国家测绘地理信息局主办了以“加强地理信息应用服务，促进地理信息产业发展”为主题的全国地理信息应用成果及地图展览会。时任国务院副总理李克强同志参观了展览会并作了重要讲话。在讲话中对地理信息产业的发展前景及经济效益做出了精辟论述。地理信息产业发展前景十分广阔，在土木工程建设、交通物流、运输导航、工业生产、农业生产和居民生活等方面应用广泛；地理信息产业是一项高新技术产业，集数据采集与处理、信息管理与开发以及成果应用于一体。地理信息产业不仅与国民经济发展和人民生产生活高度相关，在国防建设中也发挥着重要的作用；地理信息产业涉及的技术含金量高、社会经济效益好，可以创造相当规模的社会就业岗位；地理信息产业在未来可预见的时期内有巨大的增长潜力和空间，可以更好地服务社会、服务民生。时任国务院总理温家宝同志对地理信息科学与产业的发展也非常关心，在 2011 年 3 月 5 日的国务院《政府工作报告》中也曾明确指出，需要积极发展地理信息科学与技术等新型服务与产业。时任国务院副总理李克强同志在 2011 年 12 月 17 日做出过重要批示，围绕"十二五"主题主线，测绘地理信息科学工作需要加快加强建设三大平台。这三大平台主要包括数字中国、天地图和监测地理国情。地理信息的服务性在今后的研究和发展中需要进一步强化，坚持更好地服务于社会经济、服务于国民生产生活。由此可见，地理信息科学与技术在中国即将进入高速发展的阶段。

本书就是在这样的时代背景下编写的。编写过程中作者参阅了国内外大量的地理信息相关资料。这些资料包括地理信息科学相关的教材、专著和学术论文。编写过程中作者还总结了地理信息科学的教学和科研成果。全书共由十一章组成。天津大学熊春宝撰写了第 1、2、3 章，天津大学尹建忠撰写了第 4、5、8、9 章，天津理工大学贺奋琴撰写了第 6、7、10、11 章。最后由熊春宝教授统稿、审校和定稿。感谢天津大学苑希民教授提供了相关图片，感谢成都理工大学何政伟教授对本书的审阅和提出的修改建议，感谢地质灾害防治与地质环境保护国家重点实验室开放基金项目（SKLGP2011K005）的资助！

本书可作为高等院校地理信息科学相关专业本科生和研究生的教材和辅助读物。相关科研工作者、单位专业管理人员和地理信息系统开发人员也可以将本书作为参考书目。本书还可以作为土木、水利、港口、海岸、海洋、环境、建筑等专业学生的选修和自修读物。

地理信息科学与技术发展迅速，而且很多原理和方法也正处于研究和探索阶段。由于作者的水平有限，书中难免出现错误和不合理之处，欢迎同行专家和读者不吝指正。

编著者

2014 年 5 月

目　　录

第1章　绪论

地理信息系统(Geographic Information System,GIS)既是一项技术,也是一门科学。本章将围绕地理信息系统的一些最基本的但又是非常重要的概念进行阐述,主要介绍GIS的基本概念、GIS的体系结构环境、GIS的分类、GIS的功能与应用、GIS的研究内容与相关学科、GIS的发展与云GIS的一些基本概念,引导大家走进GIS世界,体会GIS的魅力。

1.1　GIS的基本概念

1.1.1　地理信息

朗文辞典(*Longman Dictionary of Contemporary English*)对于"信息(Information)"一词是这样定义的:facts or details that tell you something about a situation, person, event, etc.。1928年,R. V. L. Hartley在贝尔系统技术杂志(*Bell System Technical Journal*)第7卷第3期上发表了信息传输(*Transmission of Information*)一文,文中将信息定义为包含新内容和新知识的消息。C. E. Shannon博士于1948年发表《通信的数学理论》,在该论文中认为用以消除随机不确定性的东西称为信息。美国数学家、控制论的奠基人N. Wiener于1948年在其《控制论:或关于在动物和机器中控制和通信的科学》一书中提出,信息是我们在适应外部世界、控制外部世界的过程中同外部世界交换的内容的名称。英国学者Ashby于1956年提出,集合的变异度可以理解为信息,客观事物本身具有变异度是信息的本质。意大利学者G. Longo于1975年提出,用以反映客观事物的构成、相互关系以及相互差别的东西可以理解为信息。目前,有不少学者认同"信息是反映事件的内容"的说法。可见,至今为止,对于信息的概念,仍然仁者见仁、智者见智。百度百科是这样解释的:信息,指音讯、消息,是通信系统传输和处理的对象,泛指人类社会传播的一切内容。人通过获得、识别自然界和社会的不同信息来区别不同事物,得以认识和改造世界。在一切通信和控制系统中,信息是一种普遍联系的形式。

地理信息(Geographic Information)是指地球表面客观地理物体、现象或事件时空分布的相关信息,它表示物体、现象、事件和周围环境固有的空间分布(质量、数量、位置、形状及空间关系等)和规律。地理信息具体的记录和表现形式包括数字、文字、图形、图像等资料。地理信息属于空间信息。

地理物体、现象或事件的空间分布特征主要包括位置、形状及相互空间关系等,也是地理信息与其他类型信息的本质区别。地理信息具有三个非常明显的特性,是地理信息的显著标志,这三个特性分别是空间定位、多维结构和时态变化。

1.1.2　地理信息系统

信息系统(Information System)是一种运行于计算机或其他终端的软件系统。它能够提供有用的信息,以便于人类做出决策。信息系统主要由计算机支持,使用计算机收集、存储、管理、处理数据，进而生成信息，通过网络通信设备传输信息。计算机的诞生与发展，导致了一场信息革命。目前，计算机已经广泛而深入地应用于各个专业领域。信息系统是以计算机软硬件处理数据流，网络通信设备传输信息流的人机交互系统，其中数据源是信息系统运行的动力，信息用户是信息系统存在的根本。一个成熟、稳定、安全的信息系统主要包括计算机硬件、软件、数据、方法和人员五大要素（图 1－1）。

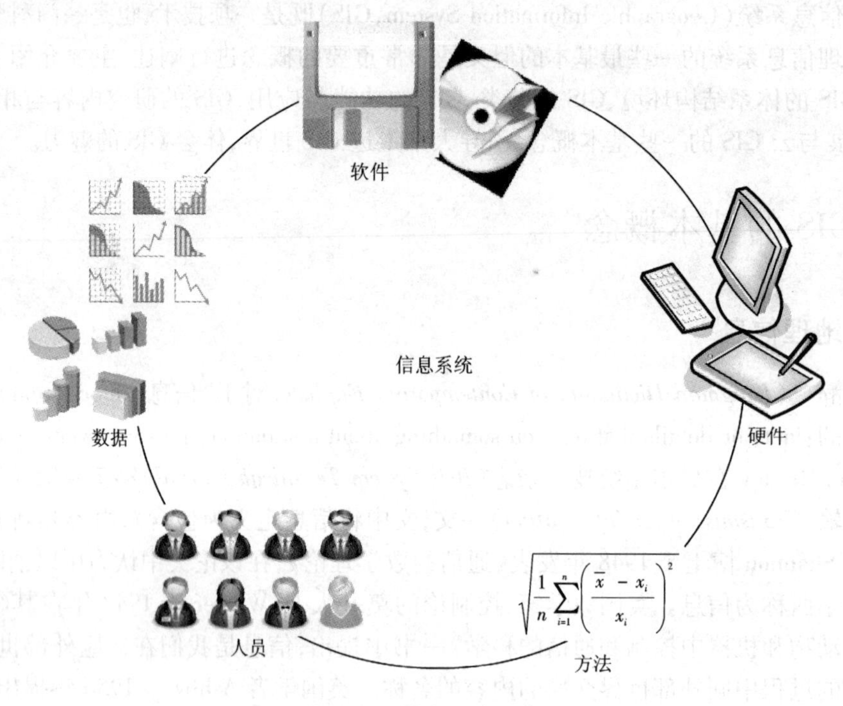

图 1－1　信息系统要素

地理信息系统是具有处理空间数据和传输空间信息功能的一种特定的信息系统。地理信息系统是利用计算机软硬件和网络通信设备，对地理物体、现象或事件的相关空间分布的数据进行处理和分析，获取空间信息并传输的计算机信息系统。它一方面是处理地理数据的高新技术，另一方面又是跨学科的边缘交叉新型科学。其技术支持为计算机软硬件，科学基础是地学及相关学科的理论和方法。地理信息系统支持对地理物体、现象或事件的空间数据进行获取、建库、建模和分析，对空间信息进行传输和输出，以便在生产实践、规划管理和科学研究中解决复杂的决策支持和科学问题。

地理信息系统是信息系统的特例，信息系统的所有特点在地理信息系统中都能得到体现。客观世界的地理物体、现象或事件在地理信息系统中被抽象成相应的地理要素。这些要素至少由空间位置和非空间位置两种数据组成，分别称为空间数据和属性数据。地理信息系统需要协同处理地理物体的空间数据和属性数据，从数据获取到信息输出的整个过程都需要协同处理，这是区别于其他信息系统的本质特征。

地理信息系统的直观表现是一个软件系统，运行于计算机或其他终端（手机、平板电脑等）硬件上，但其本质是采用地学相关科学方法，通过编写代码程序，将地理空间数据进行空间信息模型化。地理信息系统具有以下三个方面的重要特征。

1. 空间定位性

地理信息系统处理的是地理物体、现象或事件的空间数据，具备空间定位的特性，是区别于其他信息系统的本质特征。

2. 数据海量性

地理信息系统处理的全球或区域的地理空间数据，尤其是高分辨率的遥感影像数据，本身就是海量数据。数据的海量性还体现在空间数据分析处理过程中不断产生新的中间结果空间数据，这些数据也是海量数据。

3. 数据复杂性

地理信息系统需要协同处理空间要素的定位信息、空间关系和属性信息。处理空间要素的图形本身就是一个复杂的问题，而且还要处理空间关系和属性数据，可见地理信息系统处理数据的复杂性。

1.2　GIS 的体系结构环境

GIS 作为一个计算机信息系统，其体系结构环境包括计算机硬件环境、软件环境、网络环境、空间数据环境、方法环境和人员环境六部分。计算机硬件、软件环境和网络环境是 GIS 运行的技术支持，空间数据环境是 GIS 的处理对象，方法环境是 GIS 处理数据的理论方法，人员是 GIS 开发、维护和使用的主体。GIS 的体系结构环境可以综合描述为图 1 - 2。

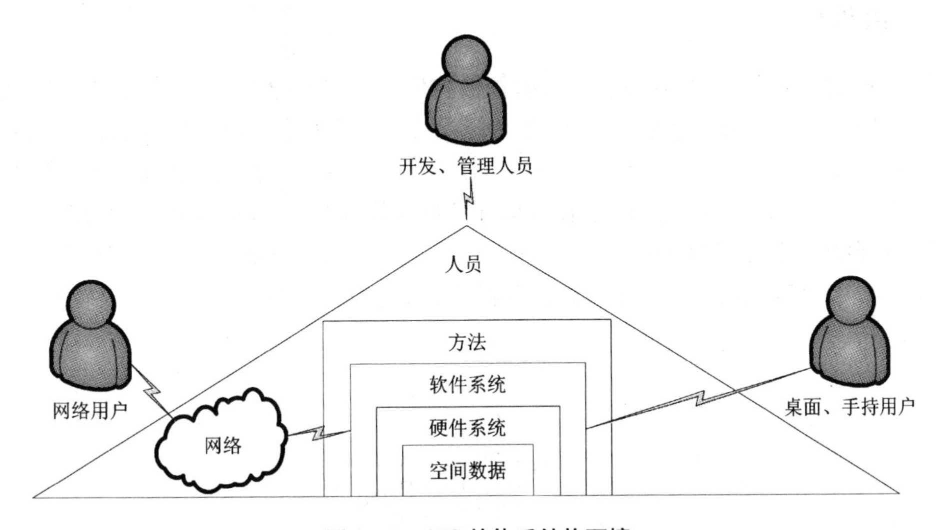

图 1 - 2　GIS 的体系结构环境

1.2.1　硬件环境

硬件环境是载荷 GIS 空间数据的物理实体，是计算机、平板电脑和手机等系统中的实际物理配置的总称。GIS 的运行效率、规模、计算精度、使用方法等都与硬件配置环境密切相关，受硬件环境的支持或制约非常显著。

GIS 硬件环境从空间数据采集到信息输出整个流程都是必需的，主要分为输入环境、处理环境、存储环境和输出环境四个部分。由于 GIS 处理的空间数据具有复杂性和海量性等特性，GIS 硬件环境（图 1 - 3）必须都能够支持计算机环境，能够与计算机无缝通信链接。

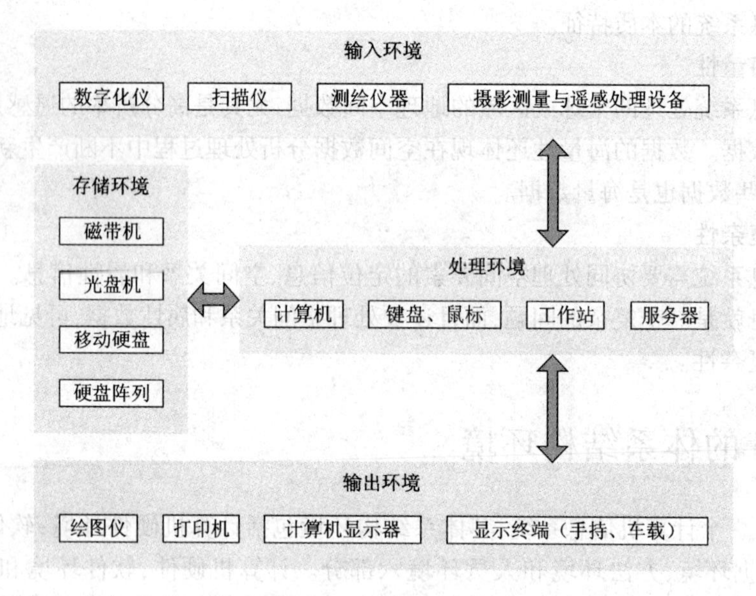

图 1-3 GIS 硬件环境

1.2.2 软件环境

软件环境是指支持 GIS 运行所必需的各种软件程序，包括计算机或其他终端的软件程序（图 1-4）。其他终端包括手持终端、车载终端或移动终端等。软件环境通常包括 GIS 支撑软件、GIS 开发平台软件和 GIS 应用软件三类。其中，GIS 支撑软件是指 GIS 运行所必需的运行于各种终端上的系统软件，主要包括计算机操作系统、终端操作系统、数据库系统等；GIS 开发平台软件包括开发语言软件、GIS 二次开发平台或 GIS 商业软件；GIS 应用软件一般是通过二次开发创新，在 GIS 平台软件基础上，形成的深入专业领域的应用软件，一般是面向专业应用部门的。

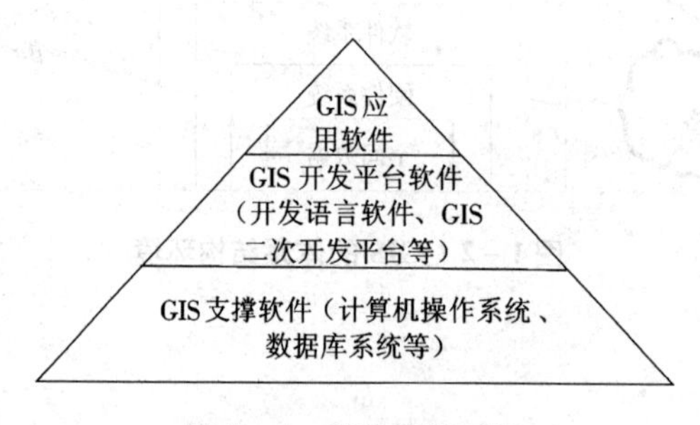

图 1-4 GIS 软件环境

1.2.3 网络环境

网络环境在 GIS 运行中的主要作用是传输地理信息，即上传地理信息请求和下传地理信息服务。随着技术的高速发展和 GIS 在生产实践中的需求日益高涨，网络技术特别是移动网络技术与 GIS 技术结合日益紧密。将 GIS 服务通过网络环境向大众发布，是 GIS 发展的必然。GIS 技术通过网络环境逐渐走入大众的生活，GIS 发展成为了 IT 领域的一个重要方向。

由于GIS处理图形、图像数据的海量性特征,在地理信息传输过程中,对网络环境的要求较高,即对设备要求、带宽要求和信号质量要求都很高。网络环境形式多样、性能各异,根据网络覆盖空间的分布范围一般分为小区网、局域网、城域网、广域网。在网络环境的作用下,GIS由集中式向分布式、移动式和Web GIS高速发展。

1.2.4　空间数据

以地球表面空间位置为参照的自然地理实体、人类活动的工程、自然和社会事件等的数据,称为空间数据。空间数据表达形式多样,可以抽象成图形和图像,还可以用文字、数字和表格等形式表达。空间数据是地球表面现实世界的抽象,以便于GIS操作对象。空间数据输入GIS后,是GIS空间分析的数据源。GIS不同的用途决定了其对空间数据的类型和精度要求是不同的,但基本上空间数据有以下三个特征。

1. 空间定位特征

空间定位特征标识地理实体或事件在地球表面定义的某个坐标系中的空间位置,即几何坐标。坐标系可以是大地坐标系、直角坐标系、极坐标系或者是自定义坐标系。数据记录形式可以是数字化的经纬度、平面直角坐标、极坐标等数据,也可以是栅格化的行、列矩阵形式的数据。

2. 地理相关性

地理相关性描述地理实体或事件之间的位置和方位关系,即拓扑关系。地理相关性表示地理实体或事件抽象之后的点、线、面元素之间的空间联系,如道路网结点与道路网线之间的枢纽关系,行政边界线与行政区面实体间的构成关系,湖面实体与岛面实体或内部点的包含关系等(图1-5)。地理空间数据的编码、存储记录格式的定义、数据库管理、地理要素的检索查询分析和空间分析模型的构建都与空间数据的拓扑关系有紧密关系,是GIS区别于其他信息系统的特色之一。

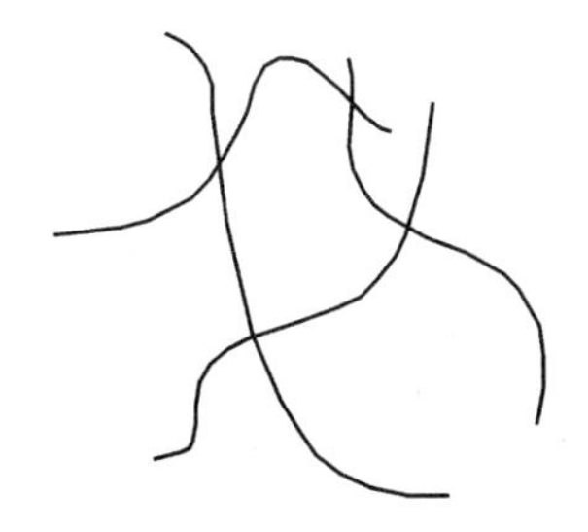
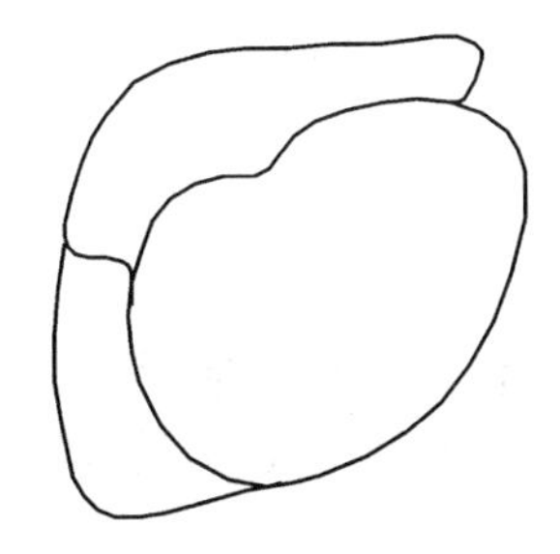

图1-5　空间数据的拓扑关系

3. 地理实体属性特征

地理实体属性特征是描述和说明地理空间实体或事件的地理意义或非几何特征,简称属性(Attribute)。地理实体或事件的属性记录可以定性描述和定量描述。定性描述主要包括以描述性的文字文本记录要素的名称、类型、特性等,定量描述主要包括以量化的数字或字母记录要素的数量或等级等。定性描述的属性包括植被种类、河流名称、建筑物用途、行政区划等,定量描述的属性包括河流长度、湖泊面积、水文站流量、港口吞吐量、淹没损失等。属性数据主要通过记录、分级、丈量、分类和定名等方式获取。属性数据获取时的分级标准、定名规则等对系统的性能影响很大,因为GIS的空间分析、表达和要素检索经常会通过地理实体的属性信息操作。

空间数据的以上三个特征决定了定义空间数据结构和空间数据编码的特殊性,同时决定了管理空间数据和空间分析是 GIS 的特殊能力，是区别于其他信息系统的重要特征。

1.2.5 模型方法

GIS 中的模型方法主要是指人员在开发和应用 GIS 时所用的各种软件开发和处理空间数据的方法手段，其中主要包括系统的开发方法、空间数据处理的模型及算法。

1.2.6 人员

人员是 GIS 体系结构中不可或缺的一个环节，人员在 GIS 的整个生命周期中起到非常重要的作用，决定了一个 GIS 平台从设计到运行和维护的质量。人员主要包括系统架构设计人员、程序开发人员、系统管理人员、系统维护人员、系统更新人员和系统使用人员（图 1－6）。

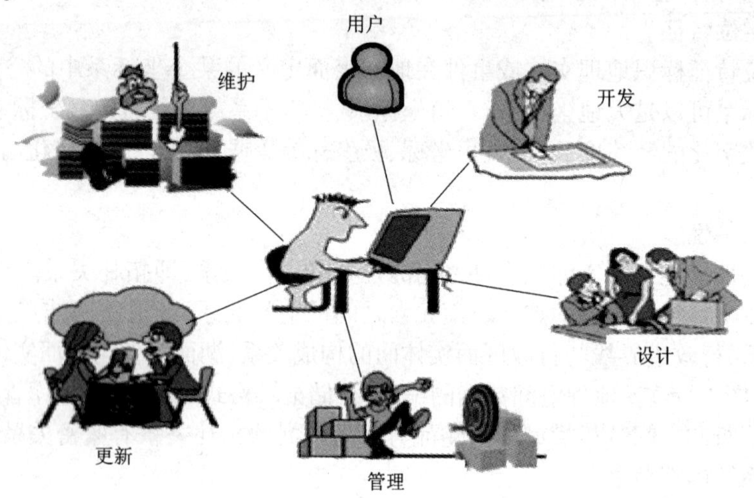

图 1－6 GIS 人员

1.3 GIS 的分类

GIS 从诞生到目前的广泛应用，一直以来都没有统一的类型划分标准。GIS 的分类一般可根据 GIS 的使用人员、数据结构、空间维数、运行环境和方式等划分（表 1－1）。

表 1－1 GIS 的分类

<table>
<tr><td rowspan="8">GIS</td><td rowspan="5">使用人员</td><td rowspan="4">应用型</td><td>专业型 GIS</td><td>专题 GIS、区域 GIS 和全球 GIS</td></tr>
<tr><td rowspan="3">大众型 GIS</td><td>手持 GIS(Hand-held GIS)</td></tr>
<tr><td>车载 GIS(Car GIS)</td></tr>
<tr><td>网络 GIS(Web GIS)</td></tr>
<tr><td>开发型</td><td colspan="2">平台 GIS(二次开发平台 GIS)</td></tr>
<tr><td colspan="2">数据结构</td><td colspan="2">矢量 GIS、栅格 GIS、矢量－栅格 GIS</td></tr>
<tr><td colspan="2">空间维数</td><td colspan="2">2D GIS、3D GIS、TGIS(时态 GIS)</td></tr>
<tr><td colspan="2">运行环境和方式</td><td colspan="2">桌面 GIS、网络式 GIS、集成式 GIS、模块化 GIS(组件式 GIS)和互操作 GIS</td></tr>
</table>

1.3.1 使用人员

从使用人员角度出发，GIS 可分为应用型和开发型两大类，前者强调 GIS 的社会服务，可再分为专业型 GIS 和大众型 GIS；后者侧重 GIS 的二次创新，主要是指二次开发创新平台，由成熟的商业化 GIS 软件提供。

1. **应用型** GIS

应用型 GIS 是面向用户需求和应用目的，解决人们生产和生活中面临的实际问题，主要应用于专业领域和大众生活的一类或多类专门型 GIS，一般是在开发型 GIS 的平台上通过二次开发完成的。应用型 GIS 兼具 GIS 基本功能和专业应用功能，但专业应用功能的目的性很强，是应用型 GIS 的重点。

应用型 GIS 按使用人员的专业素质可以划分为专业型 GIS 和大众型 GIS 两种类型。

专业型 GIS 主要包括以下三种：专题 GIS、区域 GIS 和全球 GIS。专题 GIS 是为特定专业服务的、具有很强专业特点的 GIS，如水利 GIS、水资源 GIS、城市管网 GIS、土建 GIS、港口航道 GIS 等。区域 GIS 主要以区域综合地理信息研究为目标，按区域大小一般有国家级、地区、省级、市级等不同行政区域的 GIS，如江苏省 GIS、深圳市 GIS；也可以是按照地理、海区、流域等自然区域为单位的区域 GIS，如南方电网 GIS、北方海区 GIS 和黄河流域 GIS。全球 GIS 主要以全球综合地理信息研究为目标，如 Google Earth、全球植被覆盖 GIS 等。

大众型 GIS 是一种服务于社会大众，用户不需要很强的 GIS 专业素质，只需要有一般的地图常识即可操作的 GIS。如手机定位 GIS、车载导航 GIS、百度地图和 Google 地图等。

2. **开发型** GIS

GIS 是一个复杂、庞大的软件系统，成熟的商业化 GIS 软件不可能解决所有的专业问题，因此用商业 GIS 解决实际问题尚需用户进行一定程度的专业开发。开发型 GIS 具有 GIS 操作空间数据的基本功能，并且向用户提供大量接口，称为 GIS 二次开发平台。开发型 GIS 可以降低人力、物力和时间的浪费以及开发成本，相当于站在巨人的肩膀上前进。开发型 GIS 为 GIS 用户提供接口技术，结合专业领域的模型或算法，二次创新开发专业应用的 GIS，完成相应任务。目前比较流行的二次开发平台有 ArcGIS、MapInfo、GeoStar、MapGIS 和 SuperMap 等。

1.3.2 数据结构

从 GIS 支持的数据结构出发，GIS 可分为矢量 GIS、栅格 GIS 和矢量－栅格 GIS 三种类型。这种划分是以 GIS 支持的空间数据作为划分标准。尽管可以按照空间数据结构划分 GIS 的类型，但一般没有严格的分界。例如，矢量 GIS 并不是不能处理栅格数据，只是功能强弱的问题；同样，大部分遥感图像处理软件并不是不能处理矢量数据，而是处理矢量数据的功能相对专业的 GIS 要弱一些。

1.3.3 空间维数

从 GIS 处理空间数据的维数出发，GIS 可分为二维 GIS（2D GIS）、三维 GIS（3D GIS）和时态 GIS（Temporal GIS，TGIS）等类型。

以处理二维空间数据和二维空间分析为主的地理信息系统，称为二维 GIS。在二维 GIS 基础上增加高程信息，并将高程信息称作属性信息，高程信息作为因变量构建数字高程模型的GIS,称为2.5维GIS。当二维平面位置和高程信息都作为自变量构建数据模型时,即形成所谓的三维GIS。当把时间作为一个维数构建空间数据模型时,用以描述地理要素在空间上随时间变化的空间信息变化情况,形成时态GIS。

随着GIS的发展,GIS空间维数由2维向2.5维和3维甚至更高的维数发展。但是2.5维GIS和3维GIS之间一直存在分歧和争议。先后还曾出现了一些新的名词,如2.75D GIS、表面3D GIS、3D城市模型、真3D GIS等。实际上,不管是2.5 D、2.75 D、假3D GIS,它们与真3D GIS的区别在于:前者构建的是表面数据模型,不表达空间实体的内部结构属性;而后者构建的是实体数据模型,表达实体表面的同时还表达实体内部的结构属性。

1.3.4 运行环境和方式

从软件运行环境和方式出发,GIS可分为桌面GIS、网络式GIS、集成式GIS、模块化GIS(或称组件式GIS)和互操作GIS等几种类型,这些类型实际上代表了GIS软件运行环境和方式。

1. 桌面GIS

桌面GIS主要运行于单机或服务器电脑桌面的GIS,其特点是C/S模式架构,GIS往往只能满足单个用户或局域网内部的用户需求。

2. 网络式GIS

网络式GIS主要通过网络传输运行,其主要特点是B/S模式架构,GIS能够面向广域网用户的需求,但是运行于局域网之内的网络式GIS可以是C/S模式架构的。随着国际互联网的高速发展,GIS迎来了新的发展机会,Web GIS是Web技术和GIS技术结合之后诞生的新技术。

3. 集成式GIS

随着GIS技术的发展,各种商业化、成熟稳定的GIS逐步形成大型软件包,走向集成化。集成式GIS的特点是系统复杂、庞大,向专业领域延伸,如ArcGIS软件包中集成了水文模块、商业选址等。尽管这样,集成式GIS还是只能作为基础平台,不能作为专业应用平台,但是集成化会导致GIS开发成本增高。

4. 模块化GIS

模块化GIS有时也称作组件式GIS。GIS面对不同的专业领域和功能划分模块,基于标准的组件式平台,按功能模块开发组件式的GIS,形成模块化组件形式的GIS。模块化GIS从技术角度出发,便于开发、维护和应用,如同搭积木;从服务和销售角度出发,便于用户灵活选择和组合。模块化GIS具有较大的软件工程性目的,但是与专业领域的应用模型等进行集成时,增加了无缝集成的难度;模块组件具有可视化的界面和使用方便的标准接口,使用户进行二次开发更方便。

5. 互操作GIS

在计算机网络通信环境下,遵循公共接口标准,GIS可实现互操作。互操作GIS方便空间数据传输和处理功能的共享。

1.4　GIS 的功能与应用

1.4.1　GIS 的功能

目前,商用 GIS 软件包的功能多样化,技术各有特点,优缺点各不相同。但通过总结,不难发现这些 GIS 软件包都提供了如下功能:数据采集(Data Acquisition)、数据编辑与处理(Data Preliminary and Processing)、数据存储与管理(Date Storage and Retrieval)、数据查询与分析(Date Search and Analysis)、数据显示与交互(Date Display and Interaction)、数据输出(Data Output)(图 1-7)。

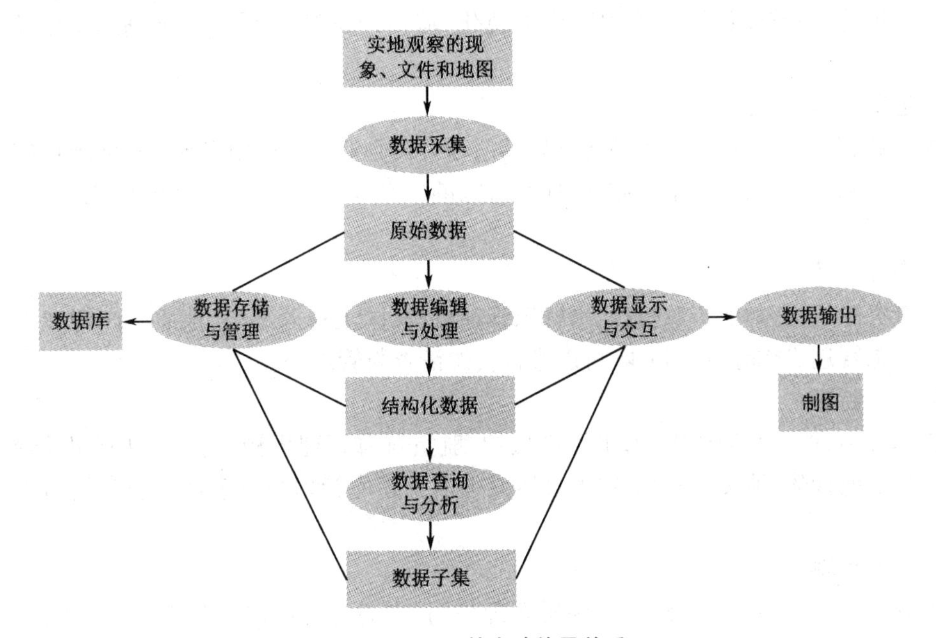

图 1-7　GIS 基本功能及关系

图 1-7 说明了 GIS 需要具备的基本功能以及这些功能相互之间的关系。这些功能将使数据在处理的前后有不同的表现形式。数据采集是通过各种技术手段对现实世界的地理实体或事件进行观测,或者从历史图件和记录文本中获取现势数据。历史数据中很多已经是数字化处理过的,但受限于数据结构的不同,在使用之前需要进行数据的编辑与处理,将原始数据转换为系统能够认识的结构化数据,以使其能够被系统存储、查询和分析。数据查询和分析是对整个数据集中求取感兴趣的数据子集,将查询和分析结果以电子格式交互或输出打印纸质地图的形式显示。GIS 在整个操作过程中,不停地需要数据存储以及交互表现,数据存储与显示在 GIS 数据处理中贯穿始终。

1.4.2　GIS 的应用

GIS 具有强大的空间数据处理和分析功能,在国家宏观决策和科学研究中能发挥重要的作用,是一个重要的技术工具,同时也使它成为需要通过空间分析获取空间信息的各专业领域的基本工具。GIS 的主要应用领域如下。

1. 测绘、地图制图

各级测绘部门可以应用 GIS 进行数字测绘,制作各种版本的数字地图、网络地图、电子地图、手机地图和车载地图等。

2. 水利管理

水利部门的防汛抗旱指挥部在防洪、抗旱、防凌等工作以及洪水风险分析、洪水风险图制作、水利设施管理和调度、水利普查和规划等工作中,GIS 都是不可或缺的强大工具。GIS 为水利现代化、数字水利和智慧水利提供了强有力的技术支持。

3. 土木、城建、规划管理

土木及市政工程设计与管理部门、城市交通部门、道路建设部门、城市规划设计与管理部门、自来水公司、煤气公司、电力局或电力公司、电信局或电信公司等可以运用 GIS 进行城市三维可视化、市政建设地下工程三维可视化、城市地下管线信息管理、城市房产信息管理等。

4. 港口、海洋工程

海洋局、海事局和港务局等涉海管理部门和公司企业可以运用 GIS 进行海上设施管理、船舶动态监测、海上溢油污染控制和风险评估、港口设施管理、海洋资源管理、海岸工程管理以及风险评估等。

5. 资源管理

水电资源机构、林业资源机构、水资源管理机构、国土资源部门、地质矿产管理机构、煤炭石油资源管理机构等,运用 GIS 可以进行资源清查与管理等。

6. 灾害监测

农林机构、地震监测机构、海事海洋机构、航空航海管理机构等,运用 GIS 进行森林火灾、干旱、土地沙化、地震、海啸等重大自然灾害信息建库管理与灾害评估、分析、预测、急救指挥等。

7. 交通运输

市政建设部门、公安交警大队、路桥管理公司、交通管理部门及其设计院、民航机场管理、铁路运输管理和设计部门等,运用 GIS 进行交通信号、道路拥堵状态、车辆监控、路面监测、道路规划设计、城市公共交通以及公路、航运、航空和铁路运输设计和管理等。

8. 环境保护

环境保护与监测单位、环境规划与管理部门、环境研究学术机构等,运用 GIS 建设环境信息数据库,管理、监测与研究环境的变化、分析环境的影响因素、预报环境的变化趋势等。如森林资源环境及物种多样性的遥感监测、流域生态环境景观格局分布设计与研究、湿地环境生态与地理分布研究、海洋环境形势和水环境的空间分布研究、野生动物生态与地理环境分布研究等。

9. 国防、军事

国防、军事部门可运用 GIS 进行战略构思、战术设计、战场状态模拟、军事目标自动识别、战场地形地势实时影像处理等。

10. 政府宏观决策

各级政府的决策与管理部门运用 GIS 空间分析功能和拥有的庞大数据库,可以构建决策模型、模拟比较决策过程及相应决策带来的风险和效益,为各个层面的宏观决策提供依据。

综上所述，GIS与人民大众密切相关，是生产和生活不可缺少的应用工具，它必将为国民经济的发展和人类社会的进步发挥巨大的作用。

1.5 GIS的研究内容及相关学科

1.5.1 GIS的研究内容

GIS的产生源于地理科学研究和生产实践的需求，GIS通过广泛应用，不断完善技术系统，并逐渐丰富GIS的理论；GIS科学理论的研究又指导GIS技术的高速发展，拓展GIS的应用领域向纵深发展；GIS应用领域的拓展，又为GIS技术方法和理论带来新的研究方向和要求。因此，GIS的研究内容主要有三个方面，即基本理论、技术系统和应用方法（图1-8），且这三个方面的研究内容是相互联系、相互促进的。

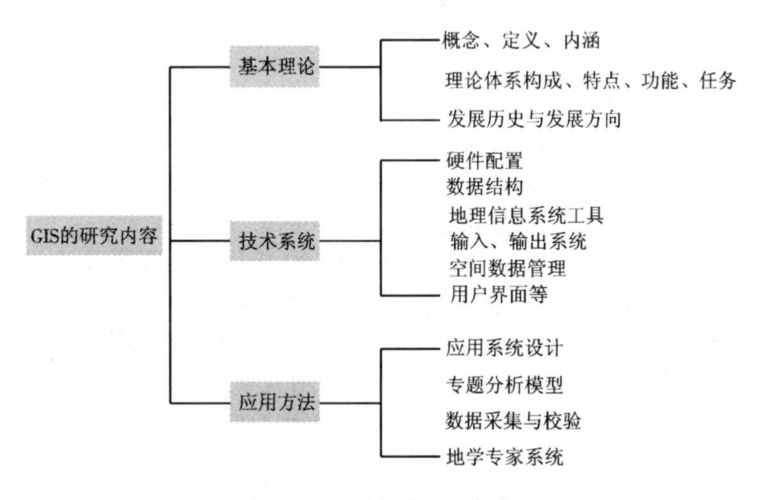

图1-8 GIS的研究内容

1.5.2 GIS的相关学科

GIS是20世纪60年代开始迅速发展起来的一项新的技术和一门新的学科，发源于多个传统学科的交叉边缘，融合了相关传统科学理论和现代高科技技术。GIS为这些相关传统学科的发展提供了数据处理的新技术、新方法，而这些相关传统学科的发展又从不同的角度不同程度地影响着GIS的发展，为其提供理论和技术的支持。为了深刻体会GIS发展的奥妙，了解和认识GIS的相关学科是非常必要的。

地球科学是研究地球内部和表面人类生活空间的学科，研究地球表面地理实体或事件的空间分布有悠久历史，它为GIS发展提供了技术方法和理论依托，是GIS发展的根源。一方面，地球科学有许多分支学科都为GIS提供理论支持，如地理学、地质学、地图制图学、大地测量学等从不同的角度为GIS发展提供理论；另一方面，计算机相关学科的发展，为GIS提供技术支持，使GIS得到充分发挥。GIS的相关学科如图1-9所示。

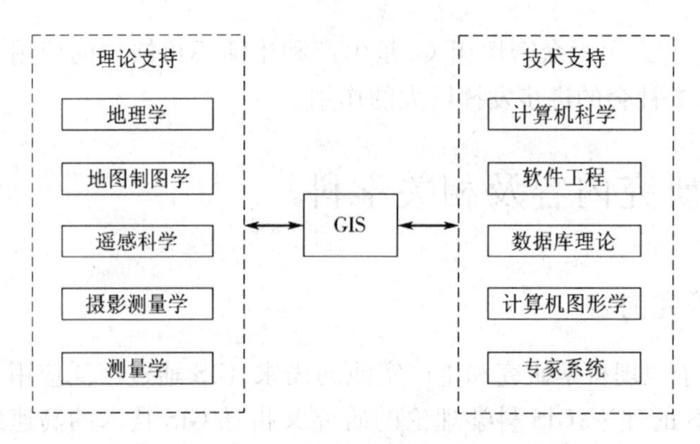

图1-9　GIS理论及技术支持的相关学科

1.6　GIS的发展与云GIS

1.6.1　GIS的发展

地图是GIS的雏形,二者都可承载地理信息。GIS和地图的最终目的都是显示空间数据和传递空间信息,但是二者在数据采集和处理流程上不尽相同。可以形象地说,地图是地球科学发展的第二代语言,而GIS则是地球科学发展的第三代语言。

在计算机科学及图形学发展的基础上,20世纪60年代初出现了计算机存储和显示的电子地图。麻省理工学院在图形计算机显示器领域起步较早,于1950年首先制造了世界上第一台图形显示器,为电子地图或GIS的信息传递开辟了新途径;滚筒式绘图仪于1958年在美国研制成功;计算机图形学作为一个专业术语,于1962年首次由Ivan E. Sutherland博士在其学位论文中提出,文中论证了人机交互式计算机图形学是一个有用的崭新研究领域,从而推动计算机图形学成为独立的一个分支学科。在此基础上,GIS开始发展。

随着计算机软硬件技术的飞速发展,20世纪70年代以后大容量的计算机硬盘设备和显示设备诞生,为空间数字图形数据的存取、处理和输出提供了强有力的支持和保障。日本国土交通省下属的国土地理院从1974年开始建立大型的地理空间数据库,存储航空影像、地形地质等海量空间数据,进行空间分析获取空间信息,并制定GIS数据的国家标准,为本国的土地规划和地理空间情报服务;美国于1976年研制成功影像信息系统(Image Based Information System,IBIS),可以处理Landsat影像数据和地理信息空间数据。在这期间,GIS在中国也开始起步,1974年引入卫星遥感技术,展开了大量的卫星影像解译和资源清查工作,并且开始了机助制图和数字高程模型研究。中国国家测绘地理信息局还开展了一系列的航测解析和地形数字测图,为GIS日后在中国的快速发展打下了坚实的基础。

进入20世纪80年代以后,市场上推出了图形工作站和性价比较好的个人计算机,GIS在许多部门广泛应用,进入全面发展和大量试验阶段。在这期间,美国成立了国家地理信息与分析中心,英国成立了地理信息协会。中国在20世纪80年代的“六五”和“七五”期间开展了大量的GIS开发试验,研究处理和分析地理空间数据的方法和手段,设计了相关算法,开发了相关软件,制定了空间数据采集和存储的相关规范和标准,建设了相关空间数据库。与此同时,中国应用GIS技术试验了土地清查,建成了全国土地信息系统、全国资源信息系统,同时还进行了洪水淹没和灾情预报GIS试验。计算机软硬件技术在这段时间内也广泛普及,在此基础上GIS技术也逐渐从试验阶段走向成熟。

20世纪90年代后,GIS行业逐渐形成为一个产业,数字化空间信息产品以及相关软件产品成为一种商品,在全世界范围内得到学者和大众的欢迎,可以在市场上销售和购买。GIS应用走向各行各业乃至深入应用到广大群众中,成为人们处理日常生活和工作事务、科学研究和生产学习强有力的高科技工具和助手。中国在"九五"科技攻关计划中,涌现出了GeoStar、MapGIS等优秀的国产GIS软件。在这期间,GIS进入了技术稳定、产品全面发展和应用阶段。

进入21世纪第一个十年后,GIS向地理信息服务的方向发展,发展趋势包括:网络GIS、互操作GIS、地理信息共享与标准化、时态GIS、3S集成、虚拟GIS、移动GIS、数字地球和格网GIS等。在这期间,GIS发展的标志性技术主要有:数字地球、网络地图服务、车载导航服务、手机定位服务。GIS在全世界范围内走向了服务阶段。

在21世纪第二个十年开始后,随着物联网技术的进一步成熟,GIS技术向智能化方向发展,正在大踏步向智慧地球或智能地球迈进。

1.6.2 云GIS

进入21世纪后,云计算风起云涌。在全球范围的搜索引擎战略大会(Search Engine Strategies Conference & Expo,San Jose,2006)上,时任Google首席执行官Eric Schmidt于2006年8月9日首次提出"云计算"(Cloud Computing)的概念。Google"云计算"源于Google公司的"Google 101"项目。

1. 云GIS概念

云GIS是将云计算的思想和各种技术特征用于发展GIS技术和服务,包括GIS底层建模、存储方式、处理分析和高层应用等,从而改变用户传统的GIS应用方式和建设思维,使GIS服务更加友好、高效和低成本。云GIS模式如图1-10所示。

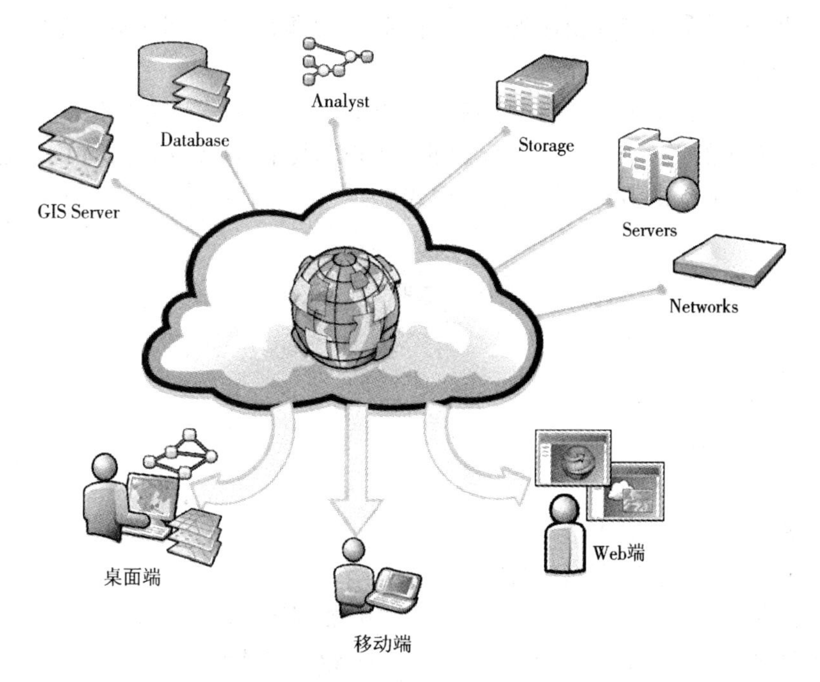

图1-10 云GIS模式(摘自百度百科)

2. 云 GIS 特征

云 GIS 实现了地理信息的集中存储和计算,空间信息传递和应用主要以服务为基础目的,商业运营的模式主要以租赁形式支撑平台。

3. 云 GIS 价值

1)资源使用的低成本

云 GIS 将地理信息资源从传统的独占型转变为共享型,使用户最大化利用空间信息资源,降低地理信息资源的使用成本,更好地为单体用户服务。

2)业务的连续性

云 GIS 能够在提供资源的云端为用户提供可伸缩、可扩展的地理信息资源服务,可以根据用户变化的业务需求,快速动态地移动云端地理信息资源,为用户提供弹性化服务,从而提升满足用户业务需求的连续性。

3)业务的灵活性

云 GIS 可以根据用户业务的不同,提供不同的云 GIS 服务。不同的云 GIS 服务需求,运行成本不同。云 GIS 提升了用户资本运作的灵活性,从而提升了用户业务的灵活性。

4)业务的创新能力

云 GIS 可以使用户从管理空间数据烦琐、复杂的工作中解放出来,用户可以更加专注于自身的专业领域,进行业务创新。

5)良好的用户体验

云 GIS 进一步降低空间信息资源使用的复杂程度,用户可以根据自身的业务需求,选择合适的终端访问云 GIS 服务,因此云 GIS 可以给用户带来良好的用户体验。

这里的资源不仅包括以前 GIS 所使用的空间数据、GIS 所具备的功能和 GIS 所提供的服务,而且还包括访问资源的各种 IT 基础设施,这些基础设施包括服务器、计算机、手机、其他移动设备、网络、存储环境等物理范畴和操作系统、数据库、中间件等软件范畴。

4. 云 GIS 建设模式

云 GIS 的建设模式与云计算的建设模式完全相同,主要有三种建设模式:基于公有云的云 GIS、基于私有云的云 GIS 和基于混合云的云 GIS。其中,基于混合云的 GIS 是基于公有云的 GIS 和基于私有云的 GIS 之间的权衡模式。

练 习 题

1. 名词解释

(1)地理信息。

(2)地理信息系统。

(3)云 GIS。

2. 选择题

(1)地理信息系统的重要特征包含(　　)。

A. 空间定位性　　B. 数据海量性

C. 数据处理的协同性　　D. 数据复杂性

(2)空间数据的特征包含(　　)。

A. 空间定位特征　　B. 地理相关性　　C. 栅格特征　　D. 矢量特征

E. 地理实体属性特征

3. 问答题

(1)地理信息系统的体系结构环境由哪些部分组成?

(2)地理信息系统有哪些功能和应用?

(3)地理信息系统有哪几种分类?

4. 论述题

(1)地理信息系统的相关学科有哪些？论述它们的相互关系。

(2)论述地理信息系统的未来发展趋势,并举例说明。

第2章　GIS数据结构

本章主要介绍GIS数据的组织和结构，阐述矢量数据无拓扑结构和拓扑结构的编码方法，栅格数据的无压缩和压缩编码方法，矢量数据和栅格数据的区别以及TIN数据结构和三维数据结构。

2.1　概述

GIS数据是GIS所有功能和服务的基础，也称为空间数据。空间数据如何表达以及它的结构如何，决定了GIS的效率。空间数据在不同的终端上表达时，需要按照一定的原则和形式进行组织和编码，这种原则和形式称为空间数据结构。空间数据结构是一种抽象表达的逻辑组织，抽象表达地理要素的空间位置和相互空间关系。良好的空间数据结构应该适应于计算机及相应终端（手机、平板电脑等）的存储、处理、传输和表达。通过空间数据结构才能很好地理解和解释数字化的空间数据。空间数据编码是空间数据在组织过程中具体操作的方法，是将空间数据和相关的统计数据等按一定的数据组织方法，转换为适合于计算机和各种终端且能够识别的形式。不同数据源和不同的终端会采用不同的数据结构。计算机和各种终端运行GIS的效率很大程度上取决于使用的空间数据采用的是什么样空间数据结构。从数据采集、存储到传输、表达空间信息，整个过程的运行效率都与空间数据结构有密切关系。

空间数据结构的选择和确定，需要紧密结合空间数据的类型、性质和使用目的以及将来数据可能需要适应的终端。空间数据结构选择的最高技术指导思想是要达到最有效和最合适的目的。

GIS数据常用的数据结构可分为矢量数据结构和栅格数据结构。

2.2　地理要素及其描述

2.2.1　地理要素

在客观世界中存在着许多复杂的地物、现象和事件。它们可能是有形的，如山脉、水系河道、水利设施、土木建筑、港口海岸、道路网系、城市分布、资源分布等；也可能是无形的，如气压分布、流域污染程度、环境变迁等。对地球表面上一定时间内分布的复杂地物、现象和事件的空间位置以及它们相互的空间关系进行抽象简化表达的结果，称为地理要素或地理空间实体。地理要素有一个典型的特征即空间特征，就是地理要素肯定存在于地理空间的某个位置，具有一定的空间形状、空间分布以及彼此之间的相互空间关系。从地理要素的定义上不难发现，空间位置特征、属性特征、空间关系特征和时间特征是地理要素的四个基本特征。

1. 空间位置特征

地理要素总是存在于地球表面的某个位置，并具有一定的空间形态和几何分布，这些特征称为地理要素的空间位置特征，通常把地球表面抽象成一定的坐标系，在其中表达地理要素的空间位置。地理要素的空间位置即是其位于坐标系中的位置。由地球表面抽象出来的坐标系可以是地理坐标的经纬度、空间直角坐标系、平面直角坐标系或极坐标系等。空间位置特征有时候也称为地理要素的几何图形特征，包括地理要素的位置、形状、大小和空间分布状况等。

2. 属性特征

描述地理要素本身性质的、非空间的、专题内容的资料和记录数据称为地理要素的属性特征。每个地理要素都具有自身的属性特征。属性特征主要记录地理要素的数量、质量、名称、类型、特性、等级等。地理要素的属性通常分为定性属性和定量属性两种。定性属性包括名称、类型、特性等；定量属性包括数量、等级等。

3. 空间关系特征

各种地理要素相互之间在地球表面存在各种关系，而不是孤立存在的，这种特征称为地理要素的空间关系特征。地理要素的空间关系主要包括拓扑关系、顺序关系和度量关系等。

4. 时间特征

地理要素存在于地球表面有一定的时间效应，即地理要素在地理空间上的空间位置、属性和相互关系是跟时间密切相关的，这种特征称为地理要素的时间特征。地理要素的空间位置和属性可能会随时间的变化而同时变化，如道路网系的修改扩建、土地利用的变化；地理要素的空间位置和属性也可能随着时间的变化而单独变化，如建筑物的空间位置不变而用途发生变化、学校的整体搬迁而属性没有变化。

2.2.2　空间数据

地理空间中的各种空间事物或地理现象通过抽象形成空间实体，空间实体通过一定的模型进行编码、表达、建立空间关系，用一定的数据结构进行组织，最终形成计算机或各种终端设备能够识别的空间数据。

1. 空间数据的种类

从空间数据记录内容或表达形式上概括，空间数据主要包括图形数据、遥感图像数据、属性数据、高程数据和元数据。

(1)图形数据：表达地理要素的空间位置、形状、大小、分布和空间关系。图形数据主要来源于已有历史图件和实际测绘采集的数据。

(2)遥感图像数据：表达地理要素的空间位置、空间关系和空间色彩。遥感图像数据主要来源于各种平台和各种传感器的遥感影像等。

(3)属性数据：记录地理要素的各种属性。属性数据主要来源于实测统计数据、历史资料、记录文字等。

(4)高程数据：表达地理要素所处位置的高程。高程数据主要来源于摄影测量的立体像对、实测水准数据和已有的数字高程模型(DEM)等。

(5)元数据：描述空间数据性质或质量的数据，有时也称为“头文件”。元数据是主要用来描述空间数据来源、权属、采集时间、精度、分辨率、轨道号、飞行姿态、比例尺、参考基准和转换方法等的数据。

2. 空间数据的图形要素

处于地球表面的地物、现象或事件可以抽象为点、线、面等地理要素。因此,点、线、面是空间数据中三种基本的图形要素,如图 2-1 所示。

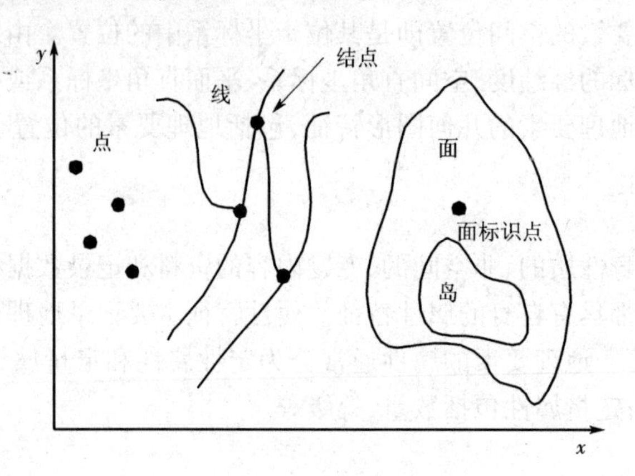

图 2-1 空间数据抽象为点、线、面

1)点

点用来抽象表达地球表面空间上的点状事物、现象或事件。事实上,地球表面没有严格数学意义上的点状事物、现象或事件。所谓的点状,是与空间数据所表达的比例尺有关系的。因此,地球表面上的事物、现象或事件,在空间数据中不能按照比例尺表达大小,但需要在空间数据中表达空间位置的地理要素,称为点状要素。从维度方面考虑,点状要素属于零维地理要素。空间数据中的点用以表示空间点状地理要素,如井盖、消防栓、医院和学校等;也可以表示注记点,用于注记和解释地理要素;还可用作为面域内点或线的起始结点或交叉点。

2)线

线用来抽象表达地球表面空间上的线状或带状事物、现象或事件。同样,事实上地球表面没有严格数学意义上的线状事物、现象或事件。所谓的线状,也是与空间数据所表达的比例尺有关系的。因此,地球表面上的事物、现象或事件,在空间数据中不能按比例尺表达宽度,但需要在空间数据中表达空间位置和长度的地理要素,称为线状要素。从维度方面考虑,线状要素属于一维地理要素。空间数据中的线由有序的一串点组成,这些点中的起点到终点的方向表明了线的方向。如堤防、河流、海岸线、船舶航线等均可抽象为线,线上各点属性相同。当线仅由起点和终点组成时,也称作弧段或链。

3)面

面用来抽象表达地球表面空间上的面状事物、现象或事件。在空间数据中能够按照比例尺表达形状、大小和位置连续或不连续分布的事物、现象或事件,抽象为面状地理要素。从维度方面考虑,面状要素属于二维地理要素。空间数据中的面是由有序坐标点包围的区域,或称为多边形。多边形可以嵌套多边形,被嵌套的多边形称为岛。

2.2.3 空间关系

空间关系是指地理要素在客观世界中的相互作用关系。空间关系主要有:拓扑空间关系、顺序空间关系和度量空间关系。

1. 拓扑空间关系

地球表面的各种事物、现象或事件之间的相邻、连通、包含和相交关系，在空间数据中抽象表达后称为拓扑空间关系。拓扑空间关系主要用来描述空间数据中各种地理要素之间的邻接关系、关联关系、包含关系、连通关系、方向关系和层次关系。在保持连续状态下将空间数据整体缩小、放大、旋转和拉伸变形时，地理要素之间的拓扑空间关系保持不变。如图2－2所示，设$N_1,N_2,\cdots,N_{13}$为结点，$A_1,A_2,\cdots,A_{14}$为线段（弧段），P_1、P_2、P_3为面（多边形）。

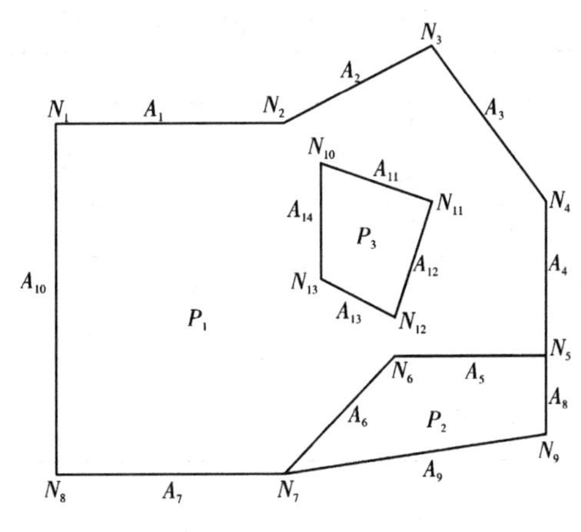

图2－2　拓扑关系

（1）邻接关系：描述空间图形要素时，类型相同的要素之间相互的空间关系。例如图2－2中P_1面与P_3面的空间关系；N_7结点与N_6、N_8、N_9结点的空间关系等。

（2）关联关系：描述空间图形要素时，不同类型要素之间相互的空间关系。例如图2－2中N_5结点与A_4、A_5、A_8线的空间关系；A_5线与P_1、P_2面的空间关系；A_3线与N_3、N_4结点的空间关系；P_2面与A_5、A_6、A_8、A_9线的空间关系等。

（3）包含关系：描述空间图形要素时，面状实体中所包含的其他面状实体或线状、点状实体的关系。包含关系有同类的，也有不同类的。例如图2－2中P_1面与P_3面的空间关系就属于同类要素之间的包含关系。

（4）连通关系：描述空间图形要素时，线段或弧段要素之间相互的空间关系。例如图2－2中A_7线与A_6、A_9、A_{10}线的空间关系。

（5）方向关系：描述空间图形要素时，线段或弧段的起点到终点确定的方向空间关系。方向关系用于表达客观世界中的有向线段，如台风运动路径、自来水管网中水的流向等。

（6）层次关系：描述空间图形要素时，相同类型要素之间的等级或级别关系。例如天津市由各个区组成。

有些拓扑空间关系可以演绎或推导出其他拓扑空间关系，例如线段与结点以及结点与线段的关联关系可以推导出线与线的连通关系。如果将图2－2中的数据称作一份空间数据，要记录这份空间数据中这些图形要素的主要拓扑关系，可以由如下四个关系表记录，即表2－1、表2－2、表2－3和表2－4。如果这份数据要描述面状目标，表2－3可以省略；如果这份数据要用于网络连通分析，表2－3就显得非常重要。如果面域中包含有岛，则用线段或弧段前面加负号标识，如表2－1中的负号；如果这份数据需要记录线段或弧段的方向，则需要记录线段或弧段起结点和终结点，如表2－2所示；如果这份数据需要记录线段或弧段前进方向上左右两侧的面要素，则表2－4至关重要。P_0为多边形外围的虚多边形编号。

表 2-1 面、线空间关系

面域	弧 段
P_1	$A_1,A_2,A_3,A_4,A_5,A_6,A_7,A_{10},-A_{11},-A_{12},-A_{13},-A_{14}$
P_2	A_5,A_6,A_8,A_9
P_3	$A_{11},A_{12},A_{13},A_{14}$

表 2-2 线、点空间关系

弧段	起结点	终结点	弧段	起结点	终结点
A_1	N_1	N_2	A_8	N_9	N_5
A_2	N_2	N_3	A_9	N_7	N_9
A_3	N_3	N_4	A_{10}	N_8	N_1
A_4	N_4	N_5	A_{11}	N_{10}	N_{11}
A_5	N_5	N_6	A_{12}	N_{11}	N_{12}
A_6	N_6	N_7	A_{13}	N_{12}	N_{13}
A_7	N_7	N_8	A_{14}	N_{13}	N_{10}

表 2-3 点、线空间关系

结点	弧段	结点	弧段
N_1	A_1,A_{10}	N_8	A_7,A_{10}
N_2	A_1,A_2	N_9	A_8,A_9
N_3	A_2,A_3	N_{10}	A_{11},A_{14}
N_4	A_3,A_4	N_{11}	A_{11},A_{12}
N_5	A_4,A_5,A_8	N_{12}	A_{12},A_{13}
N_6	A_5,A_6	N_{13}	A_{13},A_{14}
N_7	A_6,A_7,A_9		

表 2-4 线、面空间关系

弧段	左邻面	右邻面	弧段	左邻面	右邻面
A_1	P_0	P_1	A_8	P_2	P_0
A_2	P_0	P_1	A_9	P_2	P_0
A_3	P_0	P_1	A_{10}	P_0	P_1
A_4	P_0	P_1	A_{11}	P_1	P_3
A_5	P_2	P_1	A_{12}	P_1	P_3
A_6	P_2	P_1	A_{13}	P_1	P_3
A_7	P_0	P_1	A_{14}	P_1	P_3

空间数据中的点、线、面图形要素，不仅存在逻辑上定义的数学意义的拓扑空间关系，而且在真实的地球表面空间上这些地理要素也存在着拓扑关系。地理要素在实际地球表面空间上的拓扑关系存在着分离、相邻、重合、包含或覆盖、相交等五种可能的关系。

(1)点点关系:点要素和点要素在地理空间上存在分离和重合两种关系。如地理空间上的两个水文站点是分离的,水文站点和雨量站点在地理空间上可能是重合的。

(2)点线关系:点要素和线要素在地理空间上存在着相邻和分离两种关系。如水文站与河流相邻,建筑物与道路相离。

(3)点面关系:点要素和面要素在地理空间上存在着相邻、分离和包含三种关系。如水库与大坝中多个水闸点相邻,水库与远处的水文站分离,流域内包含水文站点。

(4)线线关系:线要素与线要素在地理空间上存在着相邻、相交、分离、重合四种关系。如道路与河流相邻,河流干流和支流相交,国道和高速公路相离,地面道路与地铁线在平面上重合。

(5)线面关系:线要素与面要素在地理空间上存在着相邻、相交、分离、包含四种关系。如道路与居民区相邻,跨行政区的道路与行政区相交,远离湖泊的公路,在某县境内的河流等。

(6)面面关系:面要素与面要素在地理空间上存在着相邻、相交、分离、包含、重合五种关系。如行政区划中相邻的两个行政区,植被类型图斑与土壤类型图斑相交,两个分离的湖泊,某城市内包含多个湖泊,上级行政区划范围与下级所有行政区划的范围重合等。

2. 顺序空间关系

地球表面的各种事物、现象或事件之间的方位关系,在空间数据中抽象表达后称为顺序空间关系,有时候也称为方位空间关系。顺序空间关系采用方向性名词上下、左右、前后、东南西北等来记录。地理要素间可以按点与点线面、线与线面、面与面等组合来描述地理要素间的顺序关系。空间数据中各种地理要素之间的相互顺序或方位空间关系必须计算后才能描述,但是目前没有优秀的算法或计算方法解决地理要素间顺序空间关系的计算,现有的算法或计算方法都非常复杂。GIS 在目前的应用中很少对顺序空间关系描述和表达。

3. 度量空间关系

地球表面的各种事物、现象或事件之间的距离关系,在空间数据中抽象表达后称为度量空间关系。基本的地理要素度量空间关系包括点与点线面、线与线面、面与面的距离关系。在基本地理要素的度量空间关系定义的基础上,可以演绎出基本地理要素集合(点群、线群和面群)之间的度量空间关系。

地理要素的空间关系可以单独使用,也可以配合使用。例如,应用点、线地理要素之间的拓扑空间关系和点与点地理要素之间的度量空间关系,可以计算两点之间的最短路径和最优路径以及点地理要素周边的服务情况等;应用点、线、面地理要素之间的度量空间关系,可以进行地理要素距离量算、邻近分析、缓冲区分析等。点与点的度量空间关系算法容易构建,点与线面的度量空间关系算法构建较为困难,而线与线面以及面与面的度量空间关系的算法涉及大量的判断和计算,GIS 在目前的应用中也很少明确描述地理要素的度量空间关系。

2.3 矢量数据结构

描述地理要素的空间数据最常见的一种数据结构是矢量数据结构。在空间数据中,矢量数据结构是通过记录或存储坐标的方式来描述地理要素在地球表面的空间位置和空间分布。这种数据结构可以最大限度地精确描述点、线、面等地理要素的位置、形状和分布。从地球表面抽象出来的空间坐标系如果是连续的,那么任意地理要素的位置、形状、分布、距离、长度和面积都可以精确描述。但事实上,以下原因会导致矢量数据结构不可能绝对精确地记录或描述地理要素的空间位置、长度和面积:①计算机或各种终端记录坐标的字长有限;②矢量数据输出时,显示或打印设备也有一定的步长;③矢量输入曲线时,选取的点再多也不可能绝对精确地描述一条曲线;④采用人工采集数据时,不可避免地有人工输入定位误差。

以矢量数据结构描述的空间数据称为矢量空间数据或矢量数据。对于矢量数据的存储或矢量数据结构的组织,传统方法是采用文本文件的方式记录或组织地理要素的图形信息,包括位置、形状及其相互的空间关系,而采用关系型表文件来记录或组织地理要素的属性信息。属性信息和图形信息通过地理要素标识符连接。

2.3.1 组织方式

1. 点要素

在应用矢量数据结构描述空间数据时,点要素需要记录或存储点的坐标(x,y)以及点要素的相关属性数据。属性数据用以描述点要素的类型、注记、显示符号和要求等。在现实世界中,点要素是不可再分的地理要素。点要素可以描述点状地物、文本说明点或线段结点等。如果描述的是点状地物,则属性记录或存储时应包括名称、大小、用途和符号类型等有关信息;如果描述的是文本说明点,则属性记录或存储时应包括文本输出和显示时的字号、字体、旋转角度和方向、排列方式以及与其他属性信息的联系等。其他类型的点要素也应做必要的处理。表2-5说明了点要素矢量数据的结构组织方式。

表2-5 点要素矢量数据的结构组织方式

唯一标识符	点标识码	坐标	有关属性	其他属性
序列号(ID)	点状地物	(x,y)	名称、大小、用途和符号等	
	文字说明点		字号、字体、旋转角度和方向、排列方式	
	线段结点		符号、指针、与线相交的角度	

2. 线要素

在应用矢量数据结构描述空间数据时,线要素需要记录或存储两对点以上的坐标(x,y)以及存储该线的起止点(记录线的方向),此外还需要存储或记录线要素的属性数据。属性信息用以描述线的线型、颜色和其他要求等有关数据,如线要素在显示输出和打印输出时可能采用不同的颜色和线型表达。这类说明线要素输出方式的信息属于显示符号信息,因此线要素可以根据显示信息输出不同的线图形。线要素主要用来表示客观世界中的线状地物(道路、航线、海岸线)、符号线和面边界线。线要素在地理信息系统中有时也称为"弧""链""串"等。线要素的矢量数据结构组织方式见表2－6。

表2－6　线要素的矢量数据结构组织方式

唯一标识码	线标识码	起始点	终止点	坐标	显示信息	非几何属性
序列号	类型	点号或坐标	点号或坐标	有序的坐标对序列 (x_1,y_1)，(x_2,y_2)，⋮ (x_n,y_n) $(n>1)$	文本符号	可以直接存储于线文件中，也可单独存储于关系型数据库表中，而由标识码连接

3. **面要素**

在应用矢量数据结构描述空间数据时，面要素需要记录或存储两对以上首尾相同的点坐标(x,y)以及起止点的坐标，此外还需要存储或记录面要素的属性数据。属性数据用以描述面要素的颜色、填充符号和其他要求等有关数据，如面要素在显示输出和打印输出时可能采用不同的颜色和填充符号表达。这类说明面要素输出方式的信息属于显示符号信息，因此面要素可以根据显示信息输出不同的面图形。面要素主要用来表示客观世界中的面状区域，如流域区域、湖泊海洋区域、生态区域和土壤类型区域等。面要素的矢量数据结构组织方式见表2－7。

表2－7　面要素的矢量数据结构组织方式

唯一标识码	面标识码	起始点	终止点	坐标	显示信息	非几何属性
序列号	类型	点号或坐标	点号或坐标	首尾相同的有序的坐标对序列 (x_1,y_1)，(x_2,y_2)，⋮ (x_n,y_n)，(x_1,y_1)，$(n>1)$，	文本面填充符号	可以直接存储于面图形记录文件中，也可单独存储于关系型数据库表中，而由标识码连接

矢量数据结构的编码分为无拓扑关系的编码和有拓扑关系的编码两大类，其主要区别是有无明确表示地理要素之间的空间关系。

2.3.2　无拓扑关系的编码

无拓扑关系的编码是指在图形文件中以点、线、面等地理要素的每个实体作为记录单元进行组织，并不记录实体之间的相互空间关系，有时又称作实体式矢量数据结构。比如面要素如果采用无拓扑关系编码，则面要素边界的各个线段以边界多边形为单元进行组织，面要素的边界坐标点数据以面边界多边形为实体存储单元，每个多边形的边界点作为一个整体对象,即作为一个单元进行编码并记录坐标。例如对图 2-3 所示的多边形 P_1,P_2,P_3,P_4,可以采用两种结构分别编码。第一种数据结构直接以多边形为单元存储多边形边界点坐标(表 2-8);第二种数据结构可以直接存储每个点坐标(表 2-9),再在关系表中记录每个多边形与点的关系(表 2-10)。

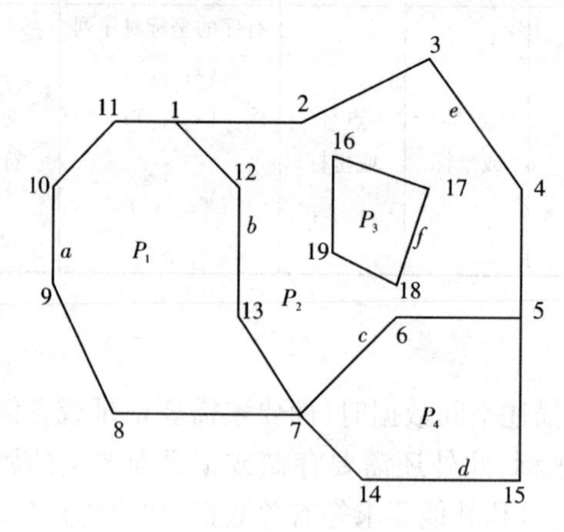

图 2-3 多边形图形数据

表 2-8 多边形数字化文件

多边形 ID	坐标	类别码
P_1	$(x_1,y_1),(x_{12},y_{12}),(x_{13},y_{13}),(x_7,y_7),(x_8,y_8),(x_9,y_9),(x_{10},y_{10}),(x_{11},y_{11}),(x_1,y_1)$	P1202
P_2	$(x_1,y_1),(x_2,y_2),(x_3,y_3),(x_4,y_4),(x_5,y_5),(x_6,y_6),(x_7,y_7),(x_{13},y_{13}),(x_{12},y_{12}),(x_1,y_1)$	P2303
P_3	$(x_{16},y_{16}),(x_{17},y_{17}),(x_{18},y_{18}),(x_{19},y_{19}),(x_{16},y_{16})$	P1158
P_4	$(x_5,y_5),(x_6,y_6),(x_7,y_7),(x_{14},y_{14}),(x_{15},y_{15}),(x_5,y_5)$	P4423

表 2-9 点坐标数字化文件

点号	坐标
1	(x_1,y_1)
2	(x_2,y_2)
3	(x_3,y_3)
4	(x_4,y_4)
⋮	⋮
19	(x_{19},y_{19})

表 2-10　多边形与点关系文件

多边形 ID	点号串	类别码
P_1	1,12,13,7,8,9,10,11,1	P1202
P_2	1,2,3,4,5,6,7,13,12,1	P2303
P_3	16,17,18,19,16	P1158
P_4	5,6,7,14,15,5	P4423

无拓扑空间关系的矢量数据结构编码的优点在于容易理解数据组织、编码简洁直观、读写存储操作简单,但这种编码方式同样存在明显的缺点:

(1)相邻面要素的公共边界点至少要编码两遍,会带来存储冗余,而且在输出表达时,公共边界位置可能出现间隙或重叠;

(2)缺少面要素相邻面要素的信息以及面要素与线要素和点要素的拓扑关系;

(3)岛只作为单个面要素记录,没有建立与外界面要素的联系。

因此,无拓扑空间关系的矢量数据结构编码对于简单的图形编辑处理、数字化等非常适用,如计算机辅助制图系统。但是如果需要图形数据进行复杂的空间运算,则该编码方法将不适合。

2.3.3　有拓扑关系的编码

拓扑关系是明确定义地理要素空间结构关系的一种数学方法。有拓扑关系编码的地理数据结构就是拓扑矢量数据结构。拓扑矢量数据结构是 GIS 数据能进行空间分析的必要条件。拓扑矢量数据结构格式多样,没有形成固定的格式标准,但基本原理是相同的。拓扑矢量数据结构的共同特点是:点是最基本的对象,是拓扑矢量数据存储记录的最小独立单元,点对象的集合可以表达线,线对象的集合可以表达面。每条线由始末结点和中间点构成,并与左右面要素相邻接。有拓扑关系的矢量数据结构编码方式没有统一规定,常见的编码方式有:索引式编码、双重独立式编码、链状双重独立式编码等。在后面章节中如果没作特殊说明,矢量数据及矢量数据结构均指的是有拓扑空间关系。

1. 索引式编码

索引式编码采用一种像倒立树的树状结构组织数据,这种方式可以减少冗余数据,并在这种编码方式中隐含邻域信息。索引式编码的具体方法是对所有点的坐标对进行顺序数字化记录和存储,通过点的编号索引线编号,由线编号索引多边形编号。这种编码方式可以抽象成树状索引结构。

在无拓扑关系的矢量数据编码中遇到过困难,即具有公共边界的多边形和公共结点的线元素都需要重复记录和存储公共元素,而且多边形公共边界由于重复记录往往会形成边界空隙。树状索引编码很容易消除这些困难,可以减少冗余数据,同时对于处理相邻多边形合并、邻接信息查询和岛状信息可以在索引表中处理。这种处理方式的缺点在于需要人工建立线文件和面文件两个索引编码表,工作比较烦琐而且量大,如果业务不熟悉,很容易出错。这种编码方式同时给空间拓扑关系的分析处理、岛状信息的分析处理、删除无效线或邻接检索运算等带来一定的难度。

空间数据如果采用索引式矢量编码记录或存储,需要建立三个表文件,分别是点坐标表文件、线表文件和面表文件。图 2-3 所示的图形如果采用索引式编码记录和存储,首先需要建立一个点坐标表文件按顺序自动记录每个点的坐标(表 2-11);其次按照图 2-4 和图 2-5 建立线表文件和面表文件;最后人工手动填写索引表文件(表 2-12、表 2-13),分别为多边形文件和线文件建立索引表。地理要素的拓扑空间关系可以在线表文件和面表文件中检索查询。图 2-3 的具体索引式编码如表 2-11、表 2-12 和表 2-13 所示。

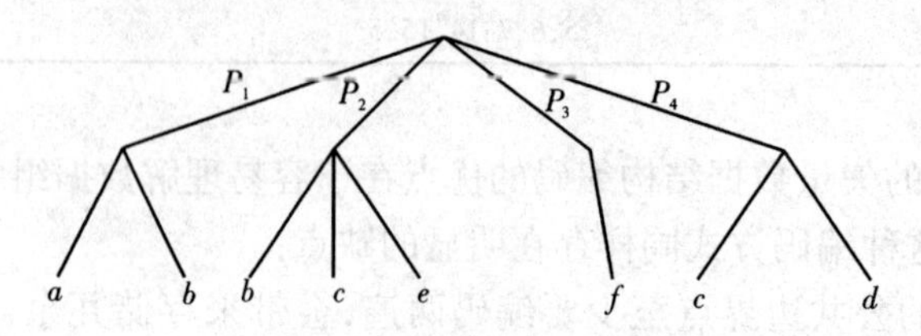

图 2-4 线索引多边形

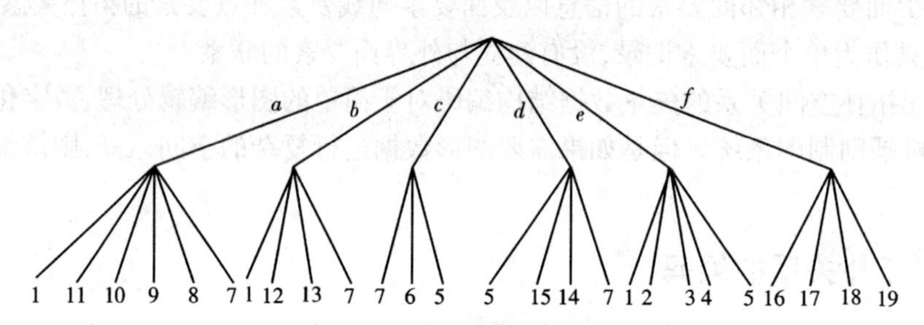

图 2-5 点索引线

表 2-11 点坐标文件

点 ID	坐标
1	(x_1, y_1)
2	(x_2, y_2)
3	(x_3, y_3)
4	(x_4, y_4)
⋮	⋮
19	(x_{19}, y_{19})

表 2-12 边界线文件

边 ID	组成的点 ID
a	1,11,10,9,8,7
b	1,12,13,7
c	7,6,5
d	5,15,14,7
e	1,2,3,4,5
f	16,17,18,19

表 2－13　多边形文件

面 ID	组成的线 ID
P_1	a,b
P_2	b,c,e
P_3	f
P_4	c,d

2. 双重独立式编码

20 世纪 80 年代美国进行人口普查并制图时，由美国人口统计局设计了双重独立式编码，这是最早在空间数据中建立拓扑空间关系的编码方式。双重独立式编码（Dual Independent Map Encoding，DIME）有时也称为双重独立式的地图编码法。这种编码方式以城市街道为编码的主体，最大的特点是记录了拓扑空间关系。

双重独立式编码是以线对象为最基本的记录单元存储空间数据，其中的线对象是只有始末结点的线地理要素。如果线地理要素比较复杂，就需要拆分成只有始末结点的线对象集合。以只有始末结点的线对象为单位记录空间数据时，每个线对象需要记录对象编号、始结点、终结点、左多边形和右多边形五个字段。每个线对象同时记录了点信息和面信息。如图 2－6 所示的图形空间数据就是采用双重独立式编码，其具体的编码见表 2－14。

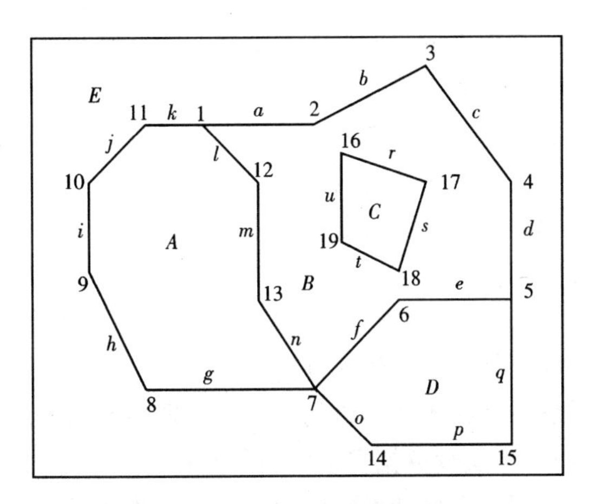

图 2－6　多边形图形数据

表 2－14　线段双重独立式编码

线号	起始点	终止点	左多边形	右多边形
a	1	2	E	B
b	2	3	E	B
c	3	4	E	B
d	4	5	E	B
e	5	6	D	B
f	6	7	D	B
g	7	8	E	A

续表

线号	起始点	终止点	左多边形	右多边形
h	8	9	*E*	*A*
i	9	10	*E*	*A*
j	10	11	*E*	*A*
k	11	1	*E*	*A*
l	1	12	*B*	*A*
m	12	13	*B*	*A*
n	13	7	*B*	*A*
o	7	14	*D*	*E*
p	14	15	*D*	*E*
q	15	5	*D*	*E*
r	16	17	*B*	*C*
s	17	18	*B*	*C*
t	18	19	*B*	*C*
u	19	16	*B*	*C*

这种编码方式在线记录中显式记录了点信息和多边形信息,并且隐式记录了每条线段的方向。比如图2-6中空间数据的线段n的矢量化方向是从结点13到结点7,线段n在矢量化方向上左侧的面是B,右侧的面是A。线段文件中存储了结点与结点或者多边形与多边形之间的邻接关系,并且记录了结点与线段或者多边形与线段之间的关联关系。

双重独立式编码利用拓扑关系来组织编码数据。这种编码可以有效地检查数据存储的正确性,同时在更新和检索数据时非常方便。双重独立式编码组织空间数据时,当图形数据通过计算机矢量化编辑之后,同一个多边形应该封闭,即组成多边形的所有线段应该首尾相连。如果按照双重独立式编码的空间数据,根据线段的左侧多边形或右侧多边形自动建立一个指定的面域单元时,需要从线段编码文件中检索,将含有指定多边形的线段检索出来,并判断坐标点是否自行闭合;如果不能自行闭合或者出现多余的线段,则表示数据存储或编码有错。双重独立式编码可以实现数据自动编辑的目的。双重独立式编码空间数据,除编码记录线段文件外,点编码记录文件和面编码记录文件也非常必要,其结构同表2-11和表2-13。

3. 链状双重独立式编码

链状双重独立式编码是用链状编码对双重独立式编码的一种改进。在双重独立式编码中,每个线要素用只有两端点的直线段表达,编码时包含线段序号、始末结点和左右多边形五个字段。用链状编码组织空间数据时,每个线要素可以由若干直线段的集合表达,每个线要素除了始末结点之外,中间还可以有许多中间点。用链状编码改进双重独立式编码后,称为链状双重独立式编码。用链状双重独立式编码空间数据时,需要组织四个文件:多边形文件、线文件、线点文件、点文件。

多边形文件主要依次记录每个多边形,记录字段主要包括多边形ID编号、组成多边形所有线要素的ID编号以及多边形属性信息,其中的属性信息可以记录多边形的周长、面积和面填充信息等。如果多边形中含有“洞”时，组成多边形的线要素需要包含组成“洞”的线要素，但是需要在组成“洞”的线要素编号前加负号表达。多边形文件中如果要记录多边形的面积，根据记录的线要素编号前是否有负号，判断多边形是否包含“洞”，如果有“洞”，则“洞”的面积为负。多边形的面积属性需要根据正负线要素表达的多边形面积求和。

线文件主要依次记录每个线要素对象，存储记录每个线要素对象的ID编号、始末结点ID编号和线要素对象的左右多边形ID编号。

线点文件同样主要依次记录每个线要素对象，只是存储记录的内容有别于线文件，主要存储记录每个线要素对象的ID编号以及按顺序记录组成该线要素对象的所有结点ID编号。线要素对象的结点编码顺序代表了结点的矢量化先后顺序，是线要素对象的方向。

点文件主要依次记录每个结点要素对象，存储记录每个结点对象的ID编号、结点坐标。点文件一般通过地理信息系统软件自动生成。在数字化图形时，由于人工操作的误差，不同的线要素对象在同一结点处的坐标有可能不完全一致，需要进行坐标匹配处理。当坐标不一致在允许的范围内时，可取这些结点的坐标平均值。如果不一致超出允许的范围，则弧段需要重新数字化。

对图2－7所示的图形数据，用链状双重独立式编码所需要的文件主要包括多边形文件、线文件、线点文件、点文件。（表2－15、表2－16、表2－17和表2－18）

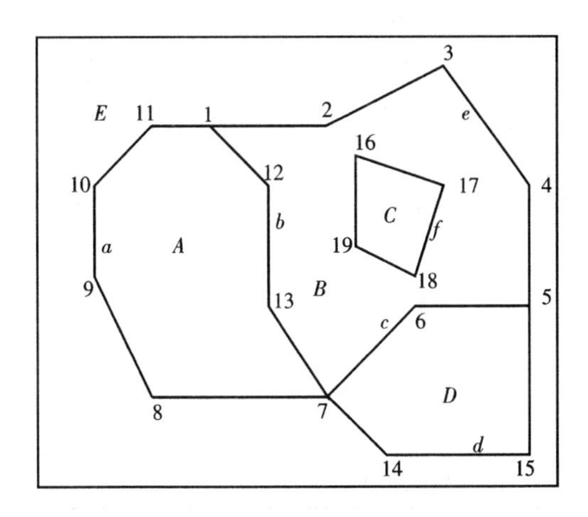

图2－7　多边形图形数据

表2－15　多边形文件

多边形ID	线要素编号	属性(如周长、面积等)
A	a,b	…
B	$b,c,e,-f$	…
C	f	…
D	c,d	…

注：…表示此列如果是周长属性则记录每个多边形周长，如果是面积属性则记录每个多边形的面积，如果是人口密度属性则记录每个多边形人口密度……

表 2-16 线文件

线要素 ID	起始点	终止点	左多边形	右多边形
a	1	7	*A*	*E*
b	7	1	*A*	*B*
c	7	5	*B*	*D*
d	5	7	*E*	*D*
e	1	5	*E*	*B*
f	16	16	*B*	*C*

表 2-17 线点文件

线要素 ID	点号	线要素 ID	点号
a	1,11,10,9,8,7	*d*	5,15,14,7
b	7,13,12,1	*e*	1,2,3,4,5
c	7,6,5	*f*	16,17,18,19,16

表 2-18 点文件

点号	坐标	点号	坐标
1	(x_1, y_1)	11	(x_{11}, y_{11})
2	(x_2, y_2)	12	(x_{12}, y_{12})
3	(x_3, y_3)	13	(x_{13}, y_{13})
4	(x_4, y_4)	14	(x_{14}, y_{14})
5	(x_5, y_5)	15	(x_{15}, y_{15})
6	(x_6, y_6)	16	(x_{16}, y_{16})
7	(x_7, y_7)	17	(x_{17}, y_{17})
8	(x_8, y_8)	18	(x_{18}, y_{18})
9	(x_9, y_9)	19	(x_{19}, y_{19})
10	(x_{10}, y_{10})		

COVERAGE 数据模型是国际著名 GIS 软件平台中 ArcGIS 产品中的一种数据模型，这种数据模型的编码结构就是采用链状双重独立式编码的，是 ESRI 公司 GIS 产品中的一种成熟的数据模型。

2.4 栅格数据结构

栅格数据结构是以像元或网格为单元的最简单、最直观的空间数据结构。用栅格数据结构抽象表达客观世界并组织编码空间数据时，需要将表达的空间范围按照一定的规则划分为紧密相邻的网格单元，这些网格单元中的每个网格称为一个像元、像素或栅格单元。所有网格构成规则的阵列，由网格所在行、列号码确定其位置，并包含一个代码，表示该像素的属性类型或量值。这种数据结构又称为像元结构或网格结构。栅格数据结构就是以这些规则阵列的像元或网格组织空间数据,抽象表达地理空间、地理现象和事件分布。所有像元或网格中相同数据存储单元的空间排列组合表示地理要素的位置、形状、大小和分布等几何信息,每个像元或网格存储的数据表示地理要素的非几何属性特征。

由栅格数据结构编码组织的空间数据称为栅格空间数据或栅格数据。遥感影像数据和格网数字高程模型是常见的栅格空间数据。各种常见的图像格式都是以栅格结构存储的。

2.4.1　组织方式

本小节讲解如何将地理要素点、线、面组织编码成栅格空间数据。

点地理要素可以用一个栅格单元组织表达,栅格单元的位置表达了点地理要素的空间位置;线地理要素可以用一串相邻的栅格单元的集合组织表达,但是每串栅格单元集合中的每个栅格单元最多只能与两个栅格单元相邻,且每串栅格单元集合的位置表达了线地理要素的空间位置,并分布于线地理要素的走向上,每串栅格单元集合中的每个栅格单元记录的属性相同,即线地理要素的属性;面地理要素或区域可以用一片相邻的栅格单元的集合组织表达,但是每片栅格单元集合中的每个栅格单元可以有多于两个的栅格单元与其相邻,且每片栅格单元集合的位置、形状表达了面地理要素的位置、形状、大小和分布等几何特征,并分布覆盖于面地理要素的区域上,每片栅格单元集合中的每个栅格单元记录的属性(面地理要素的属性)相同(图 2－8)。任何以面状分布的地物、现象和事件都可以用栅格数据逼近,如流域区域、湖泊海洋区域、生态区域和土壤类型区域等。遥感影像是一种典型的栅格数据结构,每个像素存储的数字表示地物在影像中的灰度等级。

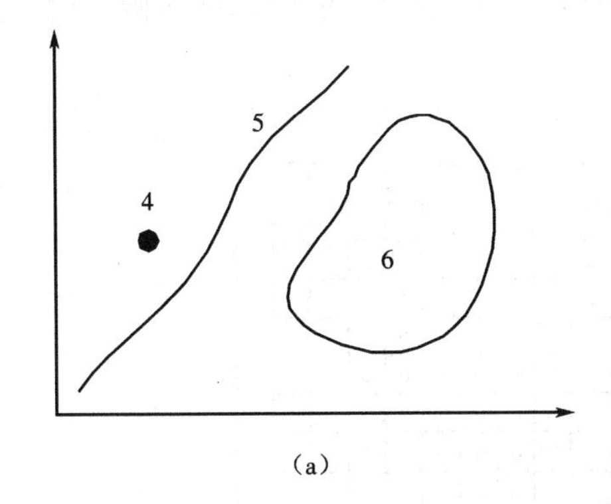

(a)

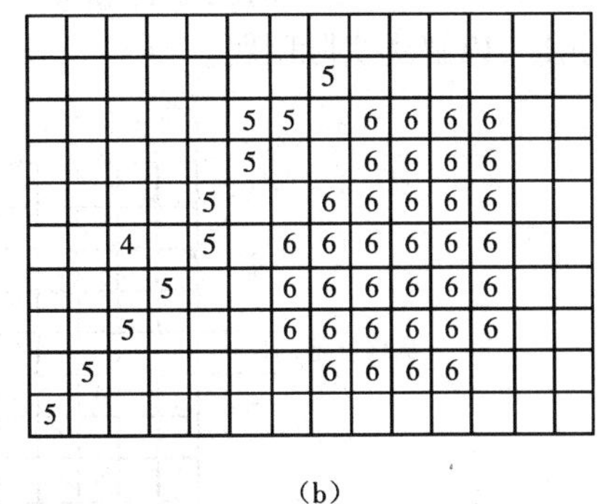

(b)

图 2－8　点、线、面栅格组织方式

(a)点、线、面要素　(b)点、线、面栅格表示

栅格数据结构组织编码空间数据时,栅格属性值或属性指针直接记录或存储为栅格的值,栅格的空间位置从坐标原点向栅格行列号的位置推算。栅格数据在制作时,栅格的定义或划分是按照一定的规则划分的,所以栅格数据存储时,每个栅格单元的位置很容易隐含在数据存储文件的结构中,即定位隐含。也就是说,在栅格数据结构编码存储空间数据时,记录文件中不需要记录每个栅格单元的行列号,只需要记录每个栅格单元的属性值就可以了。每个栅格单元的行列号可以从记录文件中每个属性值的位置根据编码原则推算出来。推算出行列号之后,根据记录文件的坐标原点,推算该栅格单元的空间位置。图 2－8 中表示了一个属性代码为 4 的点元素,一条属性代码为 5 的线元素,一个属性代码为 6 的面元素。

栅格数据结构描述的地理空间是不连续的,是量化和近似离散的数据。在栅格结构中,每一个栅格单元对应地理空间上的一个地块。

1. 栅格数据参数

栅格数据结构记录空间数据时，有以下几个参数（图 2 – 9）。

（1）栅格单元形状：在用栅格单元表达客观世界时，形状一般用矩形或正方形表示。特殊的情况下，用三角形或菱形、六边形等表示。

（2）栅格单元大小：即栅格单元的尺寸，也称分辨率。用栅格单元来表达地球表面的地物、现象和事件时，不论栅格划分得多精细，与原地物相比，栅格总会有误差。在一份栅格数据中，栅格单元的大小通常以保证栅格所表达的区域内最小图斑不丢失为原则来合理确定。设栅格所表达的区域内某要素的最小图斑面积为 S，可以用如下公式计算栅格单元的边长 L：

$$L = \frac{1}{2}\sqrt{S} \tag{2-1}$$

这样就可以确保栅格所表达的区域内的最小的图斑要素在栅格数据中能够得到反映。

（3）栅格数据原点：栅格数据中地物的空间坐标可以隐含在栅格的行列编号中的基础是整个栅格数据有坐标起算的起始坐标原点，即栅格数据坐标原点的空间位置。如果栅格数据坐标原点的空间位置未知，有如下三种途径可以获取：①进行野外定位实测；②从国家基本比例尺地形图中获取；③从已有栅格数据层中获取。栅格数据的坐标原点和坐标轴分别与国家基本比例尺地形图中的公里网交点和公里网坐标轴重合。

（4）栅格的倾角。通常情况下，栅格数据的坐标系统所确定的平面与国家坐标系统所确定的平面是平行的。但有时为了特殊应用的需要，栅格数据的坐标系所确定的平面需要倾斜一个角度，以解决实际问题。

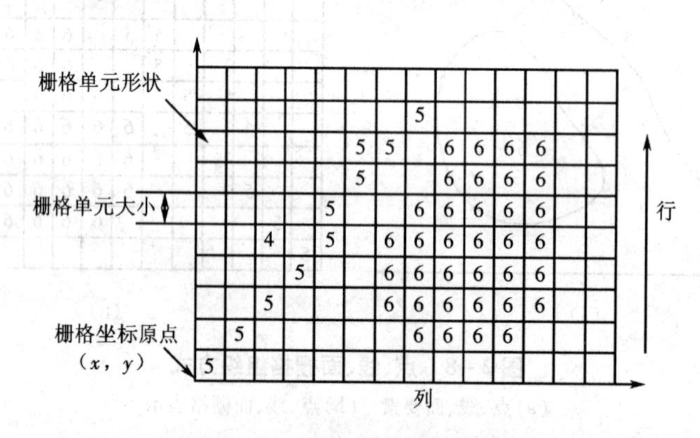

图 2 – 9　栅格数据参数示意

2. 栅格单元值的确定

栅格单元的属性取值应该是唯一的，但由于受到栅格单元大小的限制，在栅格单元中可能会出现多个地物类型，那么栅格单元的属性取值应尽量保持其真实性。图 2 – 10 所示的栅格单元，内部有 C、D、E 和 F 四种地物类型覆盖，O 点为栅格单元的中心点，要确定该栅格单元的属性取值，可根据需要选用如下方法。

1）中心点法

栅格单元的属性取值由位于栅格单元中心处的实体属性决定。图 2 – 10 由于属性 D 的实体范围覆盖于栅格中心处，栅格单元属性可取值为 D。这种方法常用于有连续分布特

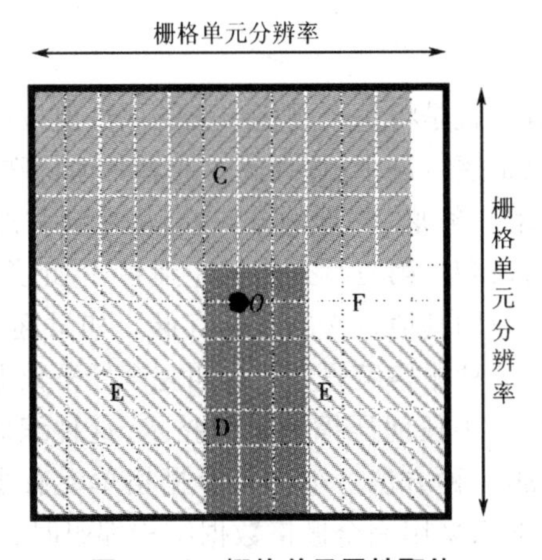

图 2-10　栅格单元属性取值

性的地理物体、现象和事件。

2）面积占优法

栅格单元的属性取值可以用占栅格单元面积最大的那个地理要素的属性决定。从图 2-10 上看，如果该栅格单元的属性根据面积占优法取值，C 地物的面积最大，则属性值可以确定为 C。

3）重要性法

根据空间数据具体的应用目的，空间数据中的每种地理要素的重要性肯定不同。栅格单元中如果出现多种地理要素，则栅格单元的属性取值可以根据空间数据的具体应用目的所确定的地物重要性来确定。设图 2-10 中 F 类地理要素为最重要的地理实体，则栅格单元的属性可取值为 F。空间数据抽象表达地理世界时，那些有特殊或重要意义的地理要素如果面积较小，但是需要充分表达，则栅格单元的取值可以采用重要性法。特别是点要素和线要素。如水文站、交通线、水系等，在栅格代码中应尽量表示这些重要地物。

4）百分比法

栅格单元的属性取值可以根据栅格单元内各类地理要素面积之和占栅格单元总面积的百分比大的那类地理要素的属性决定。图 2-10 中 E 类地理要素有两个，而且它们的面积之和占栅格单元总面积的百分比超过了其他每类地理要素占栅格单元总面积的百分比。如果采用百分比法确定该栅格单元的属性值，则可以确定为 E。

栅格单元的属性取值采用不同的取值方法，得到的结果会不尽相同。栅格单元中出现多种地理要素的根源在于栅格空间数据是对地理客观世界的一种离散表达方式。因此，除了上述几种确定栅格单元属性值的方法之外，还可以重新划分栅格单元，即改变栅格分辨率。具体的做法就是缩小栅格单元的面积，这样就可以减少栅格单元中出现多种地理要素的情况，即可以更精确地表达地理世界，提高栅格数据的空间量算精度。这样栅格空间数据的抽象表达就可以最大限度地接近地理空间上地物、现象和事件的真实形态，表现更细小的地物类型。但是这样做会带来一些问题：①在总面积相同的情况下，栅格面积减小的同时，栅格数量会急剧增加；②在地理要素变化不大的地理空间上就会增加数据冗余。这些问题最终导致的结果就是给栅格空间数据的存储带来了一定的困难，并且在日后的空间运算中也增加了运算空间和速度的成本。

2.4.2 无压缩编码

栅格数据结构无压缩编码就是将每个栅格单元的属性值按照一定的顺序规则全部记录编码。记录编码的顺序可以是逐行逐个、逐列逐个或者其他特殊方式。如果逐行记录,可以每行都从左到右,也可以采用一条龙"S"形的方式,即从左到右加从右到左。比如第一行采用从左到右,第二行采用从右到左,第三行采用从左到右,以此类推,直到把所有的行都记录编码完毕。逐行记录还可以采用其他特殊的方法存储。如果逐列记录,同样可以灵活应用如上记录编码顺序的方法。这种栅格编码方法也叫完全栅格数据结构。

完全栅格数据结构没有采用任何压缩数据的技术,这种编码方法的原理最简单、最直观,是栅格数据编码最基本的一种方法。如果每个栅格单元有多种属性(比如多光谱遥感数据),需要全部同时表达,那么采用完全栅格数据结构编码时,有三种基本的组织方式:基于像元、基于层(遥感数据的光谱波段)和基于面域,如图 2-11 所示。

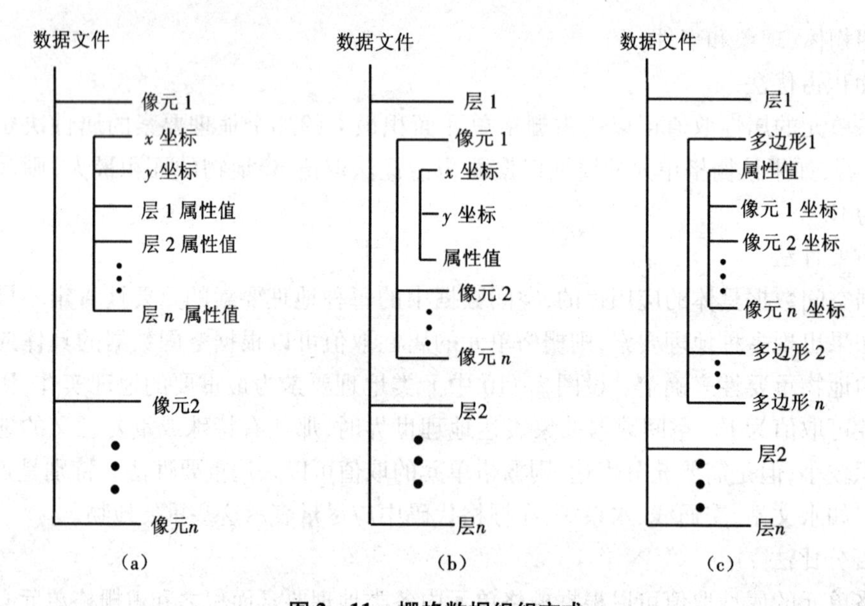

图 2-11 栅格数据组织方式

(a)基于像元方式 (b)基于层方式 (c)基于面域方式

1. 基于像元

以像元为独立存储单元,每个存储单元对应一个像元,每个存储单元包括像元行列编号及其像元在各层的属性值编码。这种组织方式节省了许多存储空间,因为各层对应像元的坐标只需存储一次。

2. 基于层(波段)

以层或波段作为栅格数据存储组织的基本单元,在每层或每个波段中则又以像元行列顺序为基础存储记录像元的行列编号和对应该层的属性值编码。

3. 基于面域(多边形)

以层或波段作为栅格数据存储组织的基本单元,在每层或每个波段中则又以面域(多边形)为单元进行存储记录栅格数据。每个存储单元需要记录如下信息:面域(多边形)编号 ID、面域(多边形)的属性值编码、每个面域(多边形)中所有栅格单元的行列编号;同一属性的多个相邻像元只需记录一次属性值。

2.4.3　压缩编码

为使栅格空间数据逼近地理世界的真实情况，满足数据精度需求，除合理利用上述的栅格取值方法之外，就是提高栅格的分辨率，即缩小栅格单元的面积。分辨率提高的同时，数据量会变大，而且在地理要素变化较小的区域，数据冗余量也会明显增加。为了保证数据精度，必须思考栅格空间数据的压缩方法，减少冗余和空间占用。要减少数据冗余和空间占用，只能从栅格空间数据的编码方法上着手，目前可采用的方法主要有游程长度编码、块状编码、链式编码和四叉树编码等。

1. 游程长度编码结构

游程长度(Run-length)编码，顾名思义，是记录旅程、游程或行程长度的一种编码方法，所以有时候也称作行程编码、旅行长度编码、运行长度编码。所谓行程长度、游程长度，是指属性值连续相同的栅格单元的个数。这种编码是一种非常重要的栅格数据编码方法，而且是无损压缩。游程长度编码的基本原理是在每幅栅格数据中，按行或者按列记录属性相同的栅格单元的个数和属性值。采取这种编码方法可以压缩那些重复的内容，从而实现栅格数据的压缩。栅格数据行程编码后，原始栅格数据的阵列可以转换为(s_i, l_i)数据对进行存储，其中s_i为栅格单元的属性值，l_i为相同属性的栅格单元的行程长度。

图 2 - 12 所示的栅格数据，可沿行方向进行如下游程长度编码：(0,4)，(5,1)，(6,3)，(0,3)，(5,2)，(6,3)，(0,3)，(5,1)，(6,4)，(0,2)，(5,1)，(6,5)，(0,2)，(5,1)，(6,5)，(0,3)，(6,5)，(0,3)，(6,5)，(0,3)，(6,5)。

0	0	0	0	5	6	6	6
0	0	0	5	5	6	6	6
0	0	0	5	6	6	6	6
0	0	5	6	6	6	6	6
0	0	5	6	6	6	6	6
0	0	0	6	6	6	6	6
0	0	0	6	6	6	6	6
0	0	0	6	6	6	6	6

图 2 - 12　栅格数据

图 2 - 12 所示的栅格数据采用游程长度编码，需要 42 个整数表示；如果用无压缩编码需要 64 个整数表示。很明显，游程长度编码可以有效又简便地实现压缩栅格数据的目的。事实上，压缩率与被压缩的空间数据有密切关系，在空间数据中栅格单元的属性变化多的区域游程长度编码记录多，在空间数据中栅格单元的属性变化少的区域游程长度编码记录少，即压缩率与空间数据的复杂程度成反比，空间数据的栅格单元的属性变化越简单，压缩率就越高。

游程长度编码的栅格空间数据的数据量在栅格数据提高分辨率时不会有明显的增加，体现了游程长度编码的压缩率高。游程长度编码之后的数据检索容易，运算简单，叠加合并等操作容易实现。游程长度编码适用于需要高压缩率的栅格数据，并且可以避免复杂的编码解码运算。

0	0	0	0	5	6	6	6
0	0	0	5	5	6	6	6
0	0	0	5	6	6	6	6
0	0	5	6	6	6	6	6
0	0	5	6	6	6	6	6
0	0	0	6	6	6	6	6
0	0	0	6	6	6	6	6
0	0	0	6	6	6	6	6

图 2 - 13　块状编码结构

2. 块状编码结构

块状编码是游程长度编码的扩展。游程长度编码记录一维方向的重复个数，块状编码可以记录二维方向的重复个数。块状编码的基本原理是在每幅栅格数据中，如果栅格单元的属性值在行和列方向上相邻的栅格单元同时相同，且行列方向的相同个数也一样，则该区域可以作为一个编码记录单元。在编码时，栅格数据存储为数据对(初始行列、半径、属性值)。

根据块状编码的原理，对图 2 - 12 所示的栅格数据可以表达成图 2 - 13 所示的块状编码结构。这种结构可以用 8 个单位正方形,1 个 2 行 2 列的正方形,3 个 3 行 3 列的正方形和 1 个 5 行 5 列的正方形完整表示(图 2－13)。

具体编码如下:(1,1,3,0),(1,4,1,0),(1,5,1,5),(1,6,3,6),(2,4,1,5),(2,5,1,5),(3,4,1,5),(3,5,1,6),(4,1,2,0),(4,3,1,5),(4,4,5,6),(5,3,1,5),(6,1,3,0)。

块状编码的实质是具有可变分辨率。栅格空间数据中相邻栅格单元的属性变化小时,图斑块大,对于大块图斑编码记录时可以采用较低的分辨率,实现较高的压缩比;当相邻栅格单元的属性变化大时,图斑块小,对于小块图斑记录时可以采用较高的分辨率,实现较低的压缩比。在栅格空间数据区域内的正方形区域越大、越多,栅格空间数据的属性边界就越简单,块状编码的压缩效率就越好;在栅格空间数据区域内的正方形区域越小、越多,栅格空间数据的属性边界就越复杂,块状编码的压缩效率就越差。块状编码在斑块合并、斑块插入、检查斑块延伸性、计算斑块面积等操作时有明显的优越性。

3. 链式编码结构

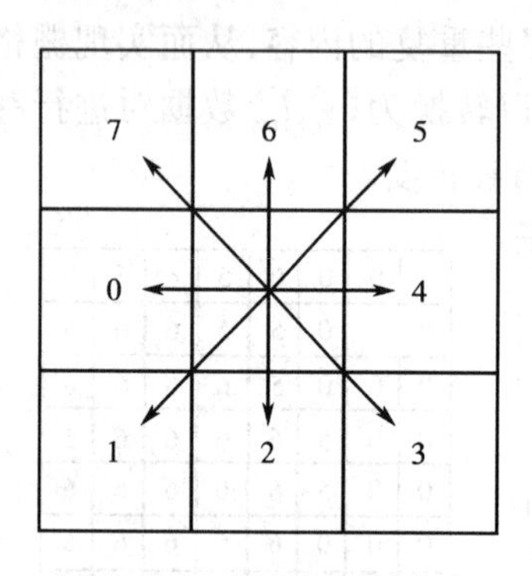

图 2－14　单位矢量的方向

链式编码的基本思路是记录栅格空间数据中的线要素栅格单元的链接方向和面要素的边界栅格单元的链接方向,但是需要确定每个地理要素的起点以及定义单位矢量链接方向的标准。这种编码结构又称为弗里曼链码或边界链码。具体编码过程是:①定义单位矢量链的基本方向(图 2－14),以中心栅格单元向周边八个栅格单元链接,可以定义八个方向(0、1、2、3、4、5、6、7)或其他顺序;②编码。编码之后的数据记录为(属性值,起始点行,起始点列,链码)。链式编码中的第一个数字记录的是地物属性值,第二和第三个数字记录起始点的行、列编号,从第四个数字开始记录的每个数字都是单位矢量的方向,用 0～7 的整数代表八个方向,称为链码。

在栅格阵列中起始点的确定一般遵循从上到下、从左到右的原则。搜索到没有记录过的栅格单元且属性值非零时,就确定为是一条线或面边界线的起始点。记下该地物的属性值及该起始点所在的行列编号;然后以该点为中心按顺时针方向搜索该点相邻的 8 个栅格单元,找不到属性值相同的栅格单元,说明该点是一个点地理要素;能找到属性值相同的栅格单元,就记录编码链接方向,一直搜索下去,如果属性值相同的栅格单元不能闭合,说明该地理要素是一个线地理要素,如果属性相同的栅格单元能闭合,说明闭合区域内是一个面地理要素;搜索结束后,编码结束,返回到起始点再开始寻找下一个起始点。已经记录过的栅格单元,可将属性值归零,以免重复编码。

对于图 2－12 所示的栅格数据,像元(1,5)可以确定为线状地物的起始点,像元(1,6)可以确定为面状地物边界的起始点,链式编码示意图如图 2－15 所示。

具体链式编码:线状地物是 5,1,5,2,0,2,1,2;面状地物是 6,1,6,4,4,2,2,2,2,2,2,2,2,0,0,0,0,6,6,6,6,5,5,6。

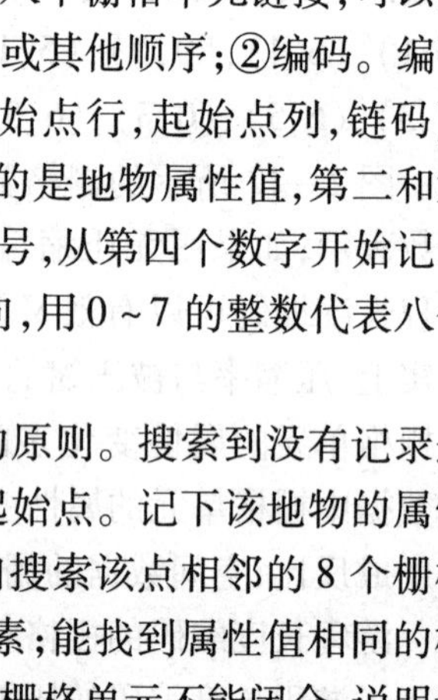

图 2－15　链式编码结构

链式编码结构可以非常有效地压缩栅格数据的冗余,其优点是计算面积、长度、转折方向和凹凸度等运算十分方便。但是对边界的修改操作会改变编码整体结构,编辑比较困难,效率较低。链式编码结构有些类似矢量结构，比较适合于存储图形数据。链式编码中没有岛的概念，因此对岛进行空间分析和运算时比较困难。

4. **四叉树编码结构**

四叉树编码的基本原理是将栅格空间数据的范围四等分为四个区域，逐区域检查其中的所有栅格单元属性值。如果某个区域的所有栅格单元的属性值一样，则这个区域属性均质，不需要再继续划分；否则把这个区域再划分成四个区域，这样一直划分，直到每个区域都只含有相同的属性值为止。四叉树编码也是一种对栅格数据压缩编码的方法。

图2－16是图2－12按照四叉树的原理进行分割的过程和关系示意，每一级的四个等分块称为四个子区域。每一级的四个子区域的记录顺序为西北（NW）、东北（NE）、西南（SW）、东南（SE），其结果是组织成一棵倒立的树（图2－17）。

0	0	0	0	5	6	6	6
0	0	0	5	5	6	6	6
0	0	0	5	6	6	6	6
0	0	5	6	6	6	6	6
0	0	5	6	6	6	6	6
0	0	0	6	6	6	6	6
0	0	0	6	6	6	6	6
0	0	0	6	6	6	6	6

图2－16　四叉树分割示意

以四叉树编码时如果从上而下划分，存在如下缺点：每次划分需要重复搜索大量栅格单元的属性，才能确定栅格空间数据区域的划分方案，需要大量的检索运算。当栅格数据的 $n \times n$ 阵列比较大，且地理空间上的地理要素变化比较复杂时，建立这种自上而下的四叉树的速度就会比较慢。四叉树编码的另一种方法是采用从下而上的方法建立四叉树并编码。具体实现的过程中为了回避如上的缺点，则在检索栅格空间数据的过程中，可将属性值每相邻的相同的四个栅格单元进行合并。逐次往上递归合并，直到符合四叉树为止。这种自下而上的划分方法能使重复计算大大减少，从而提高运算速度。

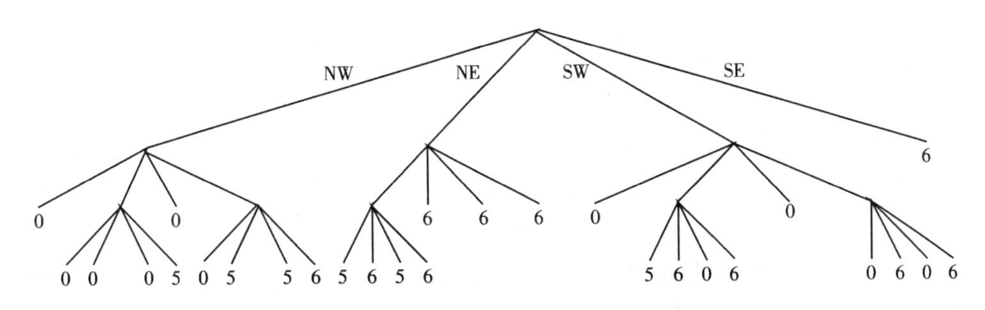

图2－17　四叉树（倒立树）编码结构

如果采用四叉树编码记录，栅格空间数据的行列数需要满足一定的要求，即行数应是 2^n 行，列数则必须是 2^n 列。n 是栅格空间数据行列数可以四等划分的最大次数，$n+1$ 是栅格空间数据编码时四叉树组织的最大高度（层数）。对于栅格空间数据的行列数不是 $2^n \times 2^n$ 的，首先需要将原始的栅格空间数据的行列数扩展至 $2^n \times 2^n$，新增加的栅格单元的属性值赋以0，新增加的栅格单元在四叉树编码时不记录，可以保证数据量不会增加。

根据四叉树的编码方法，可分为常规四叉树和线性四叉树。

常规四叉树编码原则是记录叶结点和中间结点。结点之间的联系通过指针记录，每个结点需要记录六个变量。每个变量需要记录的内容如下：四个指针指向四个叶结点的记录，一个指针指向父结点的记录，一个指针存储记录结点的属性。指针会增加数据存储量，而且操作复杂，因此常规四叉树很少用来编码栅格数据，而主要应用于数据索引和图幅索引等方面。

线性四叉树编码原则是只存储叶结点的信息。存储的信息主要包括叶结点的位置、高度和叶结点的属性值或灰度值。叶结点的高度是指叶结点处于四叉树的第几层上，由高度可推知子区域的大小。线性四叉树编码时，叶结点的编号隐含了叶结点的位置和高度信息。这种叶结点的编号遵循一定的规则，称为地址码。线性四叉树叶结点最常用的地址码是四进制或十进制的 Morton 码。

四叉树编码法具有如下几个优点。

(1)在四叉树编码的栅格空间数据中，多边形的数量特征计算方法容易且效率较高。

(2)四叉树编码的栅格数据的分辨率是可变的。栅格空间数据的属性变化越大，斑块区域越小，四叉树高度越大，分辨率也越高；栅格空间数据的属性变化越小，斑块区域越大，四叉树高度越小，分辨率也越低。四叉树编码的栅格数据既可精确表示图形结构又可减少存储量。

(3)四叉树与栅格阵列结构之间的编码与解码比其他栅格编码方法容易。

(4)多边形中嵌套异类小多边形时，四叉树编码的表示较方便。

四叉树与空间数据的栅格阵列之间的编码与解码存在不定性，即同一形状和大小多边形可能编码成不同结构的四叉树，故采用四叉树分析多边形的形状时效果不佳，这是四叉树编码栅格空间数据的最大缺点。

上述这些栅格数据的编码方法各有不同的优缺点，选用哪种编码方法应视图形的具体情况合理选用，同时在系统中应该备有各种编码方法相互转换的程序。另外，用户对栅格空间数据的具体应用目的和采取的具体空间分析方法也都决定了栅格空间数据应该采取什么样的栅格编码方法。

2.5 空间数据结构比较

栅格数据结构和矢量数据结构是计算机或其他终端编码记录空间数据、抽象表达客观世界的非常重要的且组织方式截然不同的两种方法。

以栅格结构存储的空间数据，要素位置隐含、要素属性明显。栅格结构的空间数据操作简单，编码易于实现。栅格结构的空间数据建立空间分析模型高效而容易。栅格空间数据在计算多边形地理要素的面积、线地理要素的长度和密度，在给定地理空间内计算速度快，而如果采用矢量结构的空间数据则会带来一定的麻烦。栅格结构的空间数据的缺点是离散表达地理世界、精度不高、数据存储量大。如要提高栅格空间数据抽象表达地理空间的精度，栅格单元的划分就需要减小，空间数据的存储量就会呈倍数增加，同时也增加了空间数据的冗余和日后的计算成本。因此，栅格结构的空间数据精度和具体应用目的之间需要恰当处理，需要平衡取舍精度和工作效率。另外，无压缩编码的栅格空间数据，编码组织格式简单，很容易被 GIS 程序设计人员和用户掌握。使用栅格空间数据进行空间分析和空间信息传输比矢量数据效率高。航空航天遥感影像本身就是以栅格单元组织的空间数据，因此栅格结构的 GIS 中可以不经任何数据转换直接应用航空航天遥感影像数据。栅格结构的地理信息比较容易与遥感信息相结合。

以矢量结构存储的空间数据，要素属性隐含，要素位置明显。矢量结构的空间数据操作起来比较复杂，许多空间分析操作(如空间叠置分析等)用矢量结构的空间数据难以实现；但矢量空间数据善于抽象表达连续分布的空间地理要素，精度较高，数据存储量小，可以较高效率地输出精美图形。两者的比较如表 2 – 19 所示。

表 2 – 19　数据结构特点比较

比较内容	矢量数据	栅格数据
数据量	小	大
图形精度	高	低
运算效率	复杂、高效	简单、低效
与遥感数据格式	不一样	统一或相近
显示与输出	抽象、代价高	直观、代价低
共享难易	难	易
拓扑和网络分析	容易实现	不易实现

2.6　TIN 数据结构

在数据结构上，不规则三角网（Triangulated Irregular Network，TIN）数据结构可以采用类似于多边形的矢量拓扑结构，但不必描述一般多边形中的“岛屿”或“洞”的拓扑关系。TIN 数据结构组织方式不唯一，其中一种方式是可以将三角形作为基本的空间对象进行组织 TIN 三角网，对图 2 – 18 所示的 TIN 网可以用表 2 – 20 和表 2 – 21 记录。TIN 数据结构组织需要点文件和三角形文件支持。

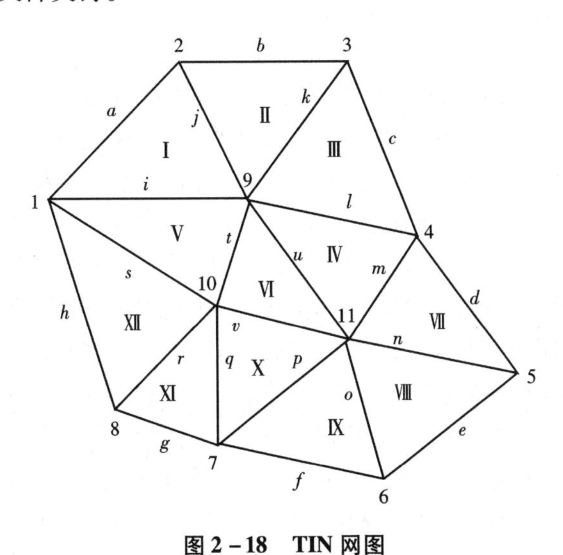

图 2 – 18　TIN 网图

（1）点文件：以点为记录单元，记录构成不规则三角网的所有高程点的编号 ID、x 和 y 坐标以及高程属性值。

（2）三角形文件：以三角形为记录单元，记录构成不规则三角网的所有三角形的编号 ID、每个顶点的编号 ID 以及每个三角形相邻的所有三角形编号 ID。每个三角形的三个顶点和相邻三角形的记录顺序要遵循顺时针方向，其中相邻三角形的记录顺序在遵循顺时针方向的同时要按每个顶点的记录顺序记录每个顶点对边的邻接三角形。

这种数据结构的组织方式能够很好地记录三角形与三角形的邻接关系，非常有利于分析面面相邻关系和操作运算。

表 2－20 点文件结构

点 ID	x	y	属性
1	x_1	y_1	z_1
2	x_2	y_2	z_2
⋮	⋮	⋮	⋮
11	x_{11}	y_{11}	z_{11}

表 2－21 三角形文件结构

三角形编号	三角形顶点编号			邻接三角形编号		
	1	2	3	1	2	3
Ⅰ	1	2	9	Ⅱ	Ⅴ	×
Ⅱ	2	3	9	Ⅲ	Ⅰ	×
⋮	⋮	⋮	⋮	⋮	⋮	⋮
Ⅻ	1	10	8	Ⅺ	×	Ⅴ

2.7 三维数据结构

以上所述的空间数据结构，均是二维图形数据的组织和编码。但在 GIS 领域有时涉及三维空间问题的处理。三维 GIS 也需要空间数据的支持，这是与二维 GIS 的相似之处。但是三维 GIS 在数据采集、空间查询、空间分析、空间运算和空间变换等方面比二维 GIS 复杂得多。因此，三维数据的组织与重建显得非常重要。三维数据结构的组织和重建有多种方法，其中三维边界表示法是运用最为普遍的具有拓扑空间关系的矢量三维空间数据组织方法，八叉树法是运用最为普遍的栅格三维空间数据组织方法。本节简要介绍八叉树表示法。

栅格三维空间数据的八叉树组织结构（图 2－19）类似于栅格二维空间数据的四叉树组织结构。八叉树是四叉树思路在三维空间上的推广，表达的是三维地物、现象和事件。八叉树数据结构是将所要表示的三维空间 V 按 X、Y、Z 三个方向进行分割，每次分割分解为八个同样大小的子块，一直到同一区域的属性单一之后停止分割。分割的次数越多，子块就越小，分辨率越高，刻画的空间精度也越高。与四叉树类似，如果自上而下编码，运算量大，建树慢；如果自下而上编码，运算量相对较小，建树快。自下而上编码，可以在顺序检索比较的同时，按八叉树规则合并属性值相同的单元，否则记录为叶结点，依次递归运算，直到每个子块均为单一属性值为止。

八叉树数据结构组织的三维栅格空间数据的主要优点在于可以非常方便地实现两个三维地理要素的交、并、差等空间集合运算。而空间集合运算正是其他三维数据结构表示方法难以实现的。其他三维数据结构在处理空间集合运算时困难且耗费计算资源。此外，八叉树组织的栅格三维空间数据与四叉树组织的栅格二维空间数据类似，可以通过调整三维栅格单元的大小即三维空间分辨率,很容易地在定位精度和数据处理速度之间进行平衡和取舍,还可以非常方便地消除隐线和隐面等。

八叉树数据结构在编码方面可分为常规八叉树编码和线性八叉树编码。用常规八叉树编码,每个结点需要记录十个变量,其中八个变量存储指向叶结点的八个指针,一个变量存储指向父结点的指针,一个变量存储三维栅格单元的属性。用线性八叉树编码,记录叶结点的地址码和栅格单元的属性值就可以。线性八叉树编码与线性四叉树编码类似,只存储叶结点,不存储中间结点,可以节省存储空间和运算成本,而且编码时也不记录每个结点指向父子结点的指针。地址码中隐含了从根到某一叶结点的路径和方向的信息,地址码的个位数显示分解程度或分辨率的高低。线性八叉树可直接寻址,通过坐标值能计算出结点的地址码。地址码存储的是另一种形式的坐标,因此地理要素的真实坐标可以不建立,实际建立八叉树存储。如果需要,从地址码中也可以获取其坐标值。在操作方面,地址码容易存储和实现集合、相加等运算操作。

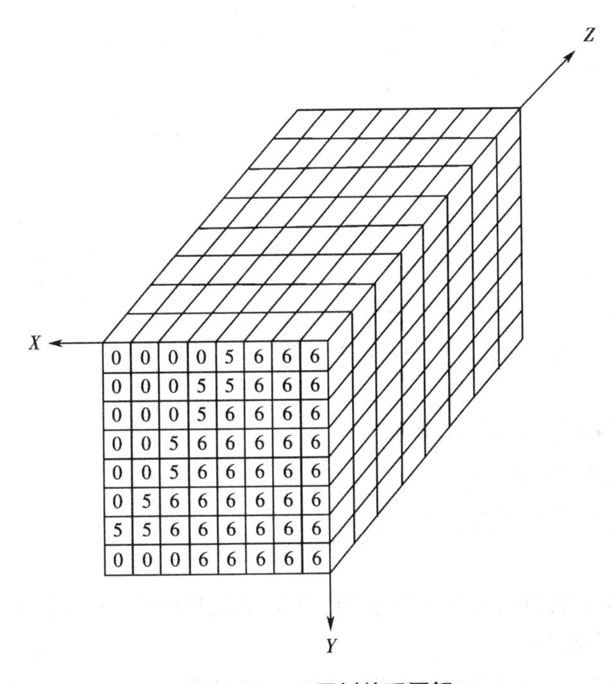

图 2-19　八叉树编码图解

练　习　题

1. 名词解释

(1)空间数据结构。

(2)地理要素。

(3)空间关系。

(4)矢量数据结构。

(5)栅格数据结构。

2. 选择题

(1)地理要素的基本特征包含(　　)。

A. 空间位置特征　B. 属性特征　C. 空间关系特征　D. 矢量特征

E. 时间特征

(2) 地理要素的空间关系包含(　　)。

A. 拓扑空间关系　B. 邻接关系　C. 顺序空间关系　D. 度量空间关系

E. 包含关系

(3) 下图左侧表示某一矢量数据,右侧表示此数据的拓扑关系,其中空缺几位,下列答案中填写正确的是(　　)。

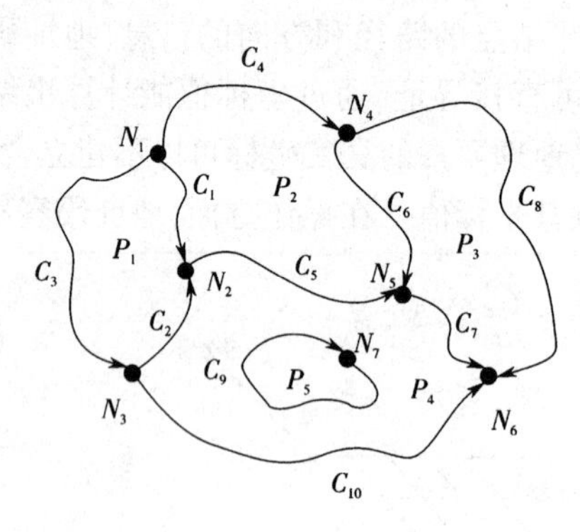

弧段号	起结点	终结点	左多边形	右多边形
C_1	N_1	N_2	P_2	P_1
C_3	N_1	N_3	P_1	(1)
C_5	N_2	(2)	P_2	P_4
C_6	N_4	N_5	(3)	P_2
C_7	(4)	N_6	P_3	P_4

注:∅表示“无”

A. (1):P_1　(2):N_5　(3):P_2　(4):N_5

B. (1):∅　(2):N_5　(3):P_3　(4):N_5

C. (1):P_1　(2):N_5　(3):P_3　(4):N_5

D. (1):∅　(2):N_5　(3):P_2　(4):N_6

3. 问答题

(1) 地理要素有哪些拓扑空间关系?

(2) 矢量数据有哪些编码方法?

(3) 栅格数据有哪些编码方法?

4. 分析题

(1) 现在有一份土地利用分类的矢量图,但是发现其中部分地块面积并不准确,请分析产生这个问题的原因是什么?

(2) 下图是一份矢量数据的图形数据,请按链状双重独立式编码的原则将其进行编码,写出编码后的多边形文件、线文件、线点文件、点坐标文件。

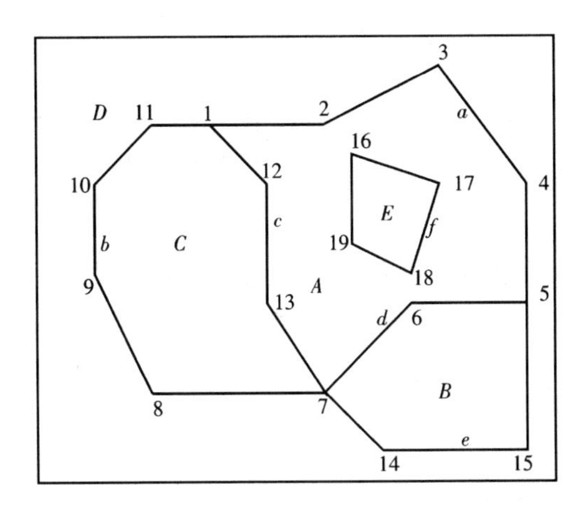

(3)下图是一份栅格数据,请按栅格数据编码原则,写出其游程长度编码、块状编码、链式编码、四叉树编码和无压缩编码。

0	0	0	0	3	4	4	4
0	0	0	3	3	4	4	4
0	0	0	3	4	4	4	4
0	0	3	4	4	4	4	4
0	0	3	4	4	4	4	4
0	0	0	4	4	4	4	4
0	0	0	4	4	4	4	4
0	0	0	4	4	4	4	4

5. 论述题

(1)论述矢量数据和栅格数据的区别。

(2)论述栅格数据压缩编码中的游程长度编码、块状编码、链式编码、四叉树编码的优缺点。

第 3 章　GIS 数据获取与处理

本章主要介绍 GIS 数据获取与处理的方法,阐述 GIS 数据源种类、空间几何图形数据和属性数据的获取方法、空间几何图形数据和属性数据的编辑处理方法以及空间数据拓扑关系的建立、空间数据的相互转化等问题。

3.1　概述

高效获取准确的空间数据是 GIS 正常应用和运行的保障。空间数据获取的渠道很多,数据种类也是多种多样的。常用的渠道和数据种类主要包括历史专题地图、航空航天遥感影像、野外实测数据、激光扫描数据、历史空间数据库共享数据、统计数据、多媒体数据、文本资料和数字数据等。各种空间数据的采集方法和获取手段不同,存储记录的内容和格式也往往区别很大。获取的数据在装入 GIS 平台应用之前还需进行编辑处理、拓扑关系建立、格式转换、几何校正和投影变换统一坐标系等,以保证获取的各类数据符合数据入库及空间分析的要求。

3.1.1　GIS 数据源种类

GIS 数据获取渠道丰富,数据种类多样,统称为数据源种类。GIS 应用的系统功能不同,需要的数据源也不同。GIS 数据源分类如图 3-1 所示。

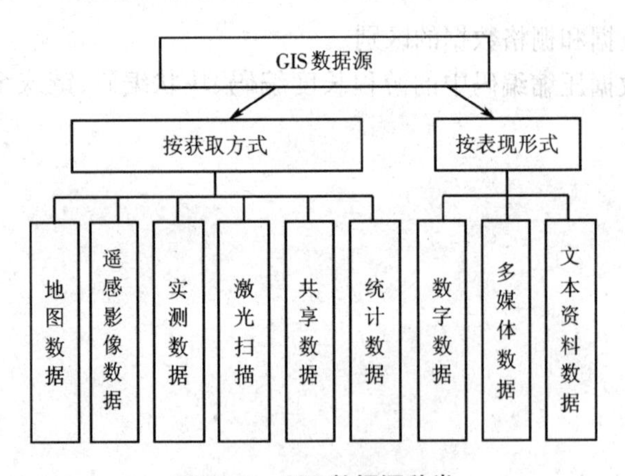

图 3-1　GIS 数据源种类

1. 按照获取数据的方式分类

1) 地图数据

地图是 GIS 出现之前传统的空间位置数据存储和表现的主要手段。地图是地球表面三维地物抽象成点、线、面的二维平面图形,并置于共同参考坐标系统的表现形式。地图数据内容丰富且具有可靠的位置精度。因此,各种类型的历史专题地图成为 GIS 最主要的数据源,是保障 GIS 正常应用和运行的宝贵财富。

2)遥感影像数据

遥感技术的日新月异,使其获取的海量多分辨率的遥感影像数据迅速成为GIS平台的主要数据源之一。遥感技术可以大范围、快速、准确地获取各种综合或专题信息。获取的遥感影像立体像对还可以提取地形数据,为GIS提供丰富的信息。美国的Google Earth和中国的天地图是海量遥感影像应用于GIS平台的典型范例。

3)实测数据

各种野外实地测量也是GIS常用的获取数据的方式,包括水准仪、全站仪、经纬仪、GPS、北斗等获取的数据。专业领域的还有合成孔径雷达、地质雷达、多波束测深仪等获取的数据。野外实测数据精度高、现势性强,是GIS很重要的数据来源。

4)激光扫描

三维激光扫描测量是测绘技术的又一次革命,是继卫星定位测量技术之后的又一项突飞猛进的测量技术。传统测量获取的是单点位置数据,三维激光扫描可以获取面的点云数据,利用这些点云三维数据可以重构任意曲面。三维激光扫描目前已成为三维GIS平台的重要数据源,是采集、建立三维虚拟现实的重要手段。

5)共享数据

随着各种专题空间数据库的建立和共享,直接从共享空间数据库中获取数字图形数据和属性数据的可能性越来越大。共享数据可以降低系统运行成本和防止资源浪费。通信技术、网络技术的高速发展,为地理信息优质共享提供了保障。目前,GIS数据共享和互操作是GIS技术的一个研究热点。已有数据的共享也是目前GIS获取数据的重要来源之一。

6)统计数据

水文数据、气象数据、地面沉降监测数据、海洋环流数据、社会经济数据等各种统计数据常常也是GIS的数据源,尤其是GIS属性数据的重要来源。目前,很多部门和行业的业务内容和业务流程都在大力推进信息化,各种统计工作和统计数据走向数字化,因此各类统计数据通过预处理可以存储在GIS属性库中直接调用。

2. 按照数据的表现形式分类

1)数字数据

GIS的数字数据主要是指计算机能保存、存储和处理的空间数据。数字数据是相对于纸质、硬拷贝的空间数据而言的。GIS应用中获取的所有空间数据都必须转换成计算机或其他终端能够识别、存储和传输的数字数据。数字数据是GIS应用的必要数据源。

2)多媒体数据

GIS应用中的多媒体数据主要是指声音、视频录像、图像和动画等数据。多媒体数据在GIS中应用越来越广泛,比如车载导航中的语音播报和路口图片、视频的连接。多媒体数据是GIS向人性化发展的重要数据源。

3)文本资料数据

文本资料数据是相对数字数据而言的,主要指存储于纸质图件和纸质报告等文件中的资料数据。文本数据要想在GIS中应用,首先必须进行数字化,将文本数据转化成数字数据。历史资料文本和历史专题纸质图件是GIS应用的重要数据源。

3.1.2　GIS数据获取的工作内容

数据源不同,获取与处理GIS数据的方法会截然不同。针对具体的GIS应用,空间数据的获取和处理的工作内容可能会不一样,但以下五个方面的工作内容不可缺少。

1. 数据源的选择

数据源的选择是 GIS 应用中数据获取首先要考虑的问题。数据源类型多样,选择数据源时,应主要考虑以下几个方面。

(1)备选数据源中是否有使用经验的数据源。通常当备选数据源的数据精度差别不大时,在不影响应用效果的前提下,应优先选择有使用经验的数据源,避免采用陌生的数据源带来不必要的工作困难。

(2)对于 GIS 应用的系统功能,备选数据源是否能够满足要求。

(3)考虑系统成本。GIS 应用开发的系统成本中,数据成本占 70% 以上。数据源的选择将决定数据成本,对系统开发的成本控制非常重要。

2. 获取方法的选择

空间数据获取方法随数据源的不同而不同。从历史专题纸质地图上获取空间数据,一般需要扫描后进行矢量化;从遥感影像数据中获取空间数据,需要应用遥感图像处理、模式识别、专家知识等相关方法和摄影测量的相关原理;野外实测数据的获取,需要通过仪器进行野外数据采集,然后进行数据格式转换导入计算机;获取三维激光扫描空间数据,需要采用各种平台(机载、车载、地面和手持)的三维激光扫描仪进行点云数据的采集,然后应用点云数据处理的相关方法进行三维重建生成地理信息需要的空间数据;获取统计数据可以扫描数字化或者键盘录入;文本数据可直接用键盘输入。

3. 数据的编辑与处理

空间数据的复杂性和海量性决定了空间数据在获取或者建库过程中难免出现错误和误差。因此,空间数据在获取之后或建库之后,很有必要进行编辑,对错误或有误差的图形数据和属性数据进行修改。图形拼接、拓扑生成等工作也是空间数据编辑处理过程中常做的工作。

4. 数据质量控制与评价

空间数据的质量决定了 GIS 应用和运行的效果,也决定了系统空间分析结果的准确性和可靠性。空间数据质量的控制和评价工作是 GIS 数据获取与处理过程中不可缺少的重要环节。

5. 数据入库

GIS 应用平台能否高效运行,数据的组织和管理至关重要。采用数据库管理往往是提高 GIS 应用效率的最好途径。因此,将获取的空间数据导入数据库也是 GIS 数据获取与处理过程中非常重要的一个环节。

3.2 空间数据获取

GIS 空间数据获取的内容主要包括几何图形数据和属性数据的获取。几何图形数据的获取主要讲述仪器野外实测、历史地图扫描数字化、摄影测量、航空航天遥感影像处理,属性数据的获取主要讲述属性数据的编码。

3.2.1　几何图形数据的获取

1. 仪器野外实测

GIS数据获取最常用的手段就是仪器野外实测。尤其是获取大比例尺空间数据，仪器野外实测更是主要手段。比如获取地籍数据或者城市管网分布等空间数据，通常会采用仪器野外实测。仪器野外实测有以下几种方法。

1）平板测量

大比例尺地形图空间数据采集及生产采用的传统方法之一是平板测量。平板测量采用的野外工作仪器主要是平板仪，包括小平板测量和大平板测量。平板测量获取的空间数据产品都是纸质地图，即非数字化数据。平板测量获取的数据如果要在GIS中应用，还需要扫描数字化。在目前数字化时代，平板测量已不是GIS空间数据获取的主要手段。但由于平板测量成本低，目前仍有单位在使用。

2）全野外数字测图

全野外数字测图可以理解为应用全站仪在野外实现数字测图，主要仪器包括全站仪及与其连接的移动电子手簿、移动电子平板或者移动平板电脑等，获取空间数据的过程实现数字化、自动化或半自动化。全野外数字测图从获取空间数据到产品输出主要分成三个阶段：全站仪野外实测、人机互动内业数据处理和数字产品成果输出。野外实测是在野外利用全站仪等仪器实测地形特征点，并记录其坐标，赋予属性代码。内业数据处理主要是将野外记录的数字化数据导入计算机，应用配套的编辑软件进行编辑、符号化、整饰等成图，并存储。输出地图产品主要通过计算机显示终端或绘图仪器打印输出。

3）空间定位测量

通过卫星定位系统进行全球定位测量一般称为空间定位测量。空间定位测量也是获取空间数据的重要手段之一，获取的空间数据也是数字形式的，是GIS数据的重要数据源。目前，全球有四套卫星导航定位系统，分别是美国的全球定位系统（Global Positioning System，GPS）、俄罗斯的“格洛纳斯”（Global Navigation Satellite System，GLONASS）、欧洲空间局的“伽利略”（GALILEO）和中国的“北斗”（COMPASS），其中GPS和GLONASS的服务已经覆盖全球，而GALILEO和COMPASS正在建设。

中国的北斗卫星导航定位系统是中国自2000年开始自主研制并建立的全球导航定位系统。该导航定位系统独立运行、开放兼容、技术先进。到目前已经有16颗组网卫星和4颗试验卫星发射（表3-1），定位服务已经覆盖亚太大部分地区，预计2020年左右覆盖全球。相比其他空间定位系统，北斗导航定位系统将短报文通信和定位相结合。这必将给我国军用、民用客户提供快速、高精度的导航定位服务。同时，作为空间数据获取的重要手段，北斗系统已经成功应用于测绘、水利、交通运输、减灾救灾、海洋渔业、海事船舶等各行各业，必将成为GIS空间数据的重要数据源之一。

表3-1　中国北斗导航卫星发射参数

卫　星	发射日期	运载火箭	轨道
第1颗北斗导航试验卫星	2000-10-31	CZ-3A	GEO
第2颗北斗导航试验卫星	2000-12-21	CZ-3A	GEO

续表

卫星	发射日期	运载火箭	轨道
第3颗北斗导航试验卫星	2003-05-25	CZ-3A	GEO
第4颗北斗导航试验卫星	2007-02-03	CZ-3A	GEO
第1颗北斗导航卫星	2007-04-14	CZ-3A	MEO
第2颗北斗导航卫星	2009-04-15	CZ-3C	GEO
第3颗北斗导航卫星	2010-01-17	CZ-3C	GEO
第4颗北斗导航卫星	2010-06-02	CZ-3C	GEO
第5颗北斗导航卫星	2010-08-01	CZ-3A	IGSO
第6颗北斗导航卫星	2010-11-01	CZ-3C	GEO
第7颗北斗导航卫星	2010-12-18	CZ-3A	IGSO
第8颗北斗导航卫星	2011-04-10	CZ-3A	IGSO
第9颗北斗导航卫星	2011-07-27	CZ-3A	IGSO
第10颗北斗导航卫星	2011-12-2	CZ-3A	IGSO
第11颗北斗导航卫星	2012-02-25	CZ-3C	GEO
第12颗北斗导航卫星	2012-04-30	CZ-3B	MEO
第13颗北斗导航卫星	2012-04-30	CZ-3B	MEO
第14颗北斗导航卫星	2012-09-19	CZ-3B	MEO
第15颗北斗导航卫星	2012-09-19	CZ-3B	MEO
第16颗北斗导航卫星	2012-10-25	CZ-3C	GEO

注:本表数据来源于北斗导航系统官网(www.beidou.gov.cn)。

空间定位测量获取数据快捷、精度较高,改变了传统野外测绘的作业方式,已成为GIS空间数据获取的重要手段之一,在各个行业和部门的军民两用中得到了广泛的应用。

2. 地图数字化

地图数字化是指将历史纸质专题地图制作成可在计算机上存储、处理和分析的数字化空间数据,即把纸质的图形数据以坐标的形式输入计算机,主要可以通过手扶跟踪数字化或扫描矢量化的方法进行生产。

1)手扶跟踪数字化

手扶跟踪数字化是利用手扶跟踪数字化仪将地图图形或图像的模拟量转换成离散的数字量的过程,是应用比较早且目前最为广泛使用的地图数字化获取空间数据的方法。

Ⅰ. 手扶跟踪数字化仪简介

手扶跟踪数字化仪有机械式、超声波式和全电子式三种。全电子式数字化仪获取的数字化产品精度最高,应用也最广。手扶跟踪数字化仪的版面大小可分为A0、A1、A2、A3、A4等。

手扶跟踪数字化仪的组成主要包括电磁感应板、游标和相应的电子电路,如图3-2所示。这种设备的工作原理是电磁感应。在电磁感应板上有许多与X,Y方向平行的电子线路,游标中装有一个线圈。当使用者在电磁感应板上移动游标到图件的指定位置时,通过游标线圈和电磁感应板的电磁耦合、鉴相方式实现模-数转换,获取数字化的坐标。

图3-2　手扶跟踪数字化仪示意图

Ⅱ.数字化过程

把已有的历史纸质专题地图固定在电磁感应板上,首先在计算机内输入该图所表达的图幅范围和四个坐标,随后即可用游标在地图上移动并输入图幅内各点、各曲线的坐标。

2)扫描矢量化

扫描矢量化是地图数字化获取空间数据的常用方法。历史纸质专题地图幅面大小不一,需要选择不同型号的扫描仪扫描。扫描矢量化的大体步骤:①扫描仪扫描历史纸质专题地图,获得栅格化后的专题地图数据;②栅格编辑处理扫描产品中的噪声和中间色调;③几何纠正栅格图像数据,进行矢量化工作。其具体的工作流程如图3-3所示。

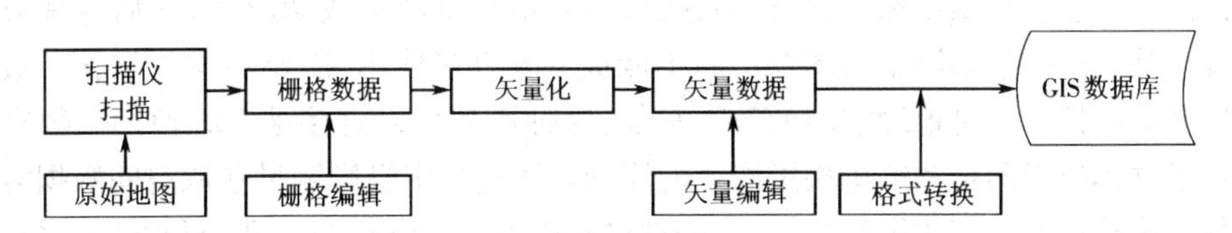

图3-3　扫描矢量化的步骤

栅格图像的矢量化有通过鼠标跟踪和软件自动识别矢量化两种方式。鼠标跟踪的作业方式仍是手动跟踪。相比数字化仪，其数字化产品的精度和数字化的工作效率明显提高。软件自动识别矢量化的作业方式速度快、效率高，但是软件自动识别矢量化的水平有限，需要人工辅助检查和编辑数字化产品。GIS 常用软件和 CAD 软件均可进行鼠标跟踪矢量化，并对矢量化产品进行后期处理。

扫描矢量化输入快、操作简单，加之矢量化软件发展迅速、计算机存储容量的提高，这种空间数据的获取方法已成为主要方法。

3. 摄影测量

摄影测量技术在获取空间数据的过程中扮演了重要角色。我国绝大部分 1:1万和 1:5万基本比例尺地形图的制作过程中广泛使用了摄影测量方法。摄影测量方法在空间数据获取过程中的作用越来越大。

1）摄影测量原理

摄影测量的平台主要有航空平台和地面平台。航空平台的摄影测量一般采用飞机搭载摄影机进行垂直摄影，通过镜头中心且垂直于胶片平面的线称为主轴线，当主轴线与铅垂线的夹角小于 3°时为垂直摄影。地面平台的摄影测量一般采用倾斜摄影或交向摄影。

摄影测量通常采用获取立体像对的方法重建地理空间的三维地形。立体摄影测量的立体像对获取和工作原理如图 3－4 所示。在获取空间数据的过程中，对同一地区同时摄取两张或多张重叠的图像，图像重叠度在航向上不低于 55%，旁向保持 30%。在室内用光学仪器或在计算机内模拟摄影方位，可以重构地形表面。

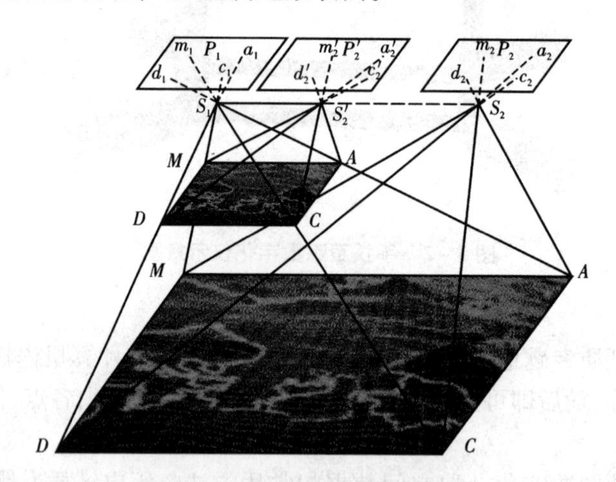

图 3－4 立体摄影测量的原理

2）数字摄影测量

数字摄影测量是模拟摄影测量的更新换代，二者都属摄影测量的范畴，只是二者的摄影成果产品不一样。模拟摄影测量的摄影直接产品是地理空间的成像胶片，而后冲洗成模拟量的图像产品。模拟摄影测量的图像产品不能被 GIS 直接使用，需要扫描矢量化。数字摄影测量的摄影直接产品是地理空间的数字影像，这种产品可以直接被 GIS 使用。数字摄影测量继承了立体摄影测量和解析摄影测量的原理。通过数字摄影测量获取空间数据需要处理由立体摄影获取的数字化影像数据，在处理过程中需要多学科交叉理论和方法支持，包括计算机技术、数字影像处理技术、影像匹配技术、模式识别和专家知识等。数字摄影测量是摄影测量的全新阶段。

4. 遥感影像处理

遥感影像数据通常指的是利用卫星平台获取的影像数据，其原始数据的获取方式不同于航空图像的获取。

搭载在卫星平台上的传感器，主要包括摄影式成像传感器、扫描式成像传感器和非成像传感器。这些传感器可以捕捉并记录地表各类地物对太阳辐射和传感器平台主动发射的电磁波辐射的反射信号。接收的反射信号的波段主要包括紫外波段、可见光波段、红外波段和微波波段。传感器可以将记录的原始数据传回地面，经过一系列处理可以获得遥感影像数据，作为满足GIS需求的空间数据。

遥感数据的具体处理方法需要根据具体的数据类型、存储格式等因素确定。遥感数据处理的主要内容如图3-5所示，基本处理步骤如下。

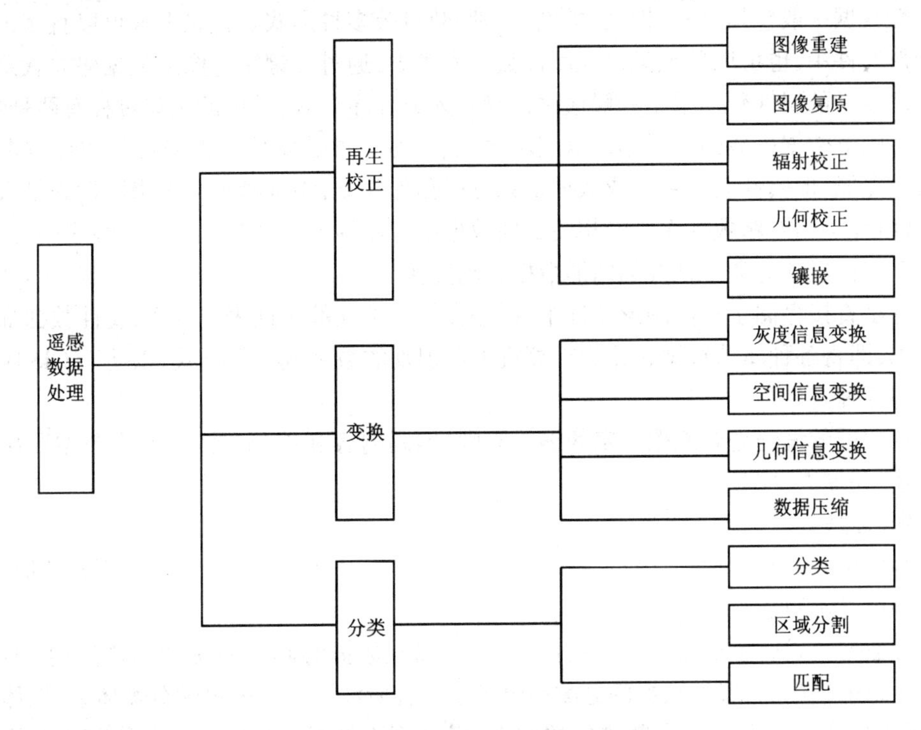

图3-5 遥感数据处理的主要内容

1)数据输入

卫星平台采集的数据包括模拟数据和数字数据两种。模拟数据需要进行扫描实现模数转换，导入计算机。数字数据需要从特殊的数字记录器中读出，转到计算机可以读出的计算机兼容带(Computer Compatible Tape，CCT)等通用载体上，而后导入计算机。

2)再生、校正处理

对于导入计算机的原始观测数据，要进行辐射校正和几何校正。合成孔径雷达(Synthetic Aperture Radar，SAR)原始数据需要进行图像再生。

3)变换处理

变换处理有时也称作影像增强处理，其处理手段很广泛，具体要做什么样的变换增强处理，视具体的应用目的而定。总体的思路是将影像中对具体应用目的有用的信息突出增强显示。因此,在变换处理之前需要去噪处理,否则有可能得到噪声增强的结果。具体可以通过线性变换、分段线性变换、连续函数变换和主成分分析等进行图像反差增强和空间特征增强,以获取增强后的图像,方便应用。

4)分类处理

通过专家知识或地物对辐射的反射特性等规律对影像中的地物进行分类,即建立影像信号与地物类别之间的对应关系。分类处理的结果多为专题地图。

5)处理结果输出

将最终的处理结果输出到各种电子显示器或打印输出到像纸和打印纸上显示,以供用户获取相对于具体应用目的有用的空间信息。

3.2.2 属性数据的获取

属性数据一般包括名称、性质、类别、级别、数量等多种形式。记录形式可以直接记录在几何图形文件中,也可以单独记录在属性数据库表中,通过关键字与图形数据建立联系。

地理要素的属性数据采集一般通过键盘录入或程序导入,具体的采集过程有两种情况:一种是在图形数据采集的同时用键盘编辑属性表;另一种是属性数据采集与图形数据采集分别独立完成,即属性表的字段或数据格式可以预先建立,用键盘独立编辑属性表录入每条记录,或将存档的专题数据库中的相关属性数据用程序导入已经建立好的属性表中,然后根据关键字与已经独立数字化好的图形数据自动连接。

无论是直接存储于几何图形文件中,还是存储于独立的属性表文件中,属性数据都必须进行编码,即将各种属性数据转化为计算机可以识别的数字或字符形式,以便于 GIS 应用平台存储与管理。

属性数据的编码需要遵循一定的编码原则、编码内容和编码方法。本小节主要从这三方面讲述,并加以说明。

1. 编码原则

属性数据的编码,只要能满足计算机识别就可以。但是一般需要遵循以下几个原则。

1)系统性和科学性

属性数据编码后系统能否有效运作,决定于属性数据编码的系统性和科学性。GIS 的应用行业越来越广泛,属性数据的分类编码需要符合所涉及学科的科学分类体系,以体现科学性;还需要符合属性本身的自然分类体系,以体现系统性;还需要反映出类型中的级别特点。

2)一致性和唯一性

属性编码中所用的专业名词和术语,定义必须严格保证一致,同一专业名词和术语的编码值必须唯一。

3)标准化和通用性

如果属性数据分类有相应的规范或标准,应尽可能依规范或标准执行,力求分类的编码规范化和标准化,满足信息传递和交流的通用性。

4)简捷性

为了便于将来高效检索,属性数据的编码需要满足相当的可读性并负载最大信息量;为了减少计算机的存储量,属性编码应以最小的数据量体现编码的简捷性。但是无论简捷性怎么体现,都必须满足国家相关标准的规定。

5) 可扩展性

属性数据的分类在实际使用时，随着时间的变化往往会出现新的类型，新类型同样需要加入到编码系统中。编码原则的定义或规定需要留有可扩展的空间，在新类型或新地理要素出现时，能保障原有编码原则不至于失效，实现新旧编码原则的无缝兼容。

2. 编码内容

属性编码的内容，一般应包括以下三个方面。

1) 登记部分

该内容主要用来标识属性数据的序号，保障属性的记录能与图形要素关联。登记部分编码时可以按照自然顺序连续编码，也可以按照一定的原则划分层次关系，在层次体系内进行连续编码。

2) 分类部分

该内容主要用来标识地物属性的自然特征。分类部分编码时可采用多位代码，每位代码值可以反映不同的特征。

(3) 控制部分

该内容主要用来识别或检查属性的错误。属性编码后可以按照一定的差错算法程序，检查编码的错误。属性数据量较大时，录入和传输中难免产生错误，控制部分具有重要意义。

3. 编码方法

属性数据的编码方法是确定每个地物或几何图形的属性数据代码的过程。属性数据编码的最终结果或产物就是代表每个属性的代码。最终每个地理要素的几何图形的每一项属性字段的值是一个或一组有规律的代码，易于被计算机或各种终端机器以及用户识别与处理。代码是计算机识别和检索信息的主要依据和手段。

在编码过程中，编码方法需要遵循相应的标准。如果没有，则可依照如下编码的一般方法，设计出满足上述编码原则的编码标准。编码的一般方法如下：

(1) 汇总全部几何图形对象清单；

(2) 设计对象分类分级的指标，将所有几何图形对象进行分类分级；

(3) 制订分类代码体系结构；

(4) 设计代码的码位长度与码位分配；

(5) 建立代码和编码对象每类的对照表，这是属性编码最终成果资料，是属性数据录入计算机的依据。

层次分类法和多源分类法是目前属性编码常用的两种编码方法。

1) 层次分类法编码

按照待分类几何对象的隶属关系和层次级别关系分类，并排列顺序之后进行编码，即为层次分类法编码。这种编码方法的优点在于被分类的几何对象类别能被明确表示，代码结构有从属关系。表 3 - 2 以行政区划的编码为例，讲解层次分类法编码的编码构成体系。

表 3-2　行政区划编码(层次分类法编码)

一级分类		二级分类		三级分类	
代码	名称	代码	名称	代码	名称
120000	天津市	120100	市辖区	120101	和平区
				120102	河东区
				120103	河西区
				120104	南开区
				120105	河北区
				120106	红桥区
				120110	东丽区
				120111	西青区
				120112	津南区
				120113	北辰区
				120114	武清区
				120115	宝坻区
				120116	滨海新区
		120200	县	120221	宁河县
				120223	静海县
				120225	蓟县

2)多源分类法编码

多源分类法编码是指对于特定的地物对象或几何图形对象根据不同的分类依据进行分类,然后对每一类进行编码,又称为独立分类法编码,每类编码之后的代码没有从属关系。表 3-3 以水运航道分类为例,讲解属性数据编码的多源分类法编码。例如,有一条Ⅲ级航道,其管理特征为专用航道,地域特征为沿海航道,成因特征为人工航道,通航时间特征为常年通航,如果对这条水运航道的这五项属性进行编码,按照多源分类法编码方案编码后的代码为 33221。

表 3-3　水运航道的多源分类法编码方案

航道级别	管理特征	地域特征	成因特征	通航时间特征
Ⅰ:1	国家航道:1	内河航道:1	天然航道:1	常年通航:1
Ⅱ:2				
Ⅲ:3				
Ⅳ:4	地方航道:2	沿海航道:2	人工航道:2	季节通航:2
Ⅴ:5				
Ⅵ:6	专用航道:3		渠化航道:3	
Ⅶ:7				

多源分类法编码的信息载荷量丰富,有利于对地物对象空间信息的综合分析。

在GIS平台的实际应用中，上述两种属性信息的编码方法没有优劣之分，应根据实际应用情况，采用合适的编码方法。在特定情况下，可以综合使用上述两种方法编码，以达到更理想的效果。

3.3　空间数据编辑

空间数据是进行空间分析的重要资料。通过各种采集手段或渠道获取的地理要素的空间几何图形数据和属性数据，都很难避免出现一定的错误和误差。如果空间数据存在错误和误差，会严重影响空间分析结果的可信度和正确性。为了提高空间分析结果的可靠性和正确性，空间数据在获取工作完成之后、入库之前，必须对获取的空间数据的图形数据和属性数据进行检查和编辑。空间数据的编辑是空间数据从采集到数据产品这一流程中非常重要的工作环节，并且贯穿于整个过程中。

3.3.1　几何图形数据编辑

空间数据获取过程中，涉及大量的人为工作。对于获取的几何空间数据，直接效果是难免带来数据的错误和误差。而且在数字化过程中，由于操作人员的经验和工作态度，难以实现完全精确的定位。因此，空间几何图形数据获取之后，需要进行检查纠错，并进行几何图形数据编辑，修改错误和误差。

1. 几何图形数据的错误

在数字化过程中，常会带来两种错误，即线条连接过头和不及。此外，伪结点、悬挂结点、碎屑多边形和不正规多边形，也会经常出现在数字化的几何图形中，如图3－6所示。

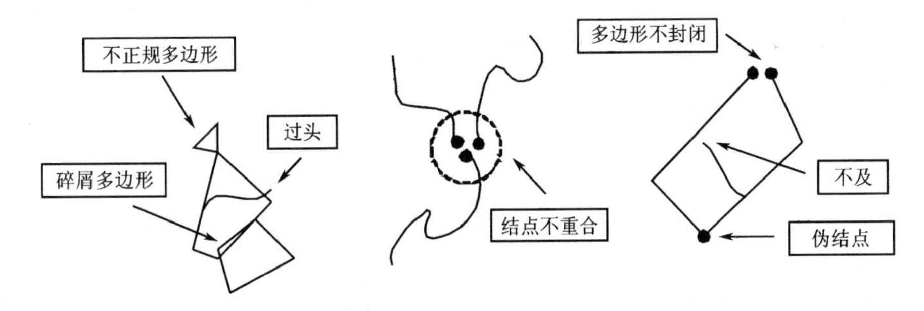

图3－6　数据错误示意图

(1)伪结点(Pseudo Node)：没有将空间上本来属于同一地理对象的两段线连在一起的结点。空间上原本是一个完整的地理对象，在数字化抽象表达数据采集过程中，不是一次采集完成，就会产生伪结点。伪结点的存在，会使空间上同一个地理对象在数字化抽象表达时变成若干段线段存在。

(2)悬挂结点(Dangling Node)：只连接一个线对象的结点称为悬挂结点，与悬挂结点相连接的线对象称为悬挂弧段。除了空间上独立线段的起点和终点外，如下几种数字化错误也会带来悬挂结点：线段的过头和不及以及没有封闭的多边形和本该同时连接多条线段的结点没有重合(结点不重合)。

(3)碎屑多边形(Sliver Polygon)：具有公共边的多边形在数字化时，如果公共边被重复数字化，且每次数字化的空间位置不完全一样，就会产生碎屑多边形，也称条带多边形。碎屑多边形主要是由于重复输入公共边，而且是由输入错误和误差引起的。

（4）不正规多边形（Weird Polygon）：在输入线的过程中，如果线段产生自相交就会产生不正规多边形。不正规多边形主要是由于线段在数字化过程中，点的空间次序颠倒或者空间位置不准确引起的。

除了上述四项错误，其他错误主要包括遗漏几何图形、重复录入几何图形和图形定位错误等。

2. 几何图形数据错误的检查

前述四项错误需要在建立拓扑关系时检查，其他的错误需要在录入的同时和录入后检查。几何图形的错误检查，一般采用以下方法进行。

1）叠合比较法

叠合比较法是把数字化之后的产品数据打印在透明薄膜上，然后与数据源叠置在一起，在透光工作台上观察和比较。该方法对于空间数据的位置误差和变形很快就可以观察出来。如果数字化的区域较大时，数字化时可能会采取协同工作、分块数字化。叠合比较差错时，除了检查块内错误，还应检查块与块的接边情况。

2）目视检查法

目视检查法主要是指在数字化或显示终端屏幕上用目视检查的方法。该方法适合检查一些比较明显的数字化误差与错误。

3）逻辑检查法

逻辑检查法主要是根据空间数据的拓扑一致性进行检验。如检查是否将空间上的弧段实体连成了多边形等。

GIS 平台的几何图形数据编辑，主要就是用来修正那些检查出来的错误。一般的 GIS 平台都提供人机交互界面的几何图形编辑命令或功能。在主流的 GIS 平台上，几何图形编辑功能主要提供几何图形对象增加、对象删除和对象修改，编辑的对象可以是点、线、面对象，也可以是多片三维模型等。

3.3.2 属性数据编辑

属性数据的正确性检查内容，主要包括属性数据本身的正确性和属性数据与空间几何图形的对应关系两部分内容。

（1）检查属性数据中每条记录是否与几何图形数据中的每个图形对象一一对应且相互关联，检查每条记录的标识码是否与图形对象标识码一一对应且唯一，检查每条记录的标识码是否为空值。

（2）检查属性数据本身的每项字段的记录是否准确，属性数据的值是否超过每个数据项的取值范围等。

带入属性数据错误的原因很多，因此错误检查比较困难。主要通过如下一些方法检查属性数据的错误。

（1）借助 GIS 平台软件进行逻辑检查，或者针对特殊问题自编小插件进行检查，通过计算机执行程序自动完成。主要检查属性数据的取值是否在值域内、属性数据与几何图形之间的关联。

（2）把录入属性数据库的属性数据打印出来与属性数据源进行人工比对。

属性数据编辑，一般在 GIS 平台软件的属性数据处理模块中进行。成熟的 GIS 平台软件都提供属性数据和几何图形数据同时编辑的功能，即在输入每个图形对象之后，就可以编辑对象属性。同时，成熟的 GIS 平台软件也提供空间几何图形数据和属性数据的关联显示，也可以将图形数据和属性数据分开编辑。由于空间几何图形和属性数据记录的关联，图形数据的删除、修改也可以通过操作属性数据完成。

3.3.3　图幅拼接

在扫描数字化获取空间数据时，往往会遇到研究区包含多个图幅范围，或者图幅范围比较大，小型扫描仪只能分块扫描，数字化的过程需要分工协同，多人数字化。因此，导致数字化的初始产品不是整幅数据，需要后期做图幅拼接处理工作。由于各种系统误差和人为误差或错误，导致在图幅拼接时，常常会遇到本来在空间上是同一对象的线段，在两幅数字化图幅的边界上位置错位，不能互相连接，需要进行边缘一致性处理（图 3－7）。边缘一致性处理，与悬挂结点的处理方法类似。处理过程可以由计算机自动完成，或者人工加半自动辅助完成。

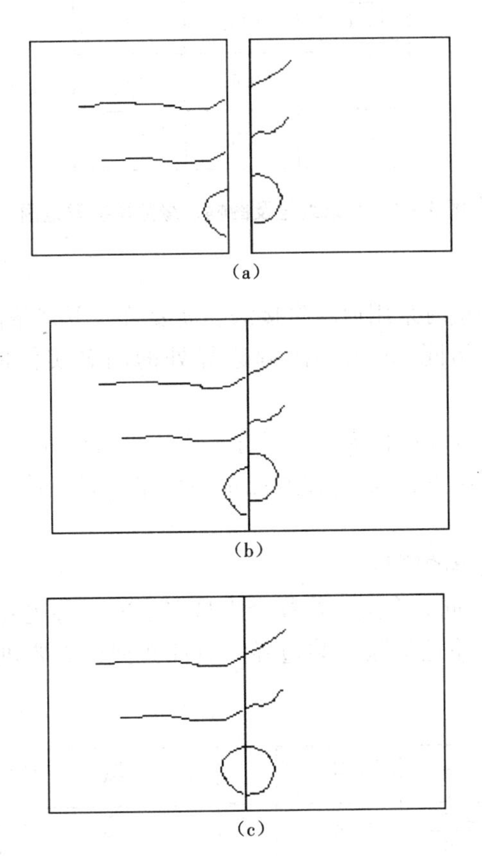

图 3－7　图幅拼接的边缘一致性处理

(a)拼接前　(b)拼接中的边缘不匹配　(c)调整后的拼接结果

图幅拼接不仅要保证空间上同一实体的几何图形是一体的，也要保证拼接之后的属性数据是一体的。因此，图幅拼接的边缘一致性处理非常重要，具体操作步骤如下。

1. 逻辑一致性的处理

数据获取过程中有时空间数据需要分幅采集，由于数据采集的精度和数据制作人员的操作误差,相邻图幅接边处的几何图形可能会出现逻辑裂痕,这将导致数据库中记录的属性在逻辑一致性上出现问题。例如同一个多边形分属于两幅图时,在一幅图中具有属性 A,而在另一幅图中属性为 B。出现这种情况,必须人工手动编辑属性表,使同一地理要素的几何图形的属性值在逻辑上取得一致。

2. 图幅索引编号与识别

相邻图幅拼接时,需要将数据按图幅进行编号索引。根据需要,图幅编号可以是 2 位或 4 位,包括图幅的横向顺序和纵向顺序。如果编号是 4 位,其中前两位指示图幅的横向顺序,后两位指示纵向顺序(图 3-8),并记录图幅的长宽尺寸。如果进行横向拼接,须将横向编号相同的图幅数据拼接在一起;如果进行纵向拼接,须将纵向编号相同的图幅数据拼接在一起。拼接时边缘匹配处理,主要针对跨越相邻图幅的线段或弧。为了提高拼接数据处理速度,索引到需要拼接的图幅后,在接边的边界处一定宽度范围内提取图形数据作为拼接目标。相邻图幅数据的拼接前提是数据的空间坐标已经统一在相同的投影坐标系中。

0301	0302	0303
0201	0202	0203
0101	0102	0103

图 3-8 图幅编号及图幅边缘数据提取范围

3. 边界数据衔接

相邻图幅边界数据衔接时采用追踪拼接法。需要符合下列条件:①相邻图幅边界处的线段或弧段的编码各自相同;②相邻图幅边界处的同名实体的坐标在允许值范围内(如 ±0.5 mm)。

匹配衔接时一般以弧或线段作为处理目标。当边界目标处于两个结点之间时,必须分别提取出相关目标的两个结点,然后衔接并记录和存储。衔接时要符合结点之间线段的方向一致性原则。

4. 同名多边形公共边界的删除

边界衔接时,边界上的同名多边形往往会出现多余的公共边界。这种情况需要将分属于两幅图的同名多边形合并且消除公共边界。属性数据也需要进行合并处理,如图 3-9 所示。

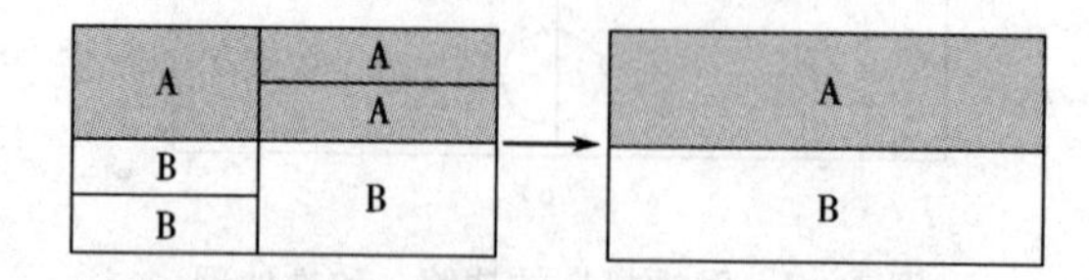

图 3-9 相同属性多边形公共边界的删除

合并空间数据中的同名多边形,需要删除中间多余的分界线。删除分界线需要操作分界线的坐标链,删除坐标链中公共部分,然后记录线段坐标链,构建合并后的多边形。

对于多边形的属性数据,保留其中之一多边形的属性即可。但是合并后的多边形面积和周长属性需重新计算并存储。

3.4 拓扑关系的建立与编辑

在空间几何图形数据获取并编辑之后，需要对图形要素建立正确的空间拓扑关系。大多数成熟的商业GIS平台都提供了软件自动生成拓扑关系的功能。在某些特殊情况下，需要人工修改计算机自动创建的拓扑关系，典型的例子是网络拓扑的连通性。

3.4.1 点线拓扑关系的建立

点线拓扑关系的建立过程，可以采取两种方案。

方案一：实时建立。在采集空间几何图形数据开始时即创建两个数据表文件，在采集和编辑过程中，实时将拓扑关系记录并存储于两个表文件中。一个表文件记录和存储结点所连接的所有弧段，另一个表文件记录和存储弧段两端的起止结点。如图3-10所示，A_3和A_4是采集的两条线段，共有3个结点，分别是N_3、N_4、N_5。当从N_4出发采集第三条线段A_5时，软件的捕捉功能会寻找它附近是否存在已有的结点或弧段。若存在结点，则弧段A_5不产生新的起结点，而将N_4作为它的起结点。当终止这条线段的采集时，进行同样的判断和处理，产生一个新结点N_6。将新弧段和新结点分别填入相关表文件中。

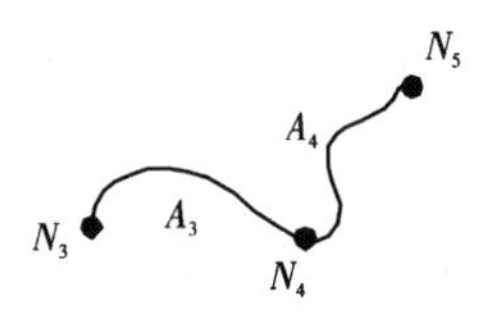

弧段表

ID	起结点	终结点
A_3	N_3	N_4
A_4	N_4	N_5

结点表

ID	关联弧段
N_3	A_3
N_4	A_3，A_4
N_5	A_4

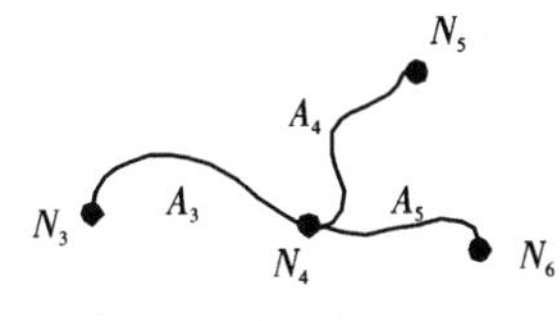

弧段表

ID	起结点	终结点
A_3	N_3	N_4
A_4	N_4	N_5
A_5	N_4	N_6

结点表

ID	关联弧段
N_3	A_3
N_4	A_3，A_4，A_5
N_5	A_4
N_6	A_5

图3-10 结点与弧段拓扑关系

方案二：编辑后处理。在图形采集与编辑之后，由系统执行相关命令创建表文件，并自动记录和存储拓扑关系。其建立拓扑关系的基本思想与方案一相似。

3.4.2 多边形拓扑关系的建立

1. 空间几何图形多边形的情况

空间几何图形的多边形有三种情况，分述如下。

1）独立多边形

独立多边形与其他多边形没有共同边界也不互相嵌套，如独立的水面和土地利用类型。独立多边形由一条封闭的弧段表达。这种多边形比较简单，可以在数字化采集过程中直接生成。

2）有公共边界的多边形

有公共边界的多边形在数据采集时，仅采集分界线段数据。分界线段数据采集完之后，

GIS 矢量化平台应用相关算法,建立具有公共边界的多边形。

3)嵌套多边形

嵌套多边形同样要按第二种情况自动建立多边形。外多边形存储一条记录,内多边形存储一条记录。嵌套多边形的外多边形由内外多边形的封闭边界线段包围的区域构成,内多边形称为外多边形的内岛。内多边形由独立的内多边形的封闭边界线段包围的区域构成。

2. 多边形的自动建立和拓扑关系的生成

多边形自动建立以及拓扑关系生成的步骤和方法如下。

1)进行结点匹配

如图 3-11 所示,如果多边形有公共顶点,由分属于不同多边形的三条弧段连接同一结点。但是三条弧段在交点处采集数据时,三点坐标存在数字化误差,不完全相同,即不能实现三点合一,造成结点和弧段不能建立关联关系。出现这种情况时,需要求取这些点坐标的平均值,以平均值为圆心,给定搜索半径,产生一个圆形搜索范围,搜索这些弧段的端点是否能落入该圆形搜索范围内。如果落入范围内,则以平均值坐标作为相交弧段的结点位置,并代替原来各弧段的端点坐标。

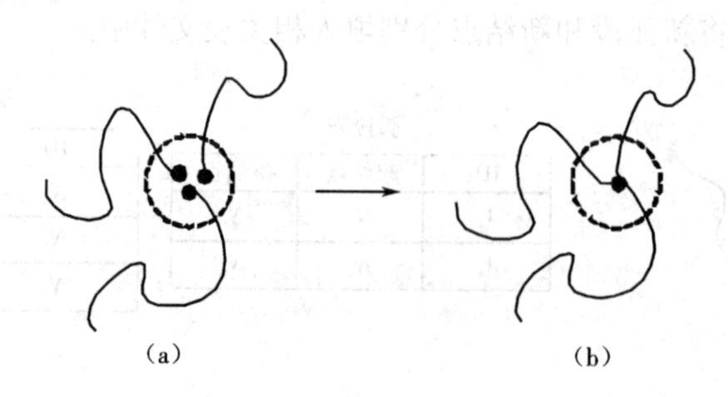

图 3-11 结点匹配

(a)结点匹配前 (b)结点匹配后

2)建立点线拓扑关系

在结点匹配的基础上,对结点和弧段进行编号,建立两个文件表,存储和记录点线拓扑关系。一个弧段表记录弧段的起终结点,另一个结点表记录结点的关联弧段,如图 3-12 所示。

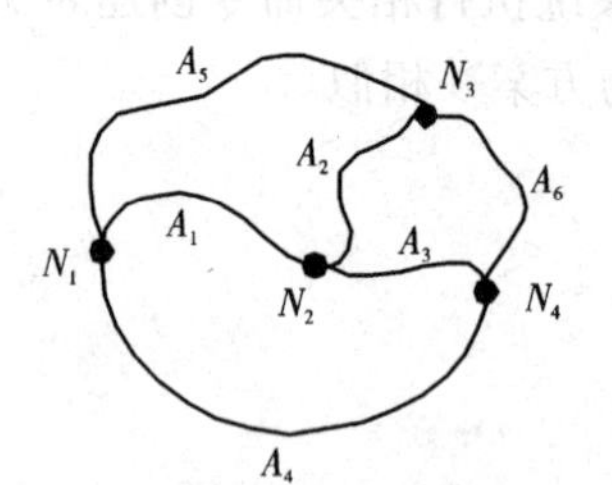

弧段-结点表

ID	起结点	终结点
A_1	N_1	N_2
A_2	N_2	N_3
A_3	N_2	N_4
A_4	N_1	N_4
A_5	N_1	N_3
A_6	N_3	N_4

结点-弧段表

ID	关联弧段
N_1	A_1, A_4, A_5
N_2	A_1, A_2, A_3
N_3	A_2, A_5, A_6
N_4	A_3, A_4, A_6

图 3-12 点线拓扑关系的建立

3)建立多边形拓扑关系

建立多边形拓扑关系就是建立多边形与弧段的关系,即多边形自动生成。建立多边形文件表,记录每个多边形由哪些弧段构成,并修改弧段表,记录每个弧段关联的左右多边形。

建立多边形拓扑关系时,必须考虑弧段的方向。弧段沿起始结点出发,到终止结点结束。将弧段前进方向的左右两侧的多边形定义为左多边形和右多边形。

对于嵌套多边形,拓扑关系的建立需要先按上述方法建立简单多边形拓扑关系,然后采用多边形包含分析方法判别每个多边形是否包含了其他多边形。如果有,则修改该多边形的组成弧段,增加多边形的弧段,内多边形弧段的结点按逆时针排列。

3.4.3　网络拓扑关系的编辑

在 GIS 实际应用中,采集道路、水系、管网、通信线路等空间几何图形数据进行流量、连通性、最佳线路等空间分析,获取空间信息时,需要确定实体间的网络连接关系。

网络拓扑关系的建立主要是确定结点与弧段之间的拓扑关系,此工作可以采用上述点线拓扑关系建立的方法,由 GIS 软件自动完成。但在一些特殊情况下,需要数据采集人员手工编辑完成。特殊情况下,两条相互交叉的弧段在交叉处不一定需要结点存在。如道路交通中的立交桥,在平面上弧段交叉,但空间上实际不连通。这种特殊情况需要数据采集人员手工编辑修改,将在交叉处的结点编辑删除,取消相关的连通性(图 3－13)。

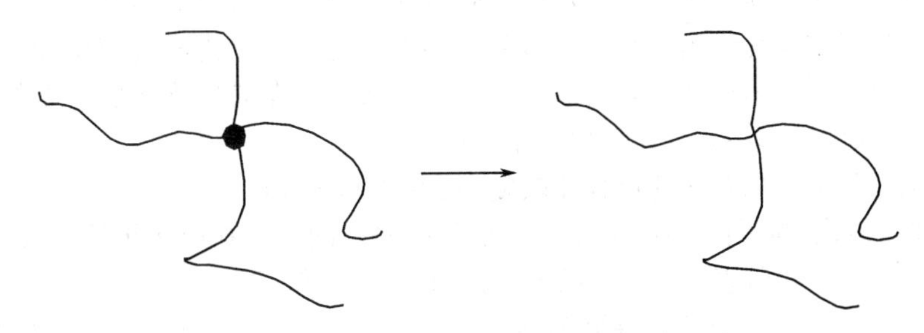

图 3－13　删除不需要的结点

3.5　空间数据转换

数据转换包括数据格式转换和数据结构转换。不同的 GIS 平台采集的空间数据,在存储时记录格式也不同。数据格式转换主要是指将一种 GIS 平台采集的空间数据,转换成另外一种 GIS 平台上可以应用的格式。数据转换的另外一种情况是数据结构转换,即同一份空间数据可以采用矢量数据结构存储和栅格数据结构存储。空间数据的结构转换即是指空间数据的矢量结构和栅格结构的相互转化。

3.5.1　矢量数据转换为栅格数据

许多空间数据在采集和存储时通常采用矢量结构,比如行政边界、土地利用类型、土壤类型等。但是在进行一些空间分析时,需要多层空间数据的叠置空间分析。用矢量数据实现多层叠置比较复杂,而栅格数据多层叠置就相对简单,对于这种情况就需要将已有的矢量数据转换成栅格数据。

矢量数据向栅格数据转换时,需要将矢量坐标系的 X 轴和 Y 轴分别与栅格数据的行与列平行,按照确定的栅格大小,从矢量数据中采样每个栅格的值。矢量数据向栅格数据的转换又称为栅格化。

矢量数据的基本要素是点、线、面。只要实现点、线、面的矢量图形向栅格转换,就能解决各种线划图形的矢量向栅格转换。

(1)点矢量向点栅格的转换原理很简单,只需要计算出矢量点所在栅格的行列号即可,一个点元素占一个栅格。

(2)线矢量向线栅格的转换,基本原理是计算出线所经过的所有栅格,然后将这些栅格赋予该线的属性即可。

(3)面矢量向面栅格的转换,基本原理是首先栅格化面边界,与线矢量向线栅格转化相同;然后将线内部区域栅格化并赋予面属性即可。因此,矢量的面域向栅格转换又称为多边形填充。

栅格化的过程中,每个栅格的取值唯一。但是栅格中可能出现多种地物,这时栅格的取值需要采用相关方法确定,详细的方法在第2.4.1节中已经详细讲述。

3.5.2 栅格数据转换为矢量数据

GIS应用中很多情况下还需要将栅格数据转换成矢量数据,其中主要有三个目的:①将栅格数据空间分析的结果,转换成矢量数据,以输出精美图形;②减少数据量的需要,栅格数据的大面积斑块通过转换,可以减少数据存储量;③从扫描栅格历史图件上采集矢量数据。把栅格数据转换成空间几何图形数据的过程称为矢量化。矢量化需要遵循如下原则:①栅格空间数据上抽象表达的地理要素之间的连通性和邻接性在矢量化之后需要保留,即拓扑转换;②空间对象的外形在矢量化后保持正确性。

栅格数据向矢量数据转换的过程比较复杂,主要步骤如下。

(1)图像二值化:为了便于机器识别,需要将栅格空间中256个灰阶抽象表达的地理要素简化成0和1两个灰阶表达的地理要素,即黑白二值图像。

(2)平滑:栅格图像中难免存在随机噪声,二值化之后会表现更为明显,需要图像平滑处理以去除这些斑点。

(3)细化:栅格图二值化后,线宽往往占据多个栅格,矢量化之前需要进行细化处理。细化是矢量化过程中的重要步骤和基础,一般采用"剥皮法"。剥皮法的中心思想是从地理要素的边界开始,剥掉多余的栅格,保留彼此连通的单个栅格单元组成的图形。

(4)跟踪:细化之后的栅格数据,通过跟踪形成线段和闭合多边形。跟踪时可以人为规定搜索方向,一般可以对栅格单元的八个领域进行搜索。

(5)去除多余点:平滑处理没有消除的斑点也会被矢量化,必须去除这些多余点的记录,以减少冗余。

(6)曲线光滑:由于搜索是逐个栅格进行的,会造成矢量线的锯齿状,需要进行曲线光滑处理。

(7)拓扑关系的生成:判断点、线、多边形间的空间关系,形成完整的拓扑关系,并记录属性数据。

练 习 题

1. 名词解释

(1)地图数字化。

(2)空间数据转换。

2. 选择题

(1)几何图形数据获取时,野外实测的手段包含(　　)。

A. 平板测量　B. 全野外数字实测　C. 北斗定位测量　D. 空间定位测量
E. 大平板测量

(2)地图数字化的方法包含(　　)。

A. 手扶跟踪数字化　B. 人工鼠标跟踪矢量化
C. 扫描矢量化　D. 自动矢量化

(3)几何图形的错误检查方法有(　　)。

A. 叠合比较法　B. 目视检查法　C. 自动检查法　D. 逻辑检查法

3. 问答题

(1)GIS数据源有哪些种类?

(2)GIS数据获取的流程和工作内容是什么?

(3)如何获取GIS几何图形数据?

4. 分析题

(1)下图是北京市行政区划图的图形数据,其中A、B、C、D、E、F、G、H行政区是北京市辖区,其他行政区是郊区县,按属性数据编码原则,请分析和设计北京市行政区几何图形的属性数据分类体系及编码,并说明为什么选择该分类体系和编码方法。

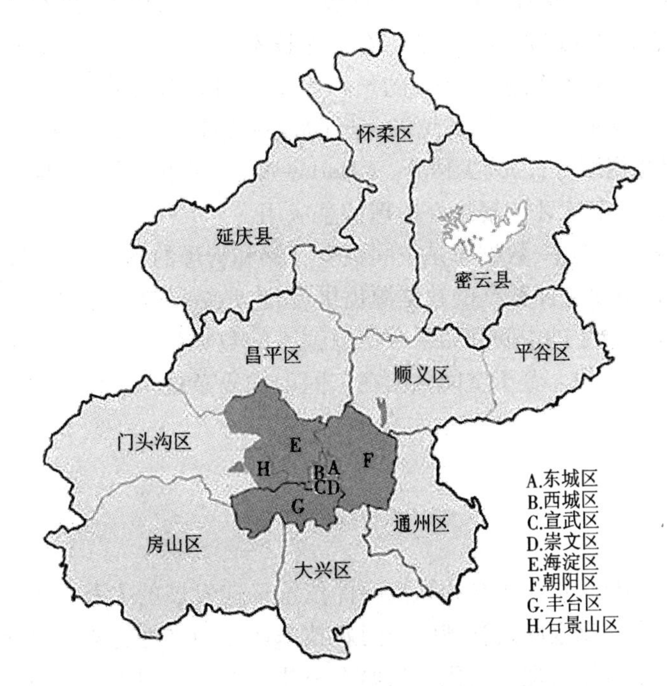

(2)某项目组承接了某地区1∶10 000土地利用数据库的建库工作,由于当时工期很紧,造成自检时发现大量严重错误,主要表现在图形拓扑错误、碎图斑、相邻图幅拼接等方面,请分析出现这一系列问题的主要原因,如果你是项目的技术负责人,你将采取什么样的技术路线保证图形数据质量?

5. 论述题

(1)论述GIS数据中属性数据的编码原则、编码内容和编码方法,并对编码方法举例说明。

(2)论述栅格数据转换成矢量数据的目的、原则和主要步骤。

第4章　GIS数据存储与管理

本章主要介绍GIS空间数据存储和管理的场所——空间数据库，主要围绕矢量数据和栅格数据的管理方式，阐述空间数据的数据库管理和空间数据在空间数据库中的SQL查询语言扩展。

4.1　概述

从空间数据源到空间信息，GIS技术主要包括数据采集、数据处理、数据入库管理、空间分析和空间信息展示五部分。GIS技术的操作对象始终是空间数据，包括原始数据、中间数据和结果数据。空间数据的存储与管理在GIS成功应用的整个流程中显得非常重要。如何高效存储和管理GIS空间数据是GIS技术的基础和核心，也是GIS技术的研究热点。数据库技术具备高效存储和管理数据的优点。数据库技术在空间数据的存储和管理中的应用成为必然。GIS工程项目中往往超过70%的预算用于空间数据的采集和管理，没有数据库的高效管理，相当于70%的资金在制造垃圾，况且如果有数据库高效管理，还可以为日后其他GIS工程项目提供数据服务，以减少预算。《Harlow报告》指出，地理信息系统应用首先必须解决好数据库的方案，其次才能解决好地理信息应用。

在空间数据获取过程中，数据库是空间数据存储和管理的场所；在空间数据处理和空间分析过程中，数据库既是空间数据的数据源提供者，也是结果数据存储和管理的场所；然而，在处理和分析过程中产生的中间和结果数据以惊人的数据量增长，使得存储与管理给传统数据库系统带来巨大挑战。鉴于空间数据在空间上的复杂性，空间数据库技术的兴起和应用成为必然。

4.2　数据库

数据库是20世纪60年代初在计算机硬件技术迅速发展的大背景下开始发展起来、应用于计算机且面向大数据仓库式管理的一门新技术。作为文件管理的高级阶段，是建立在结构化数据基础上的数据管理自动化。数据库一开始主要应用于一般事务处理，随着技术的发展应用到了各种专业的数据存储与管理。建立数据库除了可以保存庞大的数据之外，主要还是为了管理和控制这些数据，通过管理和控制这些数据可以帮助人们分析和决策相关问题。

4.2.1　数据库定义

到目前为止，计算机对数据管理经历了程序管理、文件管理、数据库管理和高级数据库管理四个阶段。进入计算机数据库管理阶段后，计算机管理数据就进入了高级管理阶段。这种管理模式与传统的数据管理有许多明显的差别。但是到目前为止，数据库没有统一的解释，主要有如下几种定义。

定义1

数据库就是数据的“仓库”。在仓库中数据的存储和管理依照数据结构来组织。在各种统计工作或管理工作中,日积月累的庞大事务数据需要存放于“仓库”,并善加管理,以便后续的具体应用。例如水文监测单位日常工作中需要记录河流月流量基本情况(测站点,年、月、平均流量,平均流量注解码,最大流量,最大流量注解码,最大流量日期,最小流量,最小流量注解码,最小流量日期)存放在表中,存放这些数据的表就可以看成是一个数据库。有了这个“数据仓库”就可以根据需要随时查询某条河流某个测站的月流量基本情况,也可以查询平均流量在某个范围的月数等。此外,在物流管理、工程管理、港口管理中也需要建立各种行业数据库,使其可以利用计算机实现生产工作的信息化和自动化。

定义2

数据库就是按照一定的数据模型存储的数据集合。主要特点表现在:独立于应用程序,以最优方式为特定行业服务,数据的增加、删除、修改和检索由数据库软件完成。

定义3

伯尔尼公约议定书专家委员会认为所有的文档资料都应视为“数据库”。无论这些文档资料是印刷物,还是电子存储以及其他形式,都属于数据库范畴。

定义4

数据库是一个面向计算机的软件系统,在计算机硬件的支持下,可以以一定的组织体系集中管理所有数据子集,在特定需要下还可以共享这些数据集合。数据库的概念包含两层含义:①数据库是数据和库的完美结合;②数据库是方法和技术,可以高效管理和维护数据的方法技术。

尽管数据库没有明确的定义,但是这些定义中都有一个共同点,就是数据库是存储和管理数据的场所。

4.2.2　数据库特征

数据库是计算机管理数据发展进入高级阶段之后的产物,相比于数据库之前数据管理方式的明显特征是具有更强、更智能的管理能力。目前的数据库主要以关系型数据库为主,其特征如下。

1. 数据整体性特征

虽然数据库中存储的数据是一个单位或一个应用领域的通用数据集合,但是数据的应用不再只针对某一部门和用户,而是按照一定的数据模型,具有整体结构化特征,面向所有具备应用潜力的用户。

2. 数据共享性特征

数据库中的数据是为所有具备应用潜力的用户能共享数据而建立的。将数据库中的数据通过网络发布并共享是数据库重要的特征。多用户不仅可以读取数据库中的数据,而且具备一定权限的用户可以同时修改和存储共享数据库中的数据。数据库的共享性拓展了数据的具体应用目的和方向,使数据库中的数据不再是为单一工程而管理,用途也不再是单一的,可以满足不同用户、不同用途、不同工程的数据需求。

3. 数据集中控制特征

在数据库管理数据之前,其他的数据管理方式和方法管理的数据是分散的,各个用户管理方法可能不同,且管理的数据之间是独立的、没有相互关系。数据库可以集中控制和管理数据,是数据共享的重要保障。数据库对数据的集中控制是数据集成,而不是文件拼凑。

4. 数据冗余小特征

数据冗余给存储空间和数据不一致性带来很多麻烦。尽管数据库技术在目前并不能完全消除冗余数据,但是数据库开发的主要目的之一是减少并识别冗余数据。在特殊应用目的或情况下,有时候也需要冗余的数据,但是数据库管理数据必须将数据的冗余度控制在一定的范围内。数据库中的数据在更新和修改时必须保证内容的一致性。

5. 数据独立性特征

数据库中的数据不会随着具体应用目的而改变,其独立于应用目的和程序。独立性是数据库技术的关键特征。应用程序开发的目的也不会因为数据变化而改变。数据独立性分为物理层和逻辑层两层。物理层独立是指数据的物理存储结构与数据的组织逻辑结构没有关系;逻辑层独立意味着数据的组织逻辑结构与应用程序的开发没有关系。但是,数据在计算机中存储时,逻辑层与物理层是有联系的。目前的数据库技术没有完全实现数据的逻辑独立。

6. 数据模型复杂性特征

数据模型是数据组织和数据关系的重要体现。数据模型的复杂性是数据库中数据的冗余度、集中性的前提和保障。数据模型是数据库管理数据区别于文件管理的本质特征。数据库技术发展了层次、网状和关系型三种数据模型。根据数据库应用的数据模型,数据库也可以分为层次型、网状型和关系型三种数据库。

7. 数据安全特征

数据安全是数据库开发至关重要的考虑因素。数据库中的数据一旦遭到破坏,数据的整体性和集中性就会受到严重威胁,在很大程度上会降低数据的共享功能。数据库的功能也会受到影响,严重的时候甚至使数据库完全失去作用。数据的共享性是数据安全的重要威胁。数据安全需要考虑四个方面的工作:完整性控制、保护性控制、并发性控制、故障的恢复和发现。

4.2.3 数据组织方式

数据承载了客观世界中地物和事件的信息,是信息的一种具体表现方式。数据的组织方式和存储形式必须遵循一定要求,才能更好地传递信息内容。数据在数据库中存储时,组织方式一般可分为四个层次:数据项、记录、文件和数据库。

1. 数据项

数据项是数据库中数据组织的最底层单元,通常也叫字段。数据项主要记录客观世界中地理要素的所有属性,每个属性可以表达成一个数据项。数据项的取值范围称为域,超出域范围的数据对该字段都是无意义的。如某个水文站按季度记录河流的平均流量,表示季度的字段的域是1~4,除1~4之外的其他值都是无效的值。每个字段都有名称,称为字段名称。字段的值可以是字符串、数值型、日期型等形式。字段的存储空间有确定的字长,用字节数表示。

2. 记录

数据库中如果要记录客观世界中的地物和事件,每个记录可以由若干个字段进行描述。若干个字段描述的一个地物或事件就可以存储为一条记录。记录由字段构成,是数据库处理和存储数据的基本单位。每个记录是一个实体的表达,为了标识是哪个实体的记录,还需要有一个唯一标识符字段,这个字段叫关键字。记录的唯一标识符字段一般组织为记录中的第一个字段。

3. 文件

文件在数据库中是一组记录的集合,在目前流行的关系型数据库中具体表现为一个二维表格。文件用文件名称标识。根据所有记录在文件中的组织方式,文件可以被组织为顺序文件、索引文件、直接文件和倒排文件等。

4. 数据库

数据库是一组文件的集合,即数据库是比文件更大的组织。具体表现形式是一个数据库由若干相关联的表文件构成。

4.2.4　数据间的逻辑联系

文件中的记录描述的是客观世界的对象,文件的记录与记录之间的关系是数据库中数据之间的逻辑联系。空间数据库文件中的记录描述的是客观世界中的地理实体或事件。地理实体或事件在客观世界中存在联系。这种联系在数据库中的表现必然反映到记录之间的联系上来。数据库文件之间的记录关系主要有三种:一对一的联系、一对多的联系和多对多的联系。

1. 一对一的联系

一对一的联系简记为 1∶1,这种联系方式比较简单。如图 4－1 所示,这种联系方式是指在文件 A 中存在一条记录,则在文件 B 中就有且仅有一条记录与之联系。在这种联系中,可以用一个文件中的记录标识另外一个文件中的记录。例如水文站的名称与水文站的空间位置就是一种一对一的联系。

2. 一对多的联系

一对多的联系简记为 1∶n,这种联系方式是客观世界中实体记录常见的一种联系。如图 4－2 所示,文件 A 和文件 B 中分别有多条记录,文件 A 中的一条记录与文件 B 中的若干条记录存在对应关系。通常,这若干条记录是文件 B 中所有记录的一个子集合。如一个大流域的水文流量监测就具有一对多的联系,一个大流域会对应多个水系,一个水系可能会对应多个水文站监测水文环境。

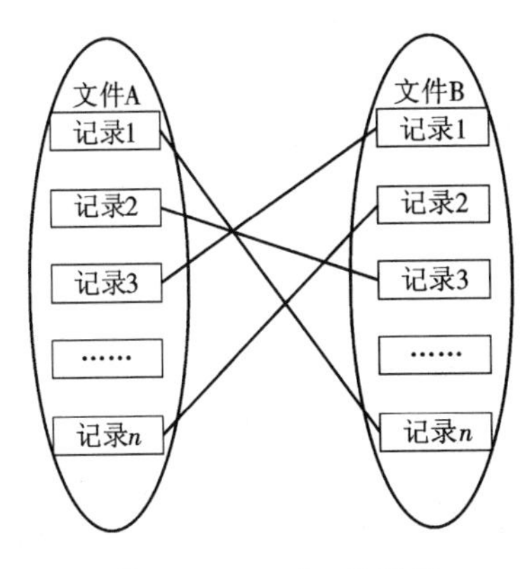

图 4－1　一对一的联系

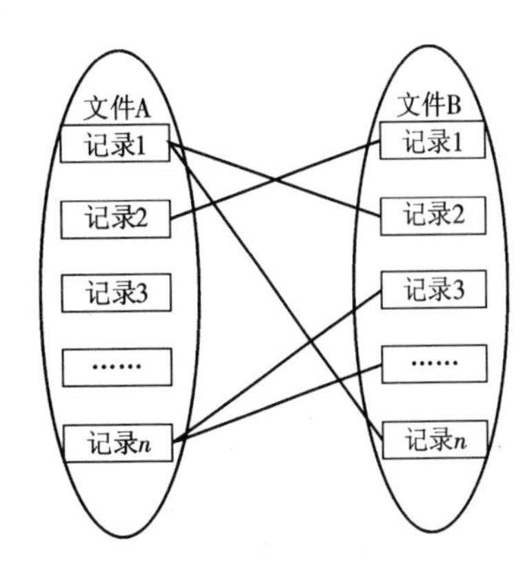

图 4－2　一对多的联系

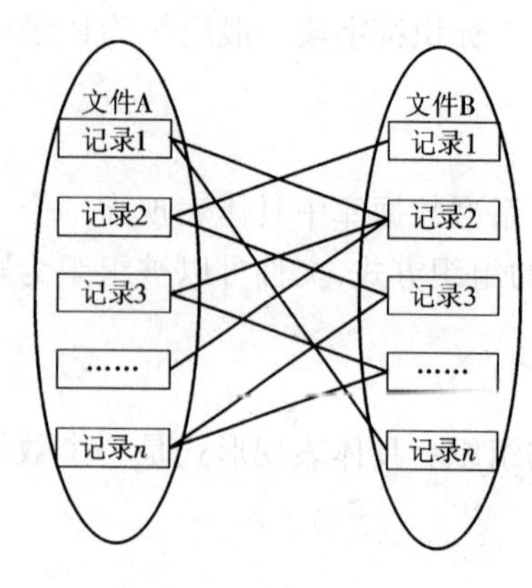

图4-3 多对多的联系

3. 多对多的联系

多对多的联系简记为 $m:n$,这种联系方式记录的是客观世界中实体之间比较复杂的一种联系。如图4-3所示,文件A和文件B中分别有多条记录,文件A中多条记录与文件B中的某条记录存在对应关系,同时可能文件B中多条记录与文件A中的某条记录存在对应关系。在数据库中对于这种联系一般不能直接描述。通过分解文件,将一个文件分解成若干个文件,使这些文件中的记录与另外一个文件中的记录变成一对多的联系。客观世界中的地理实体和事件多对多的联系实例很多。例如流量与水文站之间就有这种联系,同一个级别的流量可以在多个水文站监测到,同一个水文站可以监测到多个级别的流量。

4.2.5 数据模型

数据库中数据组织方式和数据间的逻辑联系一般通过建立数据模型来表达。具体的应用数据库都是通过建立相应的数据模型实例来组织的。数据库技术发展到现在,出现的数据模型主要有层次模型、网状模型、关系模型和面向对象模型,其中关系型数据模型在具体数据库设计中应用最为广泛。在20世纪70年代到80年代,数据库中的数据模型采用层次型和网状型占据了主导地位。这两种数据模型是非关系型数据模型。现如今,关系型数据模型在数据库设计中占据主导地位。面向对象的数据模型是随着计算机领域的面向对象的方法和技术发展起来的,目前面向对象的数据模型仍然是数据库技术研究和发展的重要方向。数据模型的发展历程其实就是数据库技术发展历程的一个缩影(图4-4)。

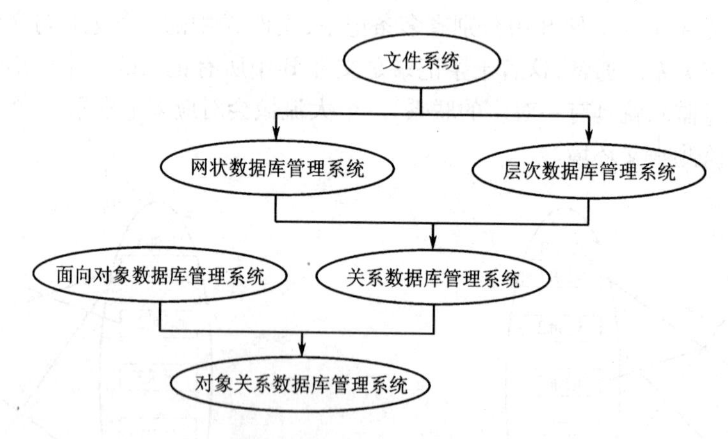

图4-4 数据库模型发展

1. 层次数据模型

层次数据模型是数据库技术发展早期的一种数据模型,这种技术比较成熟。层次模型将数据库中的文件组织成有序的树结构,不同的层次代表不同的文件,不同的结点代表数据库中的记录。除根结点之外,每个结点都有父结点;除叶结点之外,每个结点都有子结点。结构中的连线描述不同结点之间的隶属关系。层次数据模型善于表达客观世界中的一对多的联系。对于图4-5描述的客观世界可以用图4-6所示的层次结构表达。

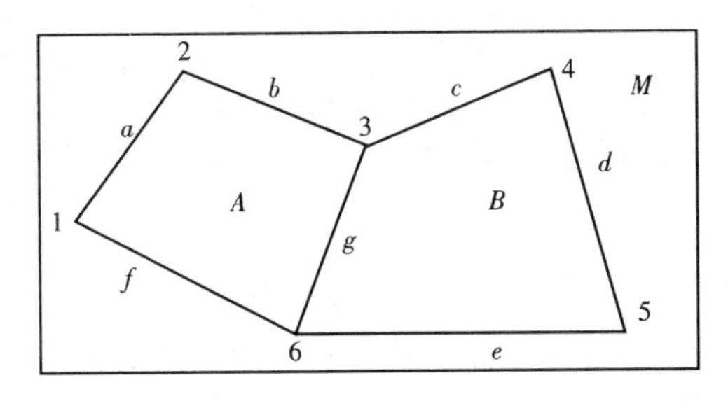

图4-5　原始地图数据

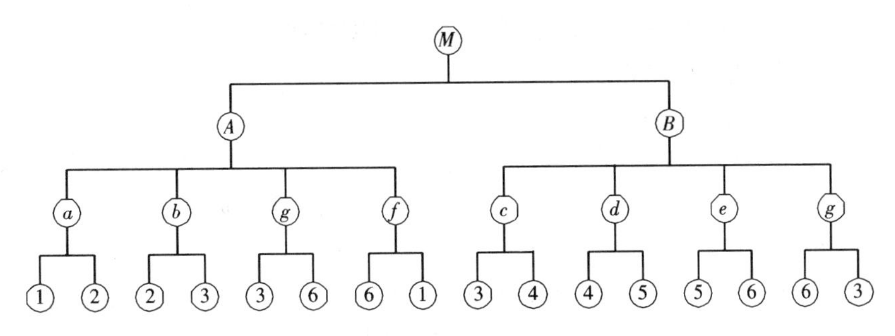

图4-6　层次数据模型

层次数据模型的基本特征是:

(1)一定有一个并且只有一个位于树根的结点,称为根结点;

(2)一个结点如果下面没有分支,这个结点就称为叶结点;

(3)一个结点可以有一个以上的结点相连,向下相连的结点称为子结点,向上相连的结点称为父结点;

(4)父结点相同的结点称为兄弟结点;

(5)除根结点外,每个结点有且只有一个父结点。

层次模型逻辑清晰、结构明了、容易程序化,对于具有层次隶属关系的具体应用系统效率很高,但如果需要动态实时更新数据库中的记录或修改数据类型时,效率很低。另外,对于地理空间中的地理实体或事件的多对多的联系,层次模型表达起来力不从心,即便能表达,结构也非常复杂,而且不直观。

2. 网状数据模型

网状数据模型也是数据库技术发展早期的一种重要数据模型。这种数据模型能反映客观世界中地理实体或事件之间更为复杂的联系。网状数据模型有其自身的特点,用这种数据模型在数据库中抽象表达客观对象时,文件之间没有层次之分和隶属关系,文件中的记录就是结点,一个文件中的记录与另外一个文件中的记录没有从属关系,而且一个记录可以和多个记录建立联系。如图4-7所示,土壤类型和作物种类之间的联系属于网状模型的一种。

网状数据模型可以应用连接指令或指针来建立文件之间记录的联系。这种数据模型可以将现实世界中地理实体或事件的关系抽象成有向图结构。有向图中的结点是记录,连线描述记录之间的联系。

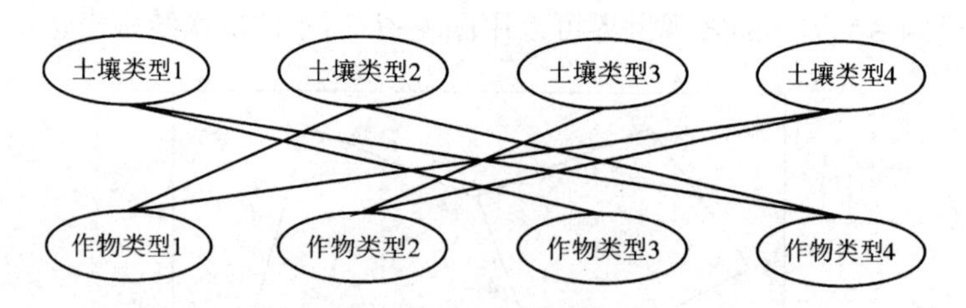

图4-7 网状数据模型

应用网状数据模型在数据库中抽象表达客观对象之间的关系时,优点在于存储数据和运行的效率较高,描述实体或事件之间的多对多的联系明显优于层次模型。但它应用时存在以下问题:

(1)结构复杂,使用户索引记录之间的关系时难度增加;

(2)操作命令有过程式的性质;

(3)不能直接表达记录的隶属关系。

网状数据模型有利于数据重构,数据独立性和共享性在这种数据模型下更容易控制。但是复杂的结构使这种数据模型在空间数据库中的使用受到了限制。

3. 关系型数据模型

关系型数据模型是目前数据库技术中最为流行的一种数据模型,也是数据库技术发展中最重要的数据模型之一。采用这种数据模型的数据库称作关系型数据库。这种数据模型采用行列二维表格结构来表示实体和实体之间的联系。以表4-1水文站信息表和表4-2水位表为例,讲解关系型模型中的常用术语。

(1)关系(或表):一个表格表达一个关系,如教师信息表和课程表。

(2)元组:除表头之外,一行就是一个元组,表达一个实体或事件。

(3)属性:除表头之外,一列就是一个属性,每列对应一个域。

(4)主码:有时候在关系型数据库中也称作关键字,是关系表中的一个字段属性,可以用作元组或实体的唯一标识。

(5)域:属性的取值范围。

(6)分量:元组中的一个属性值。

(7)关系模式:对关系的描述,一般表示为关系名(属性1,属性2,…,属性n)。

表4-1 水文站信息表

水文站编号	名称	等级	监测项目	监测对象
913	王家庄水文站	一类站	水位	河流
914	张庄水文站	二类站	降水	水库
915	李家庄水文站	三类站	流量	河流
916	葛庄水文站	一类站	泥沙	河流
917	刘家沟水文站	二类站	蒸发	湖泊

表 4－2　水位表

编号	季度	水位/m	水文站编号
004167	1	40	913
006133	2	64	917

关系型数据模型在数据库中抽象表达客观对象时，没有记录对象之间关系的连接指令或指针，而是通过不同表中的同名字段属性或主码表达记录之间的联系。数据操作在严格的数学概念基础上，通过关系代数和关系运算来完成。数学概念是关系型数据模型的本质。关系模型的基本特征是：①有可靠的数学理论基础；②可以描述一对一、一对多和多对多的联系；③表达形式一致性，实体本身和实体间联系都通过表格的关系描述；④表达关系的关系表中记录了每个对象的各个属性，每个字段或属性具有不可再分性，即不允许表中再含有表，或者是关系中含有关系。对于图 4－5 所示的地图，用关系型数据模型表示如表 4－3、表 4－4、表 4－5 所示。

表 4－3　地图表

M	*A*	*B*

表 4－4　多边形表

A	*a*	*b*	*f*	－*g*
B	*c*	*d*	*e*	*g*

表 4－5　线表

a	*A*	1	2
b	*A*	2	3
c	*B*	3	4
d	*B*	4	5
e	*B*	5	6
f	*A*	6	1
g	*B*	6	3
－*g*	*A*	3	6

关系型数据模型是数据库技术水平发展到一定阶段的产物，发展到目前为止技术相对成熟，应用最为广泛的数据模型之一。它具有以下几个优点。

（1）严格的数学基础使数据操作具有高度灵活性。关系表可以合并、可以拆分，严格的关系代数、关系演算等基础可以使关系表的合并、拆分工作容易且准确。

（2）记录之间的关系具有对称性，正反两个方向的关系索引难度一样。

（3）对客观世界中的地理实体或事件的表达简单、灵活，数据维护也很方便。

尽管目前关系型数据模型很受青睐，但它在应用中也存在着如下问题：

（1）实现效率不够高；

(2)严格的数学基础降低了描述对象的语义能力;
(3)不直接支持层次结构;
(4)模型的可扩充性较差;
(5)复杂对象很难用这种数据模型模拟和操作。

4.3 空间数据库

用于存储和管理空间数据的数据库是一种专门或专业的数据库。空间数据不同于日常的统计数据,具有明显的非结构化的空间特征。存储这种数据的数据库人们往往称为空间数据库或地理数据库。空间数据库管理和处理空间数据的理论与方法是 GIS 技术的核心问题。

空间数据库是将地理空间中的地理要素或事件进行数字化抽象表达的一个场所,是一个空间数据的集合,是地理信息系统操作空间数据的总和。换句话说,空间数据库是 GIS 操作空间数据的空间环境。空间数据库在 GIS 的具体应用项目中地位非常重要,是 GIS 能否正常工作并发挥作用的关键保障。空间数据库相对于其他的一般数据库具有以下特点。

(1)管理大数据量:GIS 是一个复杂的综合系统,在这个系统中要用大量的数据抽象表达地理空间上的地理实体或事件,需要抽象表达的内容不仅包括空间位置,还需要表达这些对象之间的空间关系,数据量大到要用海量来描述。

(2)位置和属性数据同步管理:描述地理实体或事件的空间位置和属性不可分割,必须统一同步管理。属性数据记录地理实体或事件的属性,具有较强的结构化特征;空间数据记录地理实体或事件的空间位置,具有较强的非结构化特征。

(3)应用广泛:例如在地球科学研究、水资源管理与开发、市政管网、土木建筑工程、港口航运管理、海洋环境、生态等领域应用。

鉴于这些特点,尤其是位置和属性数据需要同步管理,决定了空间数据库的原理方法与一般数据库的原理方法既有相同点又有不同点。在建立空间数据库时,既要采用通用技术,又要采取特殊方法技术,这样才能解决空间数据对一般结构化数据库的挑战。

根据管理的空间数据的组织结构,空间数据库主要由栅格空间数据库和矢量空间数据库组成。栅格数据库主要存储和管理遥感影像和格网 DEM 数据,矢量数据库主要存储和管理数字化的几何图形数据和属性数据(图 4-8)。

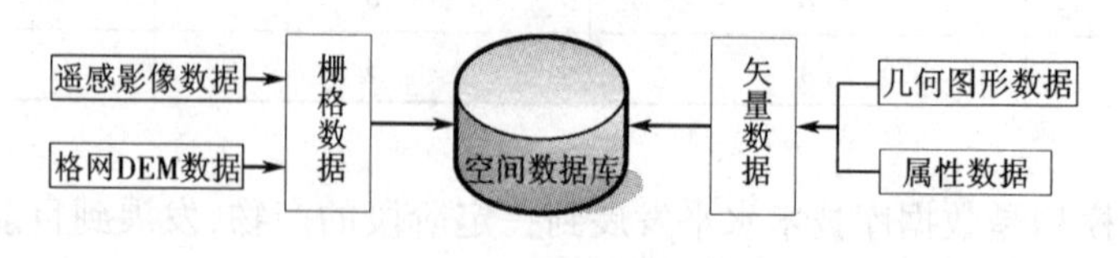

图 4-8 空间数据库

4.4 空间数据管理

目前,根据数据组织结构空间数据主要分为栅格空间数据和矢量空间数据。空间数据是空间数据库的管理对象。空间数据库主要管理栅格空间数据和矢量空间数据。

4.4.1　矢量数据的管理

目前矢量数据的组织结构是将空间几何图形数据和属性数据分开组织。空间数据库管理矢量数据时,需要同步管理二者。矢量数据的属性容易用二维关系表来组织表达,但是矢量的空间几何图形由于数据长度不定,用二维关系表来组织表达非常困难。自GIS诞生以来,对矢量地理数据的管理水平,在技术发展上经历了文件及关系数据库混合管理、全关系型数据库管理、对象关系型数据库管理等方式。

1. 文件与关系数据库混合管理

矢量空间数据的几何图形数据具有不定长的非结构化特征。传统关系型数据库管理矢量空间几何图形数据时难度较大。因此,目前绝大多数GIS软件管理矢量空间数据时,采用文件与关系型数据库混合管理方式。用这种方式管理矢量空间数据时,空间几何图形数据存储于纯文件中进行管理,地理要素的属性数据存储于关系表中用关系型数据库管理。空间几何图形数据与属性数据之间通过唯一标识码和内部连接码进行同步。比较典型的案例是ArcInfo和MapInfo等GIS软件。这种管理方式中,矢量空间数据的图形与属性记录通过对象标识符(Object Identity,OID)关联。此外,二者的组织、存储和检索等几乎完全独立。在开放性数据库连接协议(Open Database Consortium,ODBC)推出之前,空间几何图形数据的管理界面和属性数据的管理界面都是独立的。但是在ODBC推出之后,GIS软件开发商很容易将空间数据的图形管理界面与属性数据管理界面整合在一起。即通过ODBC接口将空间几何图形界面与支持ODBC协议的关系型数据库对接,可以实现空间几何图形数据和属性数据的同步管理,实现了空间几何图形数据和属性数据在同一个界面下管理。

这种混合管理的方式缺点在于:①由于空间对象的图形要素与要素的属性通过唯一标识OID联系,以至于在进行空间查询和模型操作时降低了运算速度;②数据共享和分布式管理难度大;③图形和属性的独立存储,在数据的安全性、一致性、完整性等方面会带来一定的风险,在用户并发操作和数据恢复方面带来挑战;④表达空间对象之间关系的能力较弱。

2. 全关系型数据库管理

如果将矢量空间数据的几何图形数据和属性数据都采用关系型数据库中的关系表记录或存储,则称为矢量数据的全关系型数据库管理。图形关系表和属性关系表在数据库中连接时,采用关系型数据库的标准连接机制实现。关系型数据库中的关系表存储变长结构的图形数据通常采用如下方法解决。

方法1:转变长为定长,即通过关系范式分解将变长的空间几何图形数据转化成定长的数据在关系表中存储。

方法2:转变长为二进制块,即将非结构化的图形数据存储为二进制块字段进行数据库管理操作。

矢量空间数据的变长部分主要是几何图形数据的坐标点个数是变化的,导致对象的位置数据不定长。如果用关系表存储并管理矢量图形,需要将控制图形的坐标点数据转化成二进制块。但是二进制块字段的读写速度相对于定长属性字段非常慢。如果涉及对象之间的嵌套,读写速度会更慢。

3. 对象关系型数据库管理

尽管全关系型数据库管理解决了几何图形数据的变长存储,但是效率不高。高效管理和存储海量空间数据的需求,对于数据库开发商是巨大的潜在市场。因此,许多数据库开发商进一步在关系型数据库上进行扩展,增加了空间对象管理模块。这种扩展使关系型数据库可以直接存储和管理非结构化的空间对象数据,称为对象关系型数据库管理。数据库软件商针对空间数据的特点,对关系型数据库进行了改善,存储变长数据的效率要比二进制块关系型数据库优秀。尽管解决了变长数据的相对高效管理,但是这种方式仍然对嵌套对象的抽象表达束手无策。而且在这种管理方式下,数据库中矢量数据的组织结构会很大程度上受数据库的制约,不能按照用户的需求和具体应用目的而任意定义,因此在实际使用中这种方式仍然受到一定限制。

4.4.2 栅格数据的管理

GIS 应用领域中常见的栅格数据主要是遥感影像数据和格网数字高程模型(Digital Elevation Model,DEM)数据。遥感影像数据可以方便、快捷、大面积地获取空间数据,而且信息丰富。DEM 数据可以模拟研究区域的地形起伏,广泛应用于涉及地形空间分析的研究领域。目前,市场上大多数成熟的商业化 GIS 软件都可以将遥感影像数据、DEM 数据与矢量数据进行叠加显示输出,逼真显示工作区的地形和地物背景。栅格空间数据的管理方式主要有以下三种。

1. 基于文件管理

采用文件管理方式管理栅格数据仍然是目前栅格数据管理的主要方式之一。自 GIS 诞生以来,基于文件管理方式一直存在。栅格数据不仅记录空间数据,而且还记录了大量的元数据。这种管理方式在面对数据的安全、并发控制和数据共享问题时显得无法应付。

2. 基于文件及数据库管理

随着数据库技术的发展,栅格空间数据的管理出现了另外一种方式,即在文件管理的基础上融入数据库管理的方式。栅格空间数据的实体仍然存储为文件形式,数据库只是用来存储和管理栅格空间数据的文件名称、存储路径等信息。在这种管理方式下,数据库中并不存储空间数据,存储的只是栅格数据的索引,即栅格数据在计算机中的存储位置。栅格数据的每个文件在数据库中都有一个唯一的标识号(ID)与栅格数据一一对应。栅格数据在数据库中存在索引,使栅格数据的检索效率得到提高。

3. 基于关系数据库管理

数据库技术发展至今,关系数据库系统中可以设计变长字段处理和存储复杂空间数据。栅格空间数据的变长部分主要体现在表达地理要素的栅格单元个数是千变万化的,以二进制形式将变化的栅格单元个数存储于关系数据库中的变长字段中,实现栅格空间数据的关系型数据库管理。同时栅格空间数据的元数据,也可以存储于关系型数据库的关系表中进行管理,实现元数据和实体数据的无缝管理。栅格空间数据的访问需通过数据访问接口与 GIS 对接。

4.5 空间数据库的数据查询

大数据量始终是空间数据绕不开的一个问题,在空间数据库中如何高效快速地检索和查询感兴趣的空间数据,在 GIS 应用领域显得非常重要。数据库查询语言是实现应用程序访问数据库中数据的主要技术手段。结构化查询语言(Structured Query Language,SQL)是用于关系数据库系统中一种比较成熟的结构化查询语言。这种查询语言具有易学易用、直观通用的特点。SQL处理简单数据类型非常成熟。SQL如何处理复杂的空间数据,需要扩展SQL以支持操作空间数据的能力。

SQL是1974年由Boyce和Chamberlin提出的。紧接着IBM公司于1975—1979年实现了SQL在关系型数据库中的应用。这种语言具备功能多样、语法简洁等特点。后来经过不断修改、扩展和完善,SQL被众多数据库开发商和数据库使用者所采用并熟悉。SQL是一种功能极强的关系数据库语言。这种语言介于关系代数与关系演算之间,实现结构化查询。而且这种语言在使用时语义简洁易学,非常容易进入角色。尽管SQL是一种结构化查询语言,但它绝不仅仅只是查询。SQL是一个综合性的数据库语言,使用这种语言可以使数据库中的查询操作、更新操作、定义操作和控制操作一体化。SQL完成核心功能的动词只有九个,语法设计巧妙,通过这九个动词的不同组合实现了SQL的强大功能。这九个动词包括:查询动词(Select)、定义动词(Create,Drop,Alter)、更新动词(Insert,Update,Delete)和控制动词(Grant,Revoke)等。

SQL的不足之处是只提供了对简单数据类型的操作,比如对定长数据类型的操作。对于操作不定长的复杂空间数据类型,SQL显得无能为力,需要进一步扩展。SQL需要向操作复杂空间数据的方向扩展,扩展之后在数据库中操作空间数据的效率会进一步提高。如果要扩展SQL的空间查询,需要有一个普遍认可的标准。OGC(Open GIS Consortium)是一个公益性组织,目的是提高和制定GIS的互操作性。这个组织是由一些主要的软件供应商组成的联盟,致力于消除GIS与其他计算机技术的藩篱。OGC制定了一套扩展SQL的执行规范,力图把二维地理空间数据的数据库操作整合到SQL之中。扩展之后的SQL包括了空间拓扑的操作和空间分析操作,例如Intersect、Touch、Cross、Within、Contains、Overlap等。OGC制定的SQL扩展执行规范在一定程度上解决了通用SQL向操作空间数据的扩展。但在实际应用中仍会存在以下问题:①OGC制定的执行规范仅仅适用于空间的对象模型;②即使在空间对象模型中,对于空间对象的坐标变换及投影变换操作、裁剪操作、连接合并操作等,仍然存在局限性的;③扩展SQL的OGC执行规范主要考虑了基本拓扑关系和空间度量关系,而忽略了那些基于空间方位的对象操作;④OGC执行规范不支持空间对象的形状操作、可见性操作和动态操作。

练　习　题

1. 名词解释

(1)数据库。

(2)空间数据库。

(3)SQL。

2. 选择题

(1)数据在数据库中存储时,数据组织的最底层单元是(　　)。

A. 记录　　B. 数据项　　C. 文件　　D. 数据库

(2)数据库文件之间的记录关系主要有(　　)。

A. 一对一的联系　　B. 一对多的联系　　C. 多对多的联系　　D. 复杂联系

(3)目前,GIS领域中使用最广泛的数据库模型是(　　)。

A. 层次模型　　B. 树状模型　　C. 关系模型　　D. 网状模型

3. 问答题

(1)数据库的基本特征有哪些?

(2)层次数据模型的特征有哪些?

(3)网络数据模型有哪些优缺点?

4. 分析题

有人说,GIS 数据的保密性是没有必要的,因为别有用心的人和组织很容易得到高分辨率的遥感图,这种说法正确吗? 为什么?

5. 论述题

(1)论述数据库中表达数据组织方式和逻辑关系的数据模型,并举例说明。

(2)论述矢量数据和栅格数据的管理方式。

第5章　GIS空间分析原理与方法

空间信息的获取主要通过空间分析技术实现，空间分析技术主要是从复杂的空间数据中分析提取研究区域感兴趣的地理目标的位置信息、分布格局信息、形态信息、空间演变信息等各种空间信息的现代GIS技术。空间分析技术主要以地学原理为依托，是GIS发展的核心技术之一。空间分析技术主要针对地理图形要素进行分析提取空间信息，是GIS与计算机地图制图系统和一般事务管理信息系统的重要区别，是GIS的重要特征。

本章主要介绍GIS的基本空间分析技术、空间数据的其他分析技术、空间数据查询技术等方面的原理，阐述空间叠合分析、空间缓冲区分析、地形分析、网络分析、空间数据的量算、空间分类以及空间统计等方法，最后对空间数据的图形查询和属性查询进行简要介绍。

5.1　基本空间分析方法

5.1.1　空间叠合分析

空间叠合分析是GIS分析空间数据、获取空间信息常用的方法之一，通常也称空间叠置分析或空间叠加分析。这种地理数据分析方法是指将具有相同空间投影坐标系，且空间区域范围相同的不同空间对象层的图形和属性数据重叠进行空间分析。通过这种分析可以产生相同空间区域上、不同空间图层上对象的新属性，或建立这些不同图层上地理对象之间的空间对应关系。

空间数据的叠合分析主要在GIS中将不同层的矢量数据叠合或不同层的栅格数据叠合进行空间分析，产生新的空间数据层，提取空间信息。

1. 矢量数据的叠合分析

1）点面叠合

点面叠合主要是将点图层与面图层空间数据叠合。叠合的主要目的是产生新的空间数据图层，新图层的空间几何图形可以综合两个图层的属性，并且发现点面对应关系。在新图层中可以直接通过属性获取所需要的信息，或者通过空间位置判断满足条件的空间对象。

点与多边形叠合，主要可以实现以下目的。

（1）判断空间包含关系。在GIS中矢量数据可以根据空间坐标位置计算多边形对点的包含关系，发现空间点对象与空间面对象的对应关系信息，进行点与面的空间关系判断，即特定点是落在特定面内还是面外的判断。

（2）属性叠加处理。属性叠加处理是在判断空间包含关系的基础上进行的，是进一步的空间分析。空间包含关系判断完后，可以将多边形属性信息叠加到点的属性上，或将点的属性叠加到多边形的属性上。点面叠合可能出现多点分布于同一个多边形的情况，这种情况还可以将落入多边形内所有点的数目或者点属性的总值等信息叠加到多边形上。

总之，通过点面叠合，在空间上可以统计有多少点落入同一个多边形，每个点落入哪个多边形；在属性上可以统计落入某个多边形里面的全部点的属性总值以及为每个点统计其落入多边形的多边形属性。叠合后可以产生新图层，也可以不产生新图层。如果不产生新图层，可以根据叠合后的结果，进行满足条件的属性查询。

例如原隶属于某县区管理的果树，现要划分到各个乡镇管理，划分原则是果树位于哪个乡镇行政管理范围内就隶属于哪个乡镇管理。可将该县区乡镇行政区划图层（多边形）和该县区的果树图层（点）叠加，二者经叠合分析后，根据每个果树的空间位置坐标，可以判断果树与乡镇的空间包含关系；然后更新乡镇行政区划图层（多边形）的属性表，通过查询更新的属性表，可以查询到每个乡镇有多少棵果树落入该乡镇，如图5－1所示。

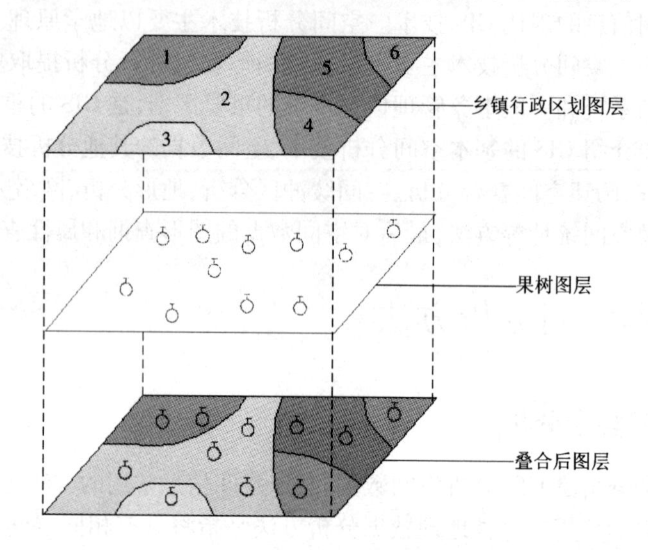

乡镇属性	
ID	乡名
1	王庄
2	李庄
3	张庄
4	赵庄
5	刘庄
6	高庄

叠合后更改的乡镇属性		
ID	乡名	果树数量
1	王庄	2
2	李庄	4
3	张庄	1
4	赵庄	1
5	刘庄	2
6	高庄	1

图5－1 点面叠合分析

2）线面叠合

线面叠合主要是将线图层与面图层空间数据叠合。叠合的主要目的是产生新的空间数据图层，新图层的空间几何图形可以综合两个图层的属性，并且发现线面对应关系。通过检索新图层的属性表可以直接获取所需要的空间信息，或者通过新图层的图形数据判断满足条件的空间对象。

线面叠合，主要可以实现以下目的。

（1）判断空间关系。比较线目标和多边形目标的坐标空间关系，判断线与多边形的空间关系，是面包含线还是线面相交；判断某条线是否和几何多边形相交，或者一个多边形内有几条线落入。

（2）属性叠合处理。线图层与多边形图层叠合的结果会生成新的图形数据层，同时产生一个相应的属性表存储新图层中空间对象的属性。可以将原线图层和多边形图层的相关属性赋予新数据层。线与多边形相交时,如果要计算线对象在多边形内的长度或其他属性,首先需要求线对象与多边形的交点;其次要在交点处将原线对象分割,并将原线对象和多边形的相关属性信息一起赋给新线对象。

总之,线图层与多边形图层叠合会产生新的组合图层,同时可以给每个线对象建立新的属性信息。根据叠合后生成的新数据图层,可以查询每个线对象被包含在哪个多边形对象内,或每个多边形内包含哪些线对象,还可以计算每个多边形包含的线对象的总长或线对象密度。

例如公路图层(线)与乡镇行政区划图层(多边形)进行叠合分析,这样乡镇行政区划图层的属性可以修改,记录落入每个多边形内的线段数目和总长度,还可以依次计算每个乡镇内公路分布的密度。产生的新线图层的属性也可以记录每条线段落入哪个多边形内,并记录多边形的编号和其他属性信息。如图 5 -2 所示,公路沿经李庄(ID:2)和刘庄(ID:5)。

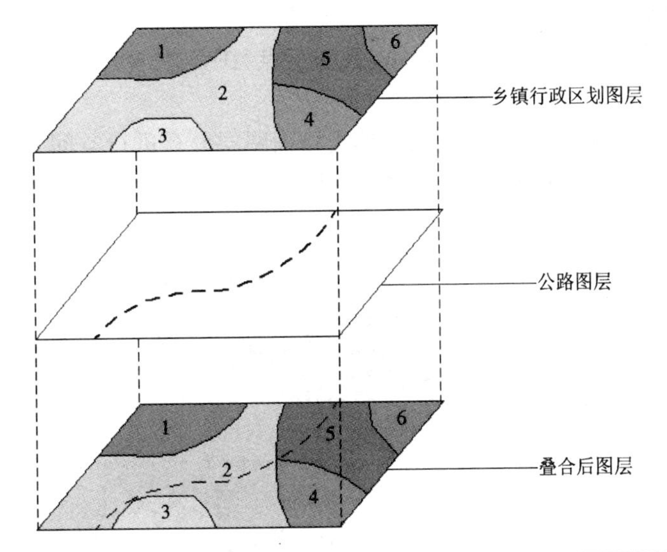

乡镇属性	
ID	乡名
1	王庄
2	李庄
3	张庄
4	赵庄
5	刘庄
6	高庄

叠合后更改的乡镇属性			
ID	乡名	公路数量	公路长度/km
1	王庄	0	0
2	李庄	1	10
3	张庄	0	0
4	赵庄	0	0
5	刘庄	1	5
6	高庄	0	0

图 5 -2　线面叠合分析

3)面面叠合

面面叠合主要是将面图层与面图层空间数据叠合,是 GIS 空间叠合分析获取空间信息经常用到的叠合方式。面面叠合的主要目的是生成新的多边形数据图层,新数据图层的多边形可以综合原来两个或多个图层的多边形属性。新图层中的每个多边形对象是原来各个图层的多边形对象叠合相交分割的结果。

面面叠合,主要可以实现以下目的。

(1)判断空间关系。比较面面相对位置关系,判断面面是相交还是面落入面内。如果面落入面内,还可以判断几个面落入某个面内。如果面面相交,还可以判断一个面与几个面相交。

(2)几何求交过程。面面叠合需要计算所有面的弧线交点,再根据这些交点的拓扑关系重新生成新面,对新生成的每个面对象赋予唯一标识码,并判断新生的面分别落在各图层的哪个面内,建立新面与原面的对应关系。

(3)属性分配过程。为新数据图层的多边形对象在属性数据库中构建新的属性表,将原来两个或多个数据图层中多边形对象的属性赋予新数据层中的相应多边形对象。面图层叠合的结果是生成一个被分割的面图层,属性赋值过程一般是将输入面图层的面对象属性复制到新对象的属性表中;或把输入面图层中面对象的标识作为外键(计算机数据库专业术语,又称外关键字)、直接置于新图层中,然后与输入图层的属性进行关联。这种属性赋值方法的前提是面对象的属性是均质的。如果多层叠合,需要先将两图层叠合再与第三层叠合,依次类推。

总之,面面相交需要计算面面的弧线交点,在交点处将原面分割;如果是面落入面内,需要判断哪些面落入哪个面内。

例如土地利用类型面图层与土壤类型面图层叠合进行空间分析,这样新生成的面图层的属性可以存储原来两个面图层的属性,并且新图层中还可以统计记录新面的面积,如图 5-3 所示。

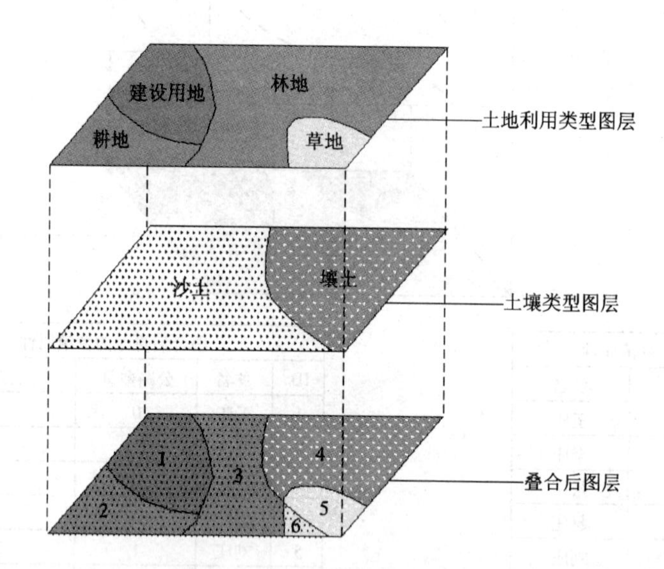

土地利用类型属性	
ID	类型
1	建设用地
2	耕地
3	林地
4	草地

土壤类型属性	
ID	类型
1	沙土
2	壤土

叠合后新面属性		
ID	土地利用类型	土壤类型
1	建设用地	沙土
2	耕地	沙土
3	林地	沙土
4	林地	壤土
5	草地	壤土
6	草地	沙土

图 5-3　面面叠合分析

由于矢量结构的数据精度问题，面面叠合操作中，往往会产生很多较小的面，其中大部分并不代表实际的空间变化，而是精度问题带来的多边形。这些小而无用的多边形称为碎屑多边形或伪多边形，如图 5 - 4 所示，这些碎屑多边形在面面叠合过程中经常会带来麻烦。

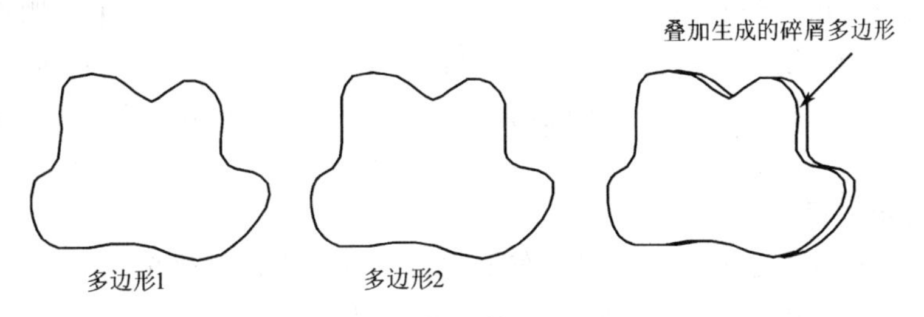

图 5 - 4　多边形叠合产生的碎屑多边形

目前，市场上成熟的商业 GIS 软件在地图叠合操作过程中，一般设置模糊容差或应用最小制图单元概念去除碎屑多边形。但是仍然不能完全去除碎屑多边形，这个问题也一直是 GIS 技术的一个研究热点。

叠合操作完成后，可以根据新图层的属性查询输入图层的相关属性，新生成的图层和输入图层一样可以进行各种叠合操作或查询操作。根据叠合分析的目的，面面叠合运算一般采用交、并、差三种类型的叠合运算操作，如图 5 - 5 所示。

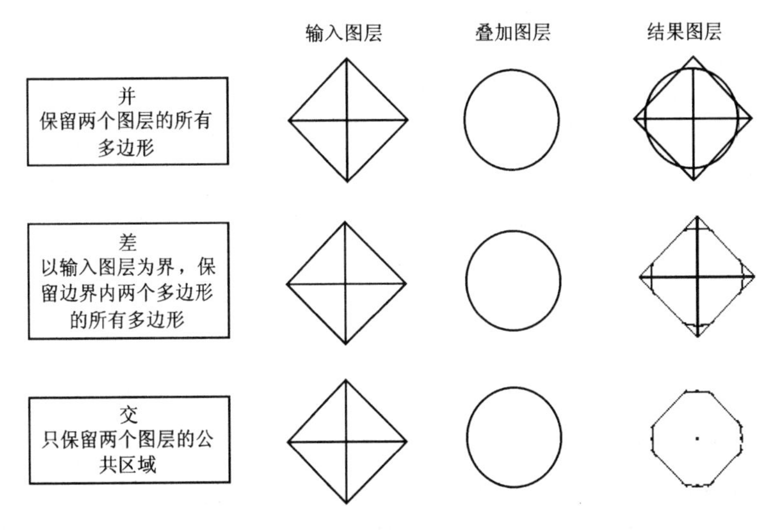

图 5 - 5　面面叠合方式

2. 栅格数据的叠合分析

栅格空间数据的叠合分析主要是将不同空间属性、相同投影坐标系、相同空间区域范围的两层或多层栅格空间数据重叠，建立不同数据层之间的联系并进行空间分析。栅格数据的叠合可以模拟某种空间现象和空间过程，主要是通过各种数学模型将空间栅格数据层进行叠合运算。栅格数据作为 GIS 一种典型的数据格式，属性数据隐含于每个栅格中。叠合运算主要通过像元之间的各种数学运算实现。假设 $x_1, x_2, \cdots, x_n$ 分别是第 1 层至第 n 层上同一个行列位置的属性值，f 函数表示每层栅格单元的属性值与叠合目的之间的关系，E 是叠合后的输出栅格图层，每个栅格单元的属性值记录了叠合运算后各个栅格单元的属性值，则

$$E = f(x_1, x_2, \cdots, x_n) \tag{5-1}$$

叠合操作的输出结果可能是:①多层数据的算术运算结果;②各层属性数据的极值;③逻辑条件组合;④其他模型运算结果。

栅格多边形对象之间的叠合与矢量多边形对象之间的叠合相比,由于栅格的组织结构简单、技术实现容易、运算简单且高效,而且运算之后不会产生碎屑多边形等,使得在涉及空间数据运算的工程项目和科学研究中应用栅格数据的叠合分析极为广泛。根据建立的数学模型,可以将栅格数据的叠合运算方法分为以下几类。

1)布尔逻辑运算

栅格空间数据的叠合分析可以按照布尔逻辑运算实现逐栅格单元的叠合。假设有 A、B、C 三层栅格空间数据,叠合后可进行 AND、OR、XOR、NOT 等运算。布尔逻辑运算思路及运算结果与原图层的关系可以用文氏图表示,如图 5-6 所示。布尔逻辑运算可以组合更多的栅格空间数据层进行更复杂的布尔逻辑运算。

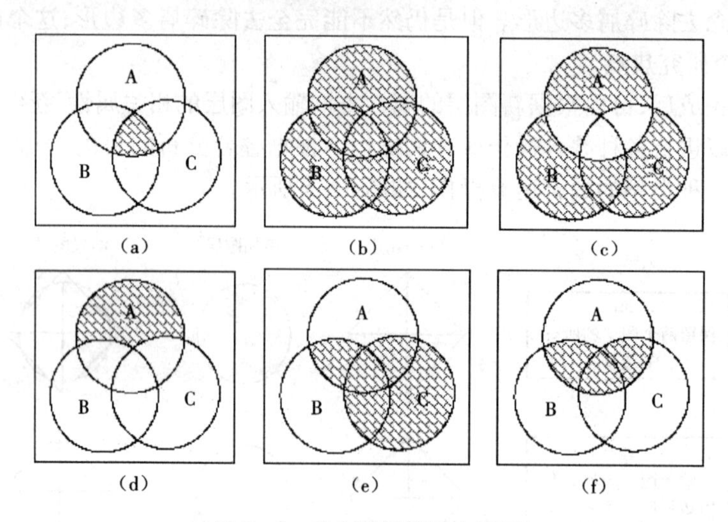

图 5-6 布尔逻辑算子文氏图

(a)A AND B AND C (b)A OR B OR C (c)A XOR B XOR C
(d)A NOT (B AND C) (e)A AND B OR C (f)A AND (B OR C)

2)重分类

重分类是在空间运算时将栅格空间数据的栅格单元的属性进行单元合并或更换成新的属性。原栅格空间数据图层中的多种属性类别,可以按照一定的新原则或新规则进行类别重分,以便于进行空间分析。栅格空间数据执行重分类时必须保证多个相邻接的同一类别的栅格单元在重分类后获得相同的类别。重分类后的栅格单元可以形成新的图形单元。

3)数学运算法

栅格空间数据的数学运算法是指在两层或多层栅格空间数据之间将对应位置的所有栅格单元属性进行运算。这种数学运算是按照一定的数学法则建立数学模型,将各原始栅格空间数据图层作为数学模型的输入因子。数学运算后得到新的栅格空间数据图层。其主要的数学运算类型有以下两种。

Ⅰ.算术运算

栅格空间数据的算术运算主要是指两个及两个以上栅格空间数据图层进行简单的加、减、乘、除等算术运算。算术运算过程中,各栅格图层之间进行逐栅格单元的对应网格算术运算,从而获得新的栅格数据图层。这种算术运算分析法在各专业领域具有很大的应用价值和应用范围。图 5－7 示意了栅格空间数据图层之间的算术运算,这种运算方法在栅格空间数据的栅格单元属性编辑中经常使用。

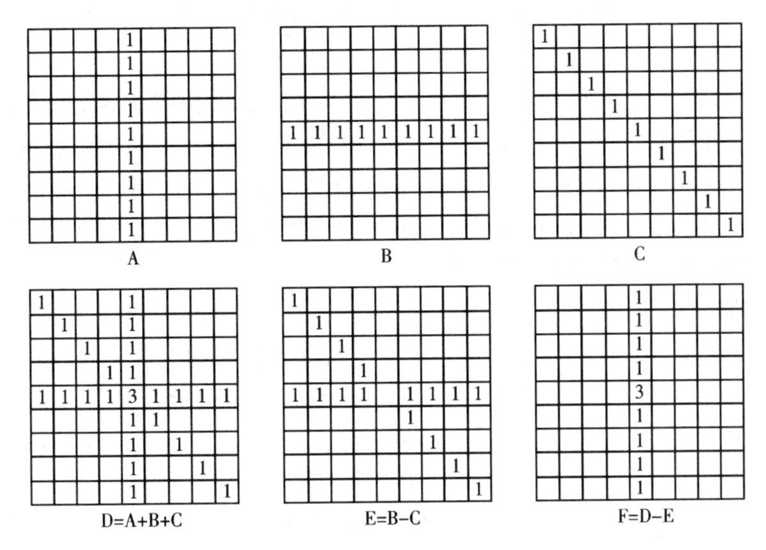

图 5－7　栅格数据的算术运算

Ⅱ. 函数运算

栅格空间数据的函数运算主要是指将两个及两个以上栅格空间数据图层之间对应位置上的栅格单元属性进行数学运算。这种数学运算是按照某种函数关系,在各栅格图层之间进行逐栅格单元的对应网格运算,从而获得新的栅格数据图层。这种函数关系可以是简单的数学函数,也可以是按照某种数学模型建立起来的复合函数关系。

这种多栅格图层的复合叠合数学运算分析方法已经被广泛地应用到分布式水文模型、洪水淹没分析、城市规划、灾害风险分析、区域地学综合分析、区域环境质量评价、遥感数字图像处理等领域中。

5.1.2　空间缓冲区分析

缓冲区是空间地理实体对其周边地理环境影响和服务的一个辐射范围,有时也称作影响区或影响带。缓冲区是自然地理实体自身边界向外辐射一定宽度的区域。缓冲区分析是 GIS 基本空间分析中常用的一种方法。这种分析方法是 GIS 对空间对象的影响和服务范围进行度量的一种重要的空间分析手段。目前,市场上大多数成熟的商业 GIS 软件都具备缓冲区分析功能。

在 GIS 中进行空间缓冲区分析时,根据空间数据中描述的点、线、面等实体分析对象,构建这些实体对象周边的一个带状区域。构建的这个区域用以判断这些实体对其邻近实体对象的影响和服务辐射范围。根据这个缓冲区分析实体对周边环境的一个影响程度,为某项事件或工程提供科学决策依据。实际上,缓冲区就是地理实体、工程项目或者事件对周围的一种辐射范围,可能是受益范围也有可能是受损范围。

缓冲区的具体表现就是地理空间对象周边一定尺度范围的区域。缓冲区的形状受地理实体的形状制约,是一个因变量。缓冲区的数学意义是给定地理对象或地理对象集合的一

个领域。领域的大小受领域半径和缓冲区建立的实际条件制约。对于一个给定的地理对象或事件 A,缓冲区数学模型表达如下:

$$P = \{x \mid d(x,A) \leqslant r\} \tag{5-2}$$

式中:P 是缓冲区;d 可以是欧氏距离,也可以是其他距离;r 为邻域半径或缓冲区建立的实际需求条件。

空间缓冲区分析包括构建缓冲区和空间分析两步。具体执行步骤如下:①根据实际缓冲条件,构建缓冲区域,生成一个面图层;②将生成的缓冲区图层叠合在其他图层上进行叠合分析、邻近区查找、设施查找等操作,获取需要的空间信息,最终为决策提供参考依据。

构建缓冲区并生成缓冲区数据图层,一般称为缓冲区操作;应用缓冲区数据图层与其他数据图层进行的分析,一般称为缓冲区分析。

1. 缓冲区的类型

缓冲区形状受地理实体形状和缓冲区建立的实际条件制约。常见的缓冲区形状主要有以下几种情况:点空间对象的缓冲区形状主要有圆形、正方形,此外还可以是矩形、三角形、正多边形和环形等;线空间对象的缓冲区形状主要有双侧对称、双侧不对称或单侧缓冲区;面空间对象的缓冲区形状主要有内侧缓冲区和外侧缓冲区。不同的应用目的决定需要生成不同的缓冲区,分析的地理空间对象不同,生成的缓冲区也不尽相同。从生成缓冲区的几何图形要素来考虑,缓冲区可以分为以下三种最基本的类型:点缓冲区、线缓冲区和面缓冲区。

1)点缓冲区

点缓冲区是按照给定点对象为中心,并给定半径或工程项目的实际需求,求点的领域。点缓冲区的建立中给定的点对象可以是单点对象,也可以是点集合对象。点缓冲区求出后,需要生成缓冲区数据文件。在不同的实际需求下,单点对象或点集合对象建立的缓冲区不同,如图 5-8 所示。

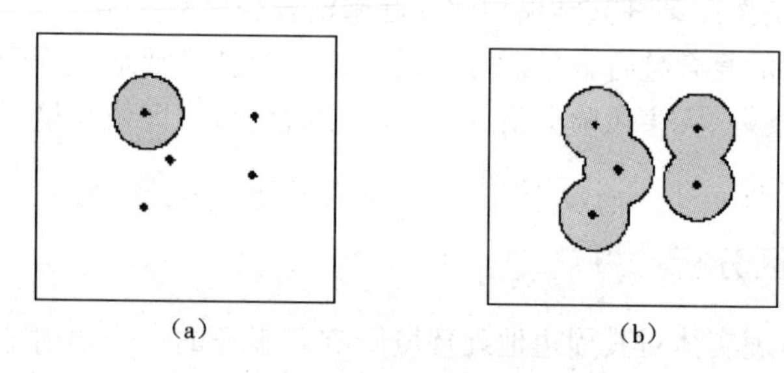

(a) (b)

图 5-8 点缓冲区

(a)单点缓冲区 (b)点集合缓冲区

2)线缓冲区

线缓冲区是按照给定线对象为中心,并给定半径或工程项目的实际需求,求线的领域。线缓冲区的建立中给定的线对象可以是单线对象,也可以是线集合对象。线缓冲区求出后,需要生成缓冲区数据文件。线对象建立缓冲区结果如图 5-9 所示。

3)面缓冲区

面缓冲区是按照给定面对象的边界为中心,并给定半径或工程项目的实际需求,求面的领域。面缓冲区的建立中给定的面对象可以是单面对象,也可以是面集合对象。面缓冲区求出后,需要生成缓冲区数据文件。面缓冲区构建过程中搜索领域时,可以有向面边界的外侧搜索或向面边界的内侧搜索两种情况,生成的缓冲区两种结果分别称为外缓冲区与内缓

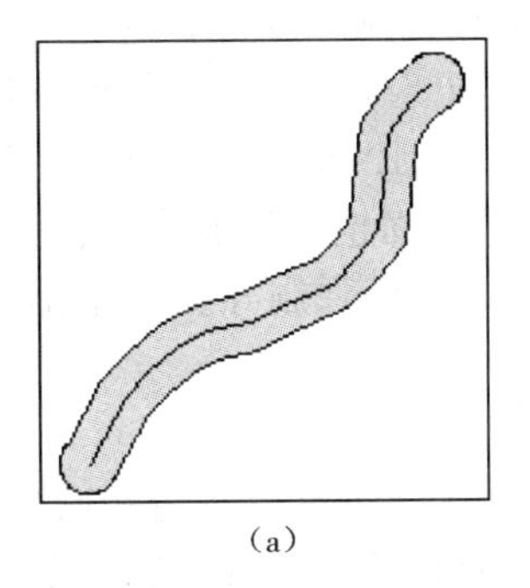

(a)

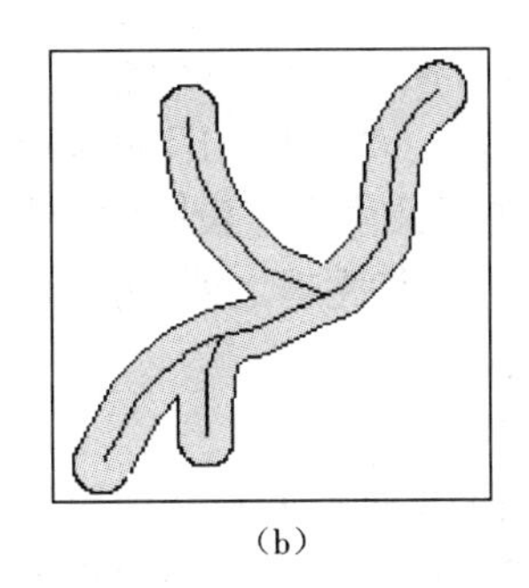

(b)

图5-9　线缓冲区

(a)单线缓冲区　(b)线集合缓冲区

冲区。外缓冲区环绕在面对象的外侧,内缓冲区则环绕在面对象的内侧,也可以在面对象内外两侧同时构建缓冲区,如图5-10所示。

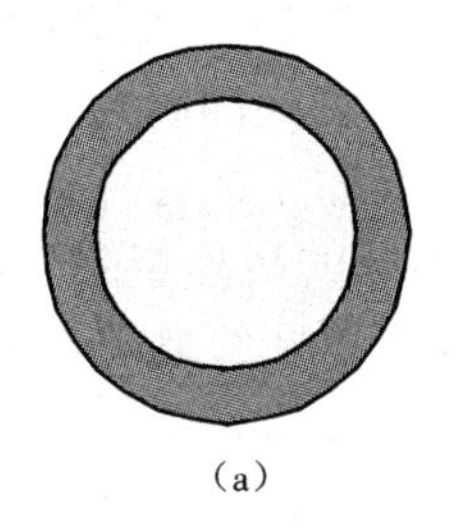

(a)

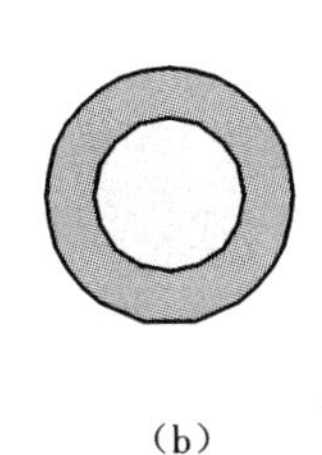

(b)

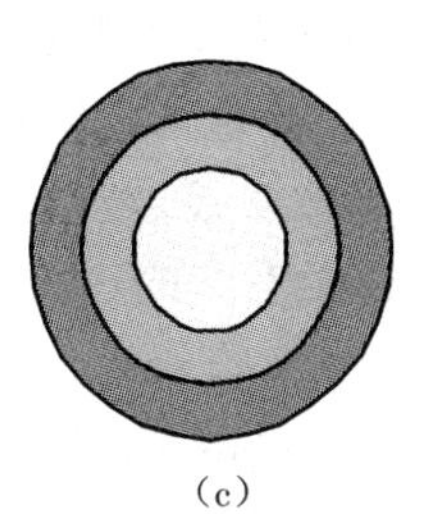

(c)

图5-10　面缓冲区

(a)外缓冲区　(b)内缓冲区　(c)内外缓冲区

2. 缓冲区的建立方法

缓冲区的建立方法在原理上非常简单,技术上也非常容易实现。

(1)点对象的缓冲区建立方法是直接以点对象为中心,以给定的缓冲距离或实际需求的缓冲范围,画圆形、正方形或其他形状的缓冲区。这些图形所包围的区域就是要构建的缓冲区。点对象的缓冲区建立较为简单。

(2)线对象建立缓冲区的方法相比点对象要复杂一些。对于线对象的缓冲区建立方法,首先对线对象的顶点做点缓冲,其次以线对象自身为参考线作其平行线,最后对这些缓冲区进行叠合并运算,其结果即为线对象的缓冲区。

(3)面对象建立缓冲区的方法与线对象类似。对于面对象的缓冲区建立方法,只要生成面对象周长线的缓冲区即可,与线缓冲建立方法类似。

缓冲区分析方法在工程生产或科学研究中应用非常广泛。例如扩建港口码头带来的运输服务范围或经济辐射区域,可以利用求取缓冲区来定;修建高层建筑带来的地面沉降风险区域,也可以用缓冲区分析;兴建大型水库引起的搬迁和生态环境敏感区划分,沿河流给出的生态环境灌溉服务区,沿铁路线给出的噪声污染区域等,都可用缓冲区分析解决。

5.1.3　数字地形分析

数字地形模型(Digital Terrain Model,DTM)是1956年Miller最初为了高速公路的自动设计提出来的,此后在各种工程项目中得到广泛的推广应用。例如DTM在水库大坝选址和各种线路选址的设计以及各种土木工程中的填挖面积、体积和坡度等计算中经常应用。

DTM 还可以分析给定点的视域或给定两点间的通视情况,分析给定两点之间的地形剖面并绘制剖面图。DTM 在测绘科学中经常被用于制作正射遥感影像图,还可以从 DTM 中提取地形信息,制作等高线、坡度坡向图和地形透视图等副产品。DTM 作为 GIS 的基础空间数据,在城镇合理规划以及洪水淹没险情分析预报等方面也应用非常广泛。在军事数字化和智能化方面,DTM 也有其优越之处,可以为战机导航、导弹制导提供基础数据,还可以为军事参谋部门提供战区电子沙盘等。

1. DTM 和 DEM

DTM 是地球表面各种空间地物或事件的属性信息在对应空间平面位置上形态的数字表达。DTM 在二维空间区域上描述地理事物或事件的表面分布,通常以离散点模拟描述连续表面,以点的平面位置和该位置的属性信息共同描述。

当 DTM 中的空间连续表面用地面高程属性数据模拟时,称为数字高程模型(Digital Elevation Model,DEM)。高程模型的数学意义指高程是关于平面坐标的连续函数。DEM 是数学意义上高程模型的一个离散有限点的表示。高程模型中的高程表达的是空间平面位置每点的高度,这个高度的起算点是国家高程系的基准面或者人为给定的参照平面,因此有时候高程模型又称作地形模型。但是广义上的地形模型中模拟空间连续表面的属性不仅可以用高程,还可以是坡度、坡向、密度、浓度、温度、污染程度等空间平面位置上的各种属性。

DEM 作为 GIS 的一种基础空间数据,通常用规则格网单元构成的高程矩阵表示,即用栅格数据结构形式表达。如果更广泛的理解,DEM 还包括带有高程属性的离散数字化高程点、带有高程属性的数字化等高线、带有高程属性的数字化三角网等所有表达地面高程的数字表示。DEM 可以称作是 DTM 的一个子集或特例,DEM 可以导出一些派生数据,主要包括坡度、坡向、平均高程等数据。

2. DEM 的主要表示模型

1)规则格网模型

将区域地形划分为规则格网,每个格网对应一个地面高程值。格网通常是正方形,也可以是矩形、三角形等。格网对应的高程值在数学上其实是一个矩阵,在计算机中可以用一个二维数组表达,如图 5-11 所示。

54	42	87	65	46	97
14	32	84	14	54	84
56	45	53	32	37	76
35	75	27	45	36	34
24	26	54	67	47	54
15	43	35	65	84	43

图 5-11 格网 DEM

对于规则格网中的高程值有两种不同的观点。

(1)格网高程均质性。这种观点认为每个格网的高程是格网单元对应的地面面积内的高程,而且这个格网面积内的地表没有起伏,抽象成一个平面,高程是一个值。在实际情况中,格网高程值是否具有均质性与格网所代表的实际面积和实际地形有关。格网代表的实际面积越小,地形起伏越小,格网高程的均质性越高。

(2)格网高程非均质性。这种观点认为每个格网的高程是格网单元对应地面内中心点的地面高程或是格网单元对应地面内全部点的高程平均值,即认为格网单元对应地面内的地表是有起伏的，高程不是一个值，而是一个代表值。计算格网内非中心点的高程，需要用空间插值方法，可以使用本格网周围四个或八个格网中心点的高程内插。插值方法可以采用距离加权平均、样条函数或者克里金插值。

出现这两种观点的本质是源于栅格空间数据的数据结构，即栅格单元是对地理空间的离散抽象表达。栅格单元内的高程是否均质，取决于栅格单元代表的实际地面大小，如果栅格单元代表的实际地面无限小，则栅格单元内的高程越趋于均质，而随着栅格单元代表的地面面积逐渐增大，栅格单元内的高程均质性便变差。

在 GIS 中规则格网高程模型一般存储为栅格数据结构形式。这种结构的高程模型很容易被计算机理解、识别和处理，而且可以非常容易地从中计算出等高线、坡度坡向、山坡阴影和流域地形。DEM 数据格式是目前许多国家使用最广泛的高程格式。但格网 DEM 也存在一些缺点。

(1) 栅格高程受制于格网单元的分辨率，对地形结构、地形起伏和地形细部表达不够准确。为了提高准确性，可以提高栅格单元分辨率或采用附加地形特征数据。附加地形特征数据可以是地形特征点、山脊线、谷底线和断裂线等。

(2) 如果提高栅格单元分辨率表达地形，会使数据量急剧增加。大数据量给数据存储带来不便，为此可以采用无损压缩，但是普通的无损压缩受制于地形的连续起伏难以达到效果。为了有效地压缩栅格高程模型的数据量，可以采用有损压缩、牺牲地形细节即降低栅格分辨率。

2) 等高线模型

数字等高线高程模型中的每一条等高线所代表的高程是实测若干点高程的集合，一组或一系列高程线几何图形的集合和每条高程线的高程属性就构成一个地面高程模型，如图 5－12 所示。

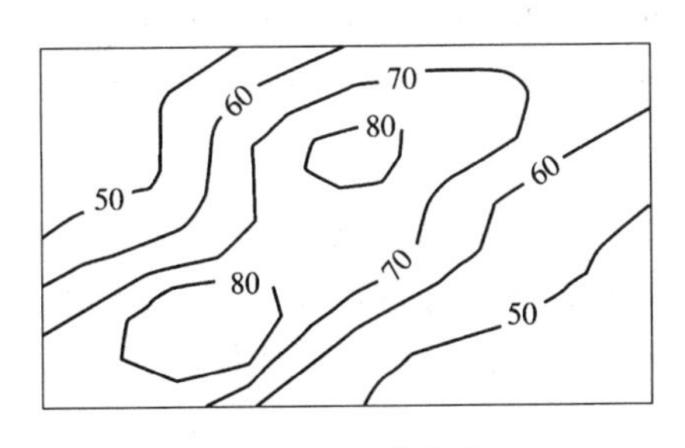

图 5－12　等高线

等高线在 GIS 中一般以矢量数据结构储存一系列有序坐标点，这些有序坐标点可以表达为具有高程属性的多边形。但是等高线只能表达位于等高线上的那些点的高程，而大部分落于等高线之间的那些点的高程需要插值计算。插值时需要使用两条外包的等高线插值计算两条等高线区间内的高程。

3) 不规则三角网（TIN）模型

规则格网高程数据模型在 GIS 计算中虽然有很多优点，但是也存在很多难以克服的缺点：

(1) 在地形变化不大的地方，数据冗余非常大；

(2) 在地形变化较大或突变的区域，如果栅格单元的尺寸不变，难以表达精确；

(3) 栅格高程模型在计算通视问题时，过分强调格网的轴方向。

基于此,1978 年 Peuker 等提出了另外一种表示数字高程模型的方法,即不规则三角网(Triangulated Irregular Network,TIN)模型。TIN 模型最大程度地规避了由于地形起伏较小的情况导致栅格高程模型的数据冗余。TIN 模型在坡度、坡向等计算中的效率也明显优于等高线模型。

TIN 模型根据区域内有限实测点集构造三角面,实测点作为三角面的顶点,并以矢量格式存储。区域内其他未测任意点落在三角形边上或三角形内,这些点的高程值可以通过线性插值方法得到。三角形边上的点可以用边的两个顶点插值,三角形内的点可以用三角形的三个顶点插值。TIN 模型是一个三维空间的分段线性模型。

TIN 模型的数据结构比格网 DEM 复杂。TIN 模型除了要存储三角形每个顶点的实测高程属性外,还要存储每个顶点的平面坐标即几何图形以及顶点之间的拓扑关系和三角形之间拓扑关系。

TIN 数字高程表达地形的精度受实测点的分布位置和密度制约。TIN 模型与格网 DEM 的区别之处在于实测点可以随地形起伏变化而改变采样点的密度和位置。这样既可以减少数据冗余又能精确表达山脊线、山谷线等地形高程特征。

3. DEM 数据采集方法

1)地面野外测量

地面野外测量是小范围内获取 DEM 数据的一种比较精确的手段。目前,主要采用全站仪或测距仪与电子经纬仪的组合在野外实地测量。这些仪器可以同时获取实测点的三维坐标,大大减少了工作量。一般这些仪器都装有微处理器,可以将所测内容自动记录并可以显示,记录的数据还可以在这些仪器上进行少量运算。仪器上一般都设计有串行通信接口,可以将记录的数据和计算结果通过串行接口与计算机相连,并输入计算机中进行数据处理。

2)地图数字化

地图数字化是利用历史纸质数据获取大面积 DEM 的重要手段。这种手段主要使用数字化仪和扫描仪。地图数字化可以减少野外实测的人力、物力需求和浪费。

3)数字摄影测量

数字摄影测量是利用数字影像获取大比例尺 DEM 最常用的方法之一。这种方法主要利用摄影测量系统在野外采集立体像对,然后采用立体测图仪、立体坐标仪和解析测图仪从立体像对获取高程信息。在采集高程过程中视这些仪器的自动化程度,可以进行人工、半自动或全自动量测。

4)空间传感器测量法

空间传感器测量法也是目前自动化和精度较高的测量方法,主要可以利用全球定位系统(GPS)、北斗导航卫星系统等结合雷达和激光测高仪等进行数据采集。

4. DEM 的分析和应用范围

DEM 的分析和应用范围非常广泛,主要归纳如下。

(1)DEM 作为国家地理信息的基础数据是我国现在强调的 4D 产品建设之一,即数字线化图(Digital Linear Graphs,DLG)、数字高程模型(Digital Elevation Models,DEM)、数字正射影像图(Digital Orthophoto Map,DOM)、数字栅格图(Digital Raster Graphs,DRG)。4D 产品是国家空间数据基础设施的框架数据。

(2)水电大坝选址、水利堤防风险分析。

(3)水文水资源调度分析、洪水风险分析和洪水淹没分析。

(4)港口海岸工程的规划与设计。

(5)土木填挖方分析、可视性分析和三维仿真。

(6)土木工程沉降监测及风险分析。

(7)景观设计与城市规划。

(8)用于军事目的的电子沙盘。

(9)为交通路线规划与设计的三维地形分析。

(10)山地灾害风险分析。

(11)用于水土流失、土壤侵蚀等的环境分析。

(12)用于输出显示、叠加遥感影像和各种专题图。

5. DEM 常见应用

1)地形曲面拟合

地形曲面拟合是 DEM 最基本的应用。通过数量有限且高程已知的格网，拟合一个空间上连续变化的地形曲面，在此基础上推求模拟范围内任何位置的高程。

曲面拟合方法其实是通过已知规则格网点数据进行空间插值的特例。插值方法可以采用距离倒数加权平均方法、克里金插值方法和样条函数等。

2)地形透视图

应用数字高程模型绘制并显示地形透视图是 DEM 非常典型的应用之一。地形透视图表达地形立体形态非常直观。用数字高程模型绘制的地形透视图比等高线描述地形更容易让人接受。随着计算机图形处理能力和显示能力的飞速发展，使利用计算机绘制地形透视图变得非常轻松容易。在计算机中绘制并显示地形透视图可以根据实际需要灵活操作，对地形局部形态的显示可以作各种不同的操作，如放大局部、夸张高程、改变观察视角和旋转透视图等。

地形透视图在视觉上显示为三维立体，但其实是一个二维空间的平面图，是空间三维地形的数字高程模型在一个假想平面上的中心投影图。地形透视图的本质是一个透视变换，透视变换过程中直接应用共线方程计算地面点(x,y,z)在透视图中的坐标(x,y)。由于透视变换过程中失去了 z 值信息，会导致透视图的二义性，即需要区分哪些是前景哪些是后景，因此透视图在计算机中显示时，需要将隐藏在前景后面的后景消除，即需要处理好“消隐”问题。

在计算机中很容易调整地形透视图的视点和视角等参数，可以使观察者从不同方位、不同距离观察地形。随着硬件技术的提高，可以绘制透视图动画。计算机硬件速度足够快时，就可实时产生动画 DTM 透视图。

3)通视分析

通视分析是 DEM 的典型应用之一。例如狙击手埋伏点的位置选择需要设置在能监测或监视到感兴趣区域的位置，在这些位置点监视监测感兴趣区域时视线通畅，即不能被感兴趣区域和监测监视点之间的地形挡住视线。通视分析就是利用 DEM 数据判断观察点的可视区域。通视分析的具体应用实例还有战场雷达的布控点的选择、通信基站位置的选择、森林火灾监测点的选择、洪水淹没范围、地面雷达监测点的选择等。通视分析中有时候也利用数字高程模型进行不可见区域的分析。例如侦查飞机需要低空飞行，选择雷达盲区(不可见区域)。通视问题可以分为以下五类：

(1)已知观察点或观察点组的位置，找出区域内的可视范围；

(2)已知需要观察的区域,找出区域内可以监测的所有点位置;

(3)已知观察点可以设置的位置,计算可以观察的最大区域;

(4)以最小代价建立发射塔,要求信号能覆盖全部区域;

(5)给定建造发射塔的代价,计算信号能覆盖的最大区域。

根据可视区域维数的不同,通视可分为点通视、线通视和面通视。点通视是指观察视点能看到的点位置,线通视是指观察点能看到的线视野,面通视是指观察点能观察到的面区域。通视问题主要通过数字高程模型解决。数字高程模型主要包括格网 DEM 和不规则三角网(TIN)模型,但是这两种模型在计算通视情况时方法差异很大。

Ⅰ.点对点通视

点通视问题如果利用栅格 DEM 解决,将栅格单元作为计算单位可以使问题得到简化。点对点的通视问题则可以简化为点点之间的直线与地形剖面线的相交问题。

已知视点 S 的坐标为(x_0,y_0,h_0)以及目标点 E 的坐标为(x_1,y_1,h_1)。DEM 则相当于二维数组 $H[I][J]$,则 S 点在 DEM 中的位置和属性为$(i_0,j_0,H[i_0,j_0])$,E 点在 DEM 中的位置和属性为$(i_1,j_1,H[i_1,j_1])$,计算过程如下。

(1)应用 Bresenham 直线算法,生成 S 点到 E 点的地形点在 XOY 平面投影的直线点集 $\{x,y\}$,$U=||\{x,y\}||$,并得到直线点集$\{x,y\}$中每个点对应的高程数据$\{H[u],(u=1,\cdots,U-1)\}$,这样便可形成 S 到 E 的 DEM 剖面曲线。

(2)求 S 点到 E 点的直线方程,直线方程的坐标系为 XOH,X 轴为 S 点到 E 点的投影直线,坐标原点 O 为 S 点的投影,H 轴为高程方向,则直线方程为

$$G[u]=\frac{H[i_0][j_0]-H[i_1][j_1]}{U}\cdot u+H[i_0][j_0]\quad(0<u<U)\tag{5-3}$$

式中:U 是 S 点到 E 点投影直线上栅格单元的数量。

(3)比较数组 $G[u]$与数组 $H[u]$中对应元素的值,如果$\forall u,u\in[1,U-1]$,存在 $H[u]>G[u]$,则 S 点到 E 点不可见;否则可见。

Ⅱ.点对线通视

点对线的通视,实际上就是求观测点的视野。视野线是观察点能看到的最远点的集合,地表上视野外的所有点都不可见,但是地表上视野内的点有可能可见也有可能不可见。应用格网 DEM 计算视野线的算法如下。

(1)设被观测点 E 沿着栅格 DEM 数据边缘逐格顺时针移动,计算观察点 S 到被观测点 E 的可见性与点对点通视计算相仿,求出观察点 S 到被观测点 E 的剖面线上的所有点。

(2)计算被观察点 E 至剖面线上每个点 $e_u\in\{x,y,h(x,y)\}$,$u=1,2,\cdots,U-1$ 与 H 轴的夹角

$$\beta_u=\arctan\left(\frac{u}{H_{eu}-H_{se}}\right)\tag{5-4}$$

(3)求得 $\alpha=\min\{\beta_u\}$,α 对应的剖面线上的点为视点视野线的一个点。

(4)移动 E 点,重复以上步骤,直至 E 点移回到初始位置,算法结束。

Ⅲ.点对区域通视

点对区域的通视算法是搜索观测点与被观测点视线之间的所有点,其实最后还是计算点点通视,只是在判断通视时可以做一些算法改进。由于观测点到被观测点的视线遮挡点,往往是这两点之间的地形剖面线上高程最大的那点。因此,改进算法时,可以将剖面线上点

的高程值进行降序排序,依次检查排序后每个点是否通视,只要有一个点不满足通视条件,其余点不再检查。

4)流域地形分析

地形因素是流域生态、水文过程、灾害过程等的重要影响因子。地形因素中的各种指标一直以来都是学者们研究流域中各种变化过程参考的重要因素。大比例尺高精度的DEM空间数据结合高分辨率、高光谱、多时期的遥感影像是学者们定量研究流域各种过程的重要数据源。随着学者们研究流域各种过程机理的不断深入,人类对流域的研究逐渐进入空间思考的阶段,不再是过程集总式的研究,而是空间分布式的思维方式。应用DEM空间数据研究流域各种过程的空间变化的技术基础是DEM能非常方便地自动提取流域地形空间特征并可以自动分割流域单元空间。

应用栅格DEM空间数据,通过计算机提取流域地形地貌特征,并划分流域单元以及流域等级的技术主要包括如下内容。

(1)流域地形地貌结构特征的定义。定义并分析流域子单元即沟脊等特征地形,构建并识别栅格DEM能反映的微观地形特征。

(2)特征地形的自动提取和流域单元自动划分的算法。格网DEM空间数据是由一系列矩阵形式的离散高程数据组成,每个栅格单元的高程数据单独不能描述地球表面的空间复杂性,但是栅格单元集或组合可以刻画地表形态。应用格网DEM空间数据自动提取流域特征地形和流域单元自动划分,必须采用清晰的流域地形分析计算机可识别的结构模型,然后针对该模型设计方程式或算法。

Ⅰ.特征地貌定义与提取

根据网格DEM空间数据中栅格单元的高程与周围栅格单元的高程关系,可以将格网DEM空间数据中的栅格单元集划分为坡地、洼地、分水线、谷地、阶地和鞍部等几类特征地貌。首先计算栅格单元集中心栅格与周边八邻栅格单元的高程差;其次对计算出的高程差排序;再次是栅格单元地貌编码;最后是栅格单元合并,将编码一样的相邻栅格合并成栅格单元集,即进行重分类并确定地貌属性。

Ⅱ.地貌沟脊线提取

应用格网DEM数据,通过计算机识别并获取地貌沟脊线,实际上是搜索凹点和凸点的过程。这种搜索过程比较简单的算子是2×2的局部算子。将定义好的算子在格网DEM空间数据范围内滑动,比较算子中每个栅格单元的高程与DEM数据中行和列上相邻栅格单元的高程。在比较的过程中,将高程最小的栅格单元和高程最大的栅格单元做标记。高程最小的栅格单元集构成山谷线,高程最大的栅格单元构成山脊线。将算子在整个DEM数据范围内移动一遍,剩下的未标记的栅格单元是山脊线和山谷线之间的栅格单元。

Ⅲ.流域单元划分

应用格网DEM数据,利用计算机识别并划分整个流域的汇水单元,也是格网DEM流域地形分析的重要应用之一。基于格网DEM划分流域单元的计算机算法,大多数是利用3×3算子(窗口)计算每个栅格单元的水流流向并确定回流栅格单元集。算法过程如下。

a.格网点流向定义

采用3×3算子(窗口),以中心栅格单元为起算基点向周边八个栅格单元方向搜索,计算这八个方向的距离权落差(中心栅格高程与相邻栅格高程差值除以栅格之间的距离),最大距离权落差的栅格单元作为这个中心栅格单元的流向。搜索计算之前,定义八个流向的

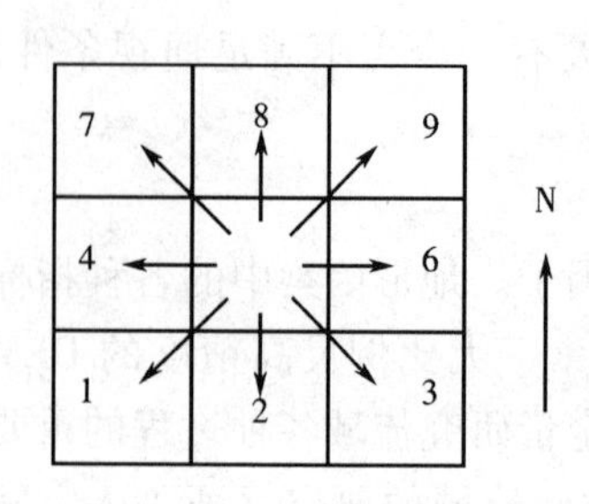

图 5-13 DEM 栅格单元水流方向的定义

计算机识别代码,如图 5-13 所示。在搜索中如果发现中心栅格单元可以流向周边八个栅格单元的某个单元时,则中心点的流向用如图所示的八个代码编码定义;如果中心栅格单元为凹点,则计算机将该栅格单元编码定义为 5。

几种例外情况的处理如下。

(1)如果一个栅格单元 A 搜索到的最大距离权落差栅格单元 B 的高程与之相同,且之前没有其他栅格单元流向这个相邻栅格单元 B,则强制栅格单元 A 流向栅格单元 B。如果在之前的搜索并标记的结果中,已经有其他栅格单元流向栅格单元 B,则当前栅格单元 A 为凹点。

(2)当一个栅格单元 A 搜索到的最大距离权落差栅格单元有两个或多个时,先比较这些栅格单元与周边栅格单元的最大距离权落差。

(3)对于较平坦的地区,在搜索栅格单元时需要增大搜索范围的半径,可以用 5×5、7×7、9×9 等窗口,如果实际工作或实际地形有需要时还可以使用更大的搜索范围。

(4)在 DEM 数据的外围加一圈高程值为 0 的栅格单元,强制 DEM 区域内的水流流向研究区外。

当所有的栅格单元用算子处理过一遍之后,生成一个编码 1~9 的流向图。

b. 凹点处理算法

凹点的存在,使得流域分析确定水流方向时有些栅格单元的水流方向不会流向流域出口,而是终止于凹点。根据 DEM 进行流域自动划分之前,首先需要分析 DEM 中的凹点,如果存在,需要对凹点进行处理。凹点在真实的地形环境中是存在的,但格网 DEM 中的凹点也可能是在数据生产过程中由于计算机误差或其他人为误差造成的。因此,处理凹点时不能简单的删除,而是需要分析凹点周边环境,将凹点的最终流向并入最近的主沟谷网络。

处理凹点时需要搜索凹点周边,作为凹点的溢出栅格单元。以溢出栅格单元作为起点继续搜索它周边所有相邻最低点的栅格单元,判断是否有比原凹点栅格单元更低的格网单元。如果没有则以该凹点栅格单元的溢出栅格单元为起点,重复上述搜索过程。如果搜索到比原凹点栅格单元低的栅格单元,将凹点栅格单元的流向定义为流向该栅格单元的方向。

c. 提取汇流栅格单元

处理凹点完后,会获得一个修改过的格网 DEM 流向图。在该流向图中给定一个栅格单元,所有流向这个栅格单元的栅格单元总和就是该栅格单元的汇流区。汇流区的具体计算方法是给定某个格网单元,搜索与该格网单元相邻的所有格网单元,标记所有流向该格网单元的编号;然后再以找到的栅格单元为起算点继续搜索并标记流向它的栅格单元,一直搜索到没有新的汇流栅格单元为止。所有标记过的栅格单元就构成给定栅格单元的汇流区。

对于某个栅格单元的汇流面积,往往是处于沟谷位置的栅格单元大于处于非沟谷位置的栅格单元。为了简化算法,提取汇流区域时可以设定汇流单元的阈值,将汇流区面积大于阈值的栅格单元标识为一个沟谷单元。很明显,阈值的设定将导致同一份 DEM 数据可以获得不同的沟谷单元,这种算法虽然使沟谷单元的划分得到简化,但是也使得划分出来的沟谷单元掺杂太多的人为因素。

得到所有沟谷单元的栅格后,可以对这些栅格单元进行编码。首先对沟谷结点编码,从流域出口开始搜索遍历整个沟谷单元,标识每个沟谷单元的上游入口和下游出口的栅格单元，标识值是沟谷单元的属性编码值，并记录下入口和出口的栅格单元编号。其次，沟谷单元中除入口和出口栅格外的其他栅格单元标识为沟谷单元的属性编码值。

d. 提取分水栅格单元

递归搜索格网 DEM 中沟谷单元中的所有栅格单元的汇流区，将所有汇流区的全部栅格单元标识为该沟谷单元的属性编码值，就可以标识出每个沟谷单元的汇流范围，即汇水盆地或流域单元。在此基础上应用边界追踪，就可以识别并获取每个流域单元的边界栅格单元，这些边界栅格单元就是分水线，即山脊线位置的栅格单元。最后，对沟谷单元的栅格和分水线的栅格及汇流区域栅格进行拓扑编码，至此完成整个流域的地形单元划分。

5) DEM 计算地形其他属性

从格网 DEM 数据可以计算并派生出其他地形属性数据。派生出的格网地形属性数据中的属性可以是单一性的，也可以是复合性的。单一属性的地形数据包括坡度、坡向地形数据等，这些单一属性的地形数据可以由格网 DEM 数据直接派生。复合属性的地形数据可以由多个单一属性的地形数据按照一定的数学关系组合成复合因子。其中的数学关系组合可以是经验型，也可以是自然过程机理的抽象或概化的数学模型。复合属性的地形数据可以用于描述某种自然过程的空间变化。

地形属性中的单要素属性可以非常容易地从格网 DEM 数据中通过计算机直接计算获得，具体计算方法如下。

Ⅰ. 坡度、坡向

水平面与局部地表之间的夹角定义为局部地表的坡度。水平面与局部地表之间的夹角是局部地表内相对于水平面的最大斜度线和最大斜度线的水平正投影的夹角。坡度往往也用百分比度量。局部地表内相对于水平面的最大斜度线是局部地表内垂直于局部地表与水平面交线的所有线。最大斜度线在水平面的正投影的指向定义为局部地表的坡向。坡向往往用按从正北方向起算的角度测量（0° ~ 360°）。

应用格网 DEM 计算坡度和坡向时，通常使用 3 × 3 窗口。窗口在格网 DEM 的高程矩阵中连续滑动，计算整幅图的坡度。坡度的计算如下：

$$\tan\beta = [(\sigma_z/\sigma_x)^2 + (\sigma_z/\sigma_y)^2]^{1/2} \tag{5-5}$$

坡向计算如下：

$$\tan\alpha = (-\sigma_z/\sigma_y)/(\sigma_z/\sigma_x) \quad (-\pi < \alpha < \pi) \tag{5-6}$$

为了提高这种方法的计算速度和精度，GIS 通常使用二阶差分计算方法。这种计算方法可以按下式计算每个栅格单元的斜度：

$$(\sigma_z/\sigma_x)_{ij} = (z_{i+1,j} - z_{i-1,j})/(2\sigma_x) \tag{5-7}$$

式中：σ_x、σ_y 是栅格单元间距（沿对角线时 σ_x、σ_y 应乘以$\sqrt{2}$）。该方法计算速度快，每个栅格单元计算到周边八个栅格单元的方向的斜度，然后排序取最大值。但栅格单元高程的局部误差将引起严重的坡度计算误差。用数字分析方法能得到更好的效果，数字分析方法计算东西方向的坡度公式如下：

$$(\sigma_z/\sigma_x)_{ij} = [(z_{i+1,j+1} + 2z_{i+1,j} + z_{i+1,j-1}) - (z_{i-1,j+1} + 2z_{i-1,j} + z_{i-1,j-1})]/(8\sigma_x) \tag{5-8}$$

同理可以写出其他 6 个方向的坡度计算公式。

Ⅱ. 面积、体积

a. 面积

计算某条线路的剖面面积，可以先计算其线路与 DEM 每个栅格单元边的交点 $P_i(x_i, y_i, z_i)$，再计算剖面面积，公式为

$$S = \sum_{i=1}^{n-1} \frac{z_i + z_{i+1}}{2} \cdot D_{i,i+1} \tag{5-9}$$

式中：n 为交点数；$D_{i,i+1}$为 P_i与 P_{i+1}的距离。同理可计算任意横断面及其面积。

b. 体积

根据格网 DEM 计算体积，可以由四棱柱或三棱柱的体积进行累加得到。具体计算时是用三棱柱体积累加还是用四棱柱体积累加，要看格网 DEM 的栅格单元形状。计算公式分别如下：

$$V_3 = \frac{z_1 + z_2 + z_3}{3} \cdot S_3 \tag{5-10}$$

$$V_4 = \frac{z_1 + z_2 + z_3 + z_4}{4} \cdot S_4 \tag{5-11}$$

式中：S_3与 S_4分别是三棱柱与四棱柱的底面积；z_1、z_2、z_3、z_4 分别是四棱柱和三棱柱的棱高。DEM 体积计算可以应用在工程中的挖方、填方及土壤流失量等方面。

Ⅲ. 表面积

通过格网 DEM 计算地表表面积，不能简单计算格网的面积之和，因为地形是变化起伏的。用栅格 DEM 计算地表表面积比不规则三角网高程模型要复杂一些。但是利用栅格 DEM 计算地表表面积可以借用不规则三角网的思路，即将栅格 DEM 转化成类似于不规则三角网的格网 DEM。无论栅格 DEM 的栅格单元是几边形，这些格网都是水平的，可以将栅格单元作为底面，由三角点的高程取平均作为中心点高程，然后以中心点作为顶点连接与栅格单元的各顶点，将原来栅格单元划分成若干三角形。划分出来的多边形不能直接求面积，需要根据三角形三个顶点的空间位置(x_i, y_i, z_i)来计算三角形的面积，然后将所有空间三角形的面积求和。

5.1.4 空间网络分析

在地理空间上，往往线性要素相互交叉连接可以构成网状结构。资源、能量等可以沿着这个网状结构流动。在 GIS 中，这种网状结构通常称为网络。网络是地理世界中的一类复杂地理目标的抽象。GIS 中的网络和一般网络有相同之处，即具有边和结点以及二者之间的拓扑关系。但是也有不同之处，GIS 中的网络具备地理空间上的坐标信息，有定位的意义。具体说来，GIS 网络就是地理世界中线实体和点实体的抽象，几何图形表达为线和结点相互连接组成，其中可以有环路，属性数据中可以记录一些在网络上运行的约束条件。

网络分析主要是模拟并分析网络的状态以及资源或能量在网络上的流动和分配等问题，主要研究网络结构、流动效率及资源分配网络优化等问题。对河流、海洋等航线网络，供水、供暖、排水等管线网络，道路、铁路、航空等交通运输网络和电力、电话、电视、通信光缆等能量传输网络等进行抽象概化、模型分析、空间分析和模拟优化，是 GIS 中网络分析的主要对象。网络分析研究的内容主要包括最佳路径选择、城市路网规划、建筑物选址、资源配置等。空间网络分析的基本思想是基于人类活动总是趋于选择最佳位置。研究此类问题对于人类在空间上的各种活动具有重大意义。目前，网络分析在资源配送、路线优化、土木建筑选址、服务配置、水文监测站点布设等领域正发挥着重要的作用。

1. 网络组成和属性

1）网络组成

在地理空间上，网络是由链和结点组成的线网图形。网络中带有环路和一系列支配网络中流动的约束条件。网络是 GIS 将现实世界中的线网系统进行抽象表达。网络可以模拟水系网、交通网、通信网、管网等线网系统。网络的基本组成部分如图 5－14 所示。

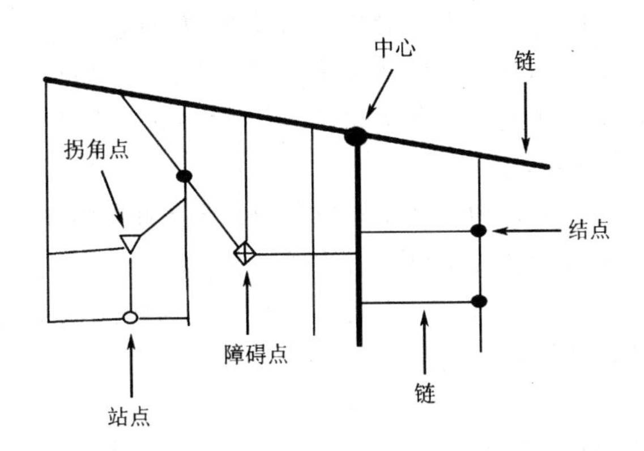

图 5－14 空间网络的构成元素

Ⅰ. 线状要素

网络中的线性要素称为链，是网络构成的骨架。链是承载资源的流动或通信信号联络的通道。链在地理空间上的有形物体主要包括如街道、河流、水管、电缆线等。链在地理空间上的无形物体主要包括如无线电通信网络等。链的属性主要包括阻力和需求。

Ⅱ. 点状要素

网络中最主要的点状要素是网络中线与线相互连接的结点，其次是根据网络的实际应用目的和工程需要可以在网络中设置其他点要素，可以有障碍点、拐角点、中心和站点等，这些点有时候也可以是结点本身。

(1) 结点：网络中线与线之间的连接点，空间位置处于每条网络线的两个端点上，是地理世界中如道路交叉口、车站、港口、电站等的抽象，其属性数据主要包括延时、阻力和需求等。

(2) 障碍点：地理世界中阻碍资源和能量在网络线上传输运动的地理实体或事件的抽象，对资源或通信联络在网络中传输起阻断作用，如施工工程点、事故点等。

(3) 拐角点：网络中有阻力或限制条件等属性的结点，如道路网络中有转向限制条件的结点。

(4) 中心：处于网络空间中具有分配服务或接受资源的那些设施、机构等位置点的抽象，在地理世界中如河流网络中的水库点、电力网络中的电站、道路网络中的商业中心、医院、学校、公园等，其属性包括资源容量、服务能力。

(5) 站点：处于网络空间中能增加或减少服务能力或资源分配的那些设施、机构等位置点的抽象，在地理世界中如道路网中能上下客的车站、能上下货的仓库等，其属性包括资源需求等。

2) 网络属性

网络组成中，需要建立结点－链、链－结点的拓扑关系，并记录相关属性。属性一般以关系表格的方式存储在 GIS 属性数据库中。网络的属性是网络分析非常重要的部分，不同的网络需要储存不同的属性。例如在道路网络中，每一段道路可视作网络的链，属性需要存储道路名称、速度上限、宽度等。此外在这些属性中，还有如下一些特殊的非空间属性。

Ⅰ. 阻强

阻强指资源或能量在网络中传输的阻力大小。如资源或能量在链上运动所花的时间、费用等。阻强是描述链与结点所具备的属性。链的阻强属性记录的是资源或能量在链上运动所需要克服的阻力。链的阻强大小一般与链的长度、方向等有关。结点的阻强属性记录的是资源或能量在网络中流动时在结点处所需克服的阻力。例如在道路网中若有单行线,则表示资源或能量在朝单行线逆向方向运动时,所需克服的阻力为无穷大或负值。在网络分析中,一般阻强需要统一量纲。

网络分析中引入阻强概念是为了抽象模拟资源或服务在网络中传输时受到的限制或阻力的大小。网络分析的结果随链和结点要素的阻强大小而变化。例如道路网分析中最优路径是最小阻力的路线。在道路分析中对不通的链或结点的属性赋予负的阻强,这样在路径分析时可自动跳过这些链或结点。

Ⅱ.资源容量

资源容量也是网络分析中非常重要的属性。它是指网络中心能够容纳或提供的资源总数量,也指网络中的中心之间可以流动的资源总量。例如水库的总容水量,港口泊位港池的总容客量等。

Ⅲ.资源需求量

资源需求量也是网络分析中需要网络数据存储的重要属性。它是指网络系统中具体的线和结点所能接受承载的资源量或中心点对资源和服务的需求。例如水系网中对水文测站的需求、居民点对生活物资的需求量、供水网络中水管的供水量等。

2. 网络的建立

网络数据是网络分析的基础。一个完整的网络由多层数据组成,包括点文件和线文件。空间网络首先由点文件和线文件建立网络图形,其次建立点线拓扑关系,最后添加这些图形的属性数据。例如根据网络实际的需要,设置不同阻强值(运费、限速、水流速度、耗时等)、网络中链的连通性(允许左行、限制左行等)、中心点的资源容量、资源需求量等。网络数据建立好之后,存储于数据库中,空间分析时调用数据库中的数据即可。例如在 ArcGIS 中建立的网络数据(点文件、线文件和属性数据)可以应用 GeoDataBase 封装在一个文件中。

3. 网络分析的功能

地理信息系统中,空间网络分析的对象是网络。网络的地理实体主要包括交通网络、供排管线、电力线、水系等。对这些地理世界中的网络地理实体进行抽象并模型化,建立 GIS 网络数据之后才能进行 GIS 网络分析。通过空间分析从网络模型中获取知识指导生产、生活。网络分析的功能主要包括路径分析、资源分配、最佳选址和地址匹配。

1)路径分析

(1)静态最佳路径:根据用户对最佳路径的需求(距离、耗时、运费),从数据库中读取网络数据中链的相应属性,分析连通性求取最佳路径。

(2)多条最佳路径:多条与最佳字面上似乎有点冲突,但是由于网络连通的四通八达,从起点到终点的路径可能有 N 条,因此从中选出代价比较小也非常接近的多条路径作为最佳路径,其实是最佳路径集。多条最佳路径中代价最小的最佳路径,如果在实际应用或工程中由于某种限制条件而不能选择,可以选择多条最佳路径中的其他近似最佳路径。多条最佳路径的计算方法与静态最佳路径的计算方法相似。

(3)最短路径:由起点到终点距离最短的路径。从数据库中读取网络链的长度,并分析连通性,找出起点到终点之间的最短链长度和,确定所要经过的结点、链,求最短路径。

(4)动态最佳路径:实际网络分析中,最佳路径可能是变化的,比如考虑耗时的最佳路径，由于路网中的交通状况或临时障碍，会引起从起点到终点最佳路径的变化，在能获取动态信息变化的情况下，最佳路径往往需要动态计算最佳路径。

路径分析包括静态最佳路径、N条最佳路径、最短路径和动态最佳路径。在实际生活或工程应用中，如果能获取路径实时信息，动态最佳路径分析更具有实用价值。路径分析是GIS网络分析的重要组成部分，在运筹学和交通运输工程等领域进行了广泛研究。路径分析对于交通运输、消防、急救、救灾、抢险等有着重要的意义。

2）资源分配

资源分配主要是研究如何将网络资源优化配置的问题，其主要目的是将服务中心的服务和资源优化配置给网络。即在网络模型中划分服务中心的服务范围，把网络中连通的链都分配给服务中心。服务中心的服务能力和资源数量，决定其能满足多少链的需求。根据服务和资源能覆盖的范围以及能服务多少对象，可以筛选出多个服务中心在网络中的最佳布局或者在网络中筛选服务中心的布局位置。资源分配网络分析除了需要网络数据的支撑之外，还需要服务中心及其属性信息的支撑。

资源分配的方式主要有集中式和分散式两种。集中式主要由多处资源或服务提供点从四周向一个中心点提供资源或服务。分散式主要由一个提供资源或服务的中心点向四周需要接受资源或服务的点分配。资源分配可以解决服务中心服务范围的确定问题。实际应用中，资源分配是根据服务中心的容量属性以及网络中链和结点的需求，并依据网络中链或结点的阻强大小，将链和结点分配给服务中心，分配过程可以沿着最佳路径或最短路径进行。当网络中的链或结点在不断地被分配给某个服务中心点时，该服务中心原来拥有的资源量或者服务能力就会依据网络中的链或结点的资源或服务需求量而缩减。当服务中心的资源量或服务能力耗尽时，资源分配结束。

资源分配问题在地理网络分析中的应用与区位论中的中心地理论类似。资源分配模型中，研究区可以是机能区，还可以用来指定可能的任意区域。资源配置过程中可以根据网络线或结点的阻力等来研究服务中心在网络中的服务范围，为网络中的线寻找最近或最佳的服务中心，以实现网络区内的最佳服务配置。资源配置模型可用来分别计算资源或服务中心在时间、距离和费用等方面的等值区间，还可用来进行网络中的经济中心、影响中心或服务中心等地的辐射或吸引范围分析，如港口、水库等的服务辐射范围。

3）最佳选址

选址功能是指在一定约束条件下，在某一指定区域内选择设施的最佳位置，它本质上是资源分配分析的延伸，例如连锁超市、邮筒、消防站、飞机场、仓库等的最佳位置的确定。网络分析中也涉及选址问题，但是网络分析中的选址是有限制条件的，即网络分析中的设施（服务中心）一般限定在网络的某个结点或某条链上。

最佳选址的步骤具体如下：

（1）对若干规划建设的地点和方案进行资源分配分析，一般将规划的和现有的服务设施一起进行资源分配分析，划分服务区；

（2）对每种规划方案，计算网络运行的成本平均值；

（3）比较各种规划方案，选择最佳方案的地址。

最佳选址在实际应用中，需要考虑到很多实际因素。例如学校选址，需要考虑各方面因素的实际情况，主要包括生源、环境及交通等；商场选址，需要考虑交通、人群、消费能力和文化素质等实际因素。

4)地址匹配

地址匹配的实质是通过地址编码查询地理位置。它可以简化 GIS 中的网络分析,解决 GIS 网络分析中相对复杂的问题。地址匹配中除了需要网络数据之外,还需要输入地址编码表以及地址属性。地址匹配经常用于公用事业管理、事故分析等方面。例如邮政、通信、供水、供电、治安、消防、医疗等领域。

5.2 其他空间分析方法

5.2.1 空间量算

1. 几何量算

点、线、面、体四类地理实体的几何量算内容是不相同的。

(1)点状目标:坐标。

(2)线状目标:长度、曲率、方向。

(3)面状目标:面积、周长等。

(4)体状目标:表面积、体积等。

两点构成直线,线状目标可能由多点组成,形成的可能是曲线。对于矢量数据,曲线的长度可由两点间直线距离相加得到(图 5-15)。对于栅格数据,曲线的长度可由组成曲线的栅格单元数量和栅格单元的分辨率计算而得(图 5-16)。线目标长度计算方法也适用于面目标的周长计算。

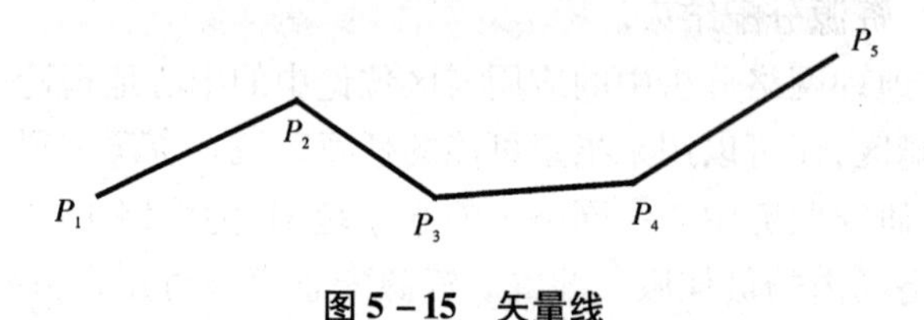

图 5-15 矢量线

矢量线长度计算公式:

$$d=\sqrt{(x_2-x_1)^2+(y_2-y_1)^2} \tag{5-12}$$

$$l=\sum\sqrt{(x_{i+1}-x_i)^2+(y_{i+1}-y_i)^2} \tag{5-13}$$

栅格线长度计算公式:

长度 = 线栅格数目 × 栅格单元分辨率

当网格单元为对角线方向时,栅格单元分辨率还需乘以$\sqrt{2}$。

矢量数据和栅格数据的面积计算方法也不同。矢量数据计算多边形(图 5-17)面积可以应用几何交叉求积(坐标法),也称作梯形法。

矢量多边形面积计算公式:

$$S_{12}=\frac{1}{2}(y_1+y_2)(x_2-x_1)$$

$$S_{23}=\frac{1}{2}(y_2+y_3)(x_3-x_2)$$

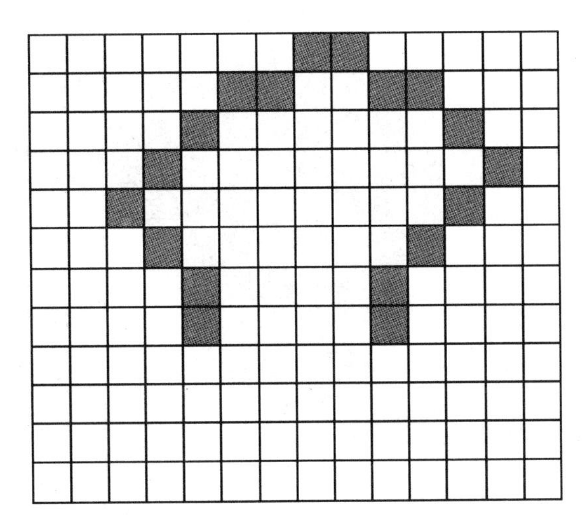

图 5－16　栅格线

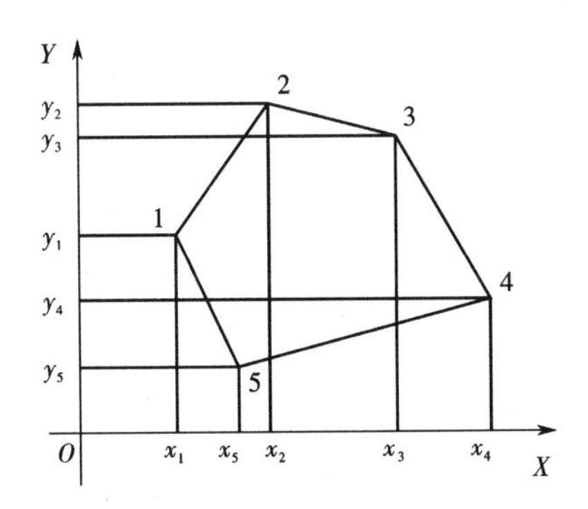

图 5－17　矢量多边形

$$S_{34} = \frac{1}{2}(y_3 + y_4)(x_4 - x_3)$$

$$S_{45} = \frac{1}{2}(y_4 + y_5)(x_5 - x_4)$$

$$S_{51} = \frac{1}{2}(y_5 + y_1)(x_1 - x_5)$$

$$S = \frac{1}{2}\sum_{i=0}^{n-1}(x_{i+1} - x_i)(y_{i+1} + y_i) \tag{5-14}$$

梯形法的总体思路是将多边形的每条边与坐标中的 X 轴(或 Y 轴)分别构成梯形,然后按照多边形的顶点顺序依次求每个梯形的面积,最后求所有梯形面积的代数和。对于多边形含有孔或内岛的情况,多边形面积的计算方法同上,只是需要分别计算该多边形外边界和内边界所围区域的面积,然后求两个面积的差,即为该多边形面积。

栅格空间数据计算多边形面积相对简单,可以直接应用组成多边形的栅格单元数目乘以栅格单元的面积而获得栅格多边形的面积(图 5－18)。

栅格多边形面积计算公式:

$$面积 = 多边形栅格数目 \times 栅格单元面积 \tag{5-15}$$

栅格多边形面积计算方法同样适用于体的体积计算。

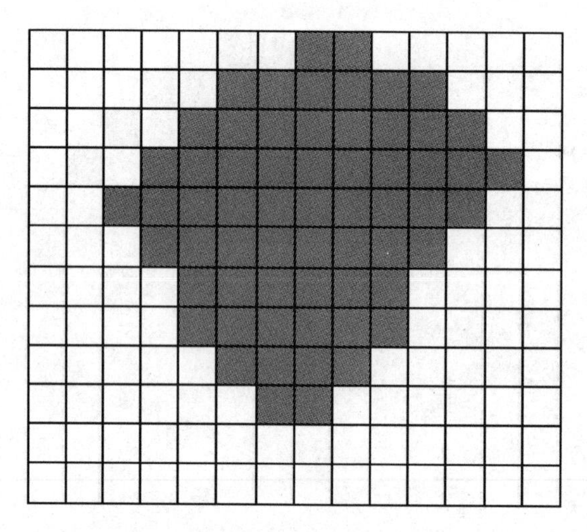

图 5-18 栅格面

如果用栅格数据求体积,计算公式如下:

$$体积 = 多边形栅格数目 \times 栅格单元面积 \times 栅格单元高程(属性) \quad (5-16)$$

2. 形状量算

多边形的外形千变万化,很难找到一个准确的指标对多边形的外形进行量化或计算。多边形形状量化或量算方法,目前常用多边形长短轴之比、周长面积比、面积长度比等。通常认为圆形地物既非紧凑型也非膨胀型,基于此定义多边形的形状指数,计算公式如下:

$$U = \frac{P}{2\sqrt{\pi}\sqrt{A}} \quad (5-17)$$

式中:P 为多边形周长,A 为多边形面积,U 为形状指数。

当 $U<1$,多边形为紧凑型;$U=1$,多边形为标准圆;$U>1$,多边形为膨胀型。

3. 质心量算

质心是描述空间地物分布的重要指标之一。质心位置是空间地物分布的中心位置,不是绝对的几何中心位置。如果空间地物属于均质分布,则空间地物的质心是几何中心位置。如果空间地物属于非均质分布,空间地物的质心则不在几何中心位置,需要通过对空间地物的坐标值加权平均求得。具体公式如下:

$$x_G = \frac{\sum_i W_i x_i}{\sum_i W_i} \quad (5-18)$$

$$y_G = \frac{\sum_i W_i y_i}{\sum_i W_i} \quad (5-19)$$

式中:i 为离散的空间地物,W_i 为离散空间地物的权重,x_i、y_i 为离散空间地物的坐标。

通过对空间地物分布的质心量算,可以跟踪某些地理过程或分布的变化。例如计算人口分布的质心变化轨迹,可以跟踪人口分布的变迁状况。

5.2.2 空间分类

空间分类方法是 GIS 对空间地物进行分类的方法。空间数据是对空间地物的抽象表达。空间地物的分类其实是对空间数据的分类,相同的空间数据采用不同的空间分类方法可能得到的空间分类结果不同。空间分类中常用的数学方法有主成分分析法、层次分析法、聚类分析法和判别分析法。空间分类中常用的数学方法有以下几种。

1. 主成分分析法

地理空间过程或分布问题往往涉及大量相互关联的自然和社会要素。在空间要素众多的情况下进行空间分析,常常会增加空间运算的复杂性,并带来很大的困难。主成分分析法是空间分类的一种重要方法,应用数理统计分析的原理,将杂乱无章的众多信息进行分类和压缩,将数据包含的信息表达为几个综合变量。

设地理空间数据中有 m 个样本,需要提取 n 个变量,构造矩阵如下:

$$\boldsymbol{Z} = (Z_{ij})_{n \times m} \tag{5-20}$$

构造矩阵的斜方差方阵 $\boldsymbol{R}$ 为实对称矩阵:

$$\boldsymbol{R} = \boldsymbol{Z} \cdot \boldsymbol{Z}^{\mathrm{T}}/n = (R_{ij})_{n \times m} \tag{5-21}$$

用 Jacobi 方法找出线性变换:

$$\begin{bmatrix} y_1 \\ y_2 \\ \vdots \\ y_n \end{bmatrix} = \begin{bmatrix} v_{11} & v_{12} & \cdots & v_{1m} \\ v_{21} & v_{22} & \cdots & v_{2m} \\ \vdots & \vdots & \vdots & \vdots \\ v_{n1} & v_{n2} & \cdots & v_{nm} \end{bmatrix} \begin{bmatrix} x_1 \\ x_2 \\ \vdots \\ x_m \end{bmatrix} \tag{5-22}$$

使得 $y_1, y_2, \cdots, y_n$ 是互不相关的 n 个变量。当 $\boldsymbol{R}$ 矩阵的特征值越大,对应的主成分的贡献率越大。为了选择若干重要因子参加空间分析运算,可以选择累计贡献率百分比在一定阈值以内的若干因子或者选择单项贡献率百分比在一定阈值以内的所有因子作为重要因子。

显然,主成分分析可以将复杂的数据变换成类别简单的数据。这种方法可以把数据简化,易于管理和存储,一定意义上也是数据压缩的有力方法。

2. 层次分析法

层次分析法(Analytic Hierarchy Process, AHP)是定性和定量相结合的系统分析方法。作为一种数学分析工具,它把人的思维过程层次化、数量化,计算结果可以为决策、预报或控制提供定量的依据。层次分析法的计算结果是定量的,但计算时的起算数据的构造却有明显的人为因素。应用空间数据进行空间分析时,建立空间分析模型非常重要。如果模型中涉及多个空间因素,且这些因素相互之间有关联、制约的关系,而且这些因素对模型输出结果的影响程度不一样,即具有不同的重要性或贡献率,那么各个因素的重要性排序问题非常关键。

AHP 可以把多个空间要素划分为若干层次,每个层次之间存在上下级的隶属关系。请有经验的专家对各层次各因素进行两两对比,确定因素相对重要性的定量指标。利用数学方法计算专家给出的意见,获得各层次各要素的相对重要性权值。

3. 聚类分析法

聚类分析法在空间分析中的应用,也称为空间聚类分析法,是一种无监督的分类方法,不需要任何学习和先验知识。空间聚类分析可以将空间数据中的要素分成由相似要素组成的类。聚类后的空间数据,同类要素相似度高,不同类要素相似度低。对不同的空间要素划分类别往往采用空间聚类分析,分析结果可以反映不同要素的等级序列。例如土地分等定级、水土流失强度分级等。

根据实体间的相似程度,聚类分析法将空间数据中的要素逐步合并为若干类别。合并相似程度的空间要素时，相似程度由距离或相似系数定义。距离主要有绝对值距离、欧氏距离、切比雪夫距离、马氏距离等。

4. 判别分析法

判别分析法也是空间分析中常用的一种方法，与聚类分析同属分类问题，是一种监督分类方法。判别分析法需要首先根据先验知识或专家理论进行实践学习，预先确定出各类分类的标准；其次分析空间数据中的地理实体，并将其安排到序列的合理位置上。本方法对于具有一定理论根据的分类系统的定级问题比较适用。例如水土流失评价、土地适宜性评价等。空间分析中常用的判别分析方法主要有距离判别法和 Bayes 最小风险判别法等。

5.2.3 空间统计

1. 常规统计分析

常规统计分析主要针对空间数据中的属性数据，将属性表格数据转化成统计图数据。常规统计完成数据集合的属性字段的均值、总和、方差、频数等统计。

2. 空间自相关分析

空间自相关分析是认识空间要素是否在空间上具有相关性以及相关程度如何。常采用空间自相关系数描述地理实体在空间上的相关程度。空间自相关系数计算公式为

$$I = \frac{N}{W_{ij}} \times \frac{\sum_i \sum_i W_{ij}(x_i - \bar{x})(x_j - \bar{x})}{x_i - \bar{x}} \tag{5-23}$$

式中：N 表示空间实体数目；x_i 表示空间对象的属性值；$\bar{x}$ 是 x 的平均值；$W_{ij}=1$ 表示空间对象 i 与 j 相邻，$W_{ij}=0$ 表示空间对象 i 与 j 不相邻。

空间自相关系数 I 的值介于 $-1 \sim 1$。当 $I=1$ 时表示空间实体呈自正相关，空间上呈聚合分布；当 $I=-1$ 时表示空间实体呈自负相关，空间上呈离散分布；当 $I=0$ 时则表示空间实体在空间上呈随机分布。W_{ij}表示实体 i 与 j 的相邻程度，它通过空间数据中的拓扑关系获得。

3. 空间回归分析

空间回归分析是回归分析在空间分析中的应用，主要用于分析空间上两组或多组空间对象之间的相关关系。传统的线性回归模型是用数学方程拟合离散数据之间的关系，不考虑数据之间是否在空间上关联。空间回归分析是传统回归分析的扩展，沿用了传统回归的基本思想，但是结合了空间权重矩阵，分析在空间上连续分布的空间现象和空间过程。空间权重矩阵记录了空间对象之间的空间关联关系。

4. 空间趋势分析

空间趋势是地理现象或地理过程在地理空间上变化的倾向性、规律性或趋势性，即地理现象或地理过程变化的空间模式。空间趋势分析考察的是空间现象或空间过程在空间上变化的趋势性和规律性。自变量是空间对象，因变量是空间上的地理过程或地理现象的数量。空间趋势分析可以将地理空间上的地理现象或地理过程分布的实测数据进行内插或外推，然后预测其他空间上没有实测数据的地理现象或地理过程的分布情况。

5.3 空间数据查询

在 GIS 中，空间数据的检索查询是所有空间分析的基础。任何空间分析都要从空间数

据查询开始,对空间对象的查询和度量是GIS软件最基本的功能之一。

5.3.1　空间数据查询概述

空间数据查询主要针对的是空间数据库。空间数据查询的主要工作就是在空间数据库中找出满足条件的空间数据子集,即满足条件的空间对象或事件。

空间数据查询的方式主要有“属性查图形”和“图形查属性”两种类型。

(1)属性查图形,主要是用SQL语句从属性表中查询满足条件的空间几何对象。如在水库分布图上查找库容大于8 000 m^3的水库,将符合条件的水库的属性与水库位置的图形关联,然后在水库分布图上将符合条件的水库高亮度显示给用户。

(2)图形查属性,主要是选择空间几何图形对象,在属性表中查询这些空间几何图形对象的相关属性。在空间上选择空间几何图形对象主要通过点、线、圆、矩形或其他多边形等与空间几何图形对象进行叠合分析并选择。

空间数据查询功能可以查询空间对象的属性、位置、空间特征、几何分布、空间演变过程以及与其他空间对象的空间关系等很多内容。查询的结果可以通过高亮度显示图形要素、高亮度显示属性列表和输出显示统计图表等多种方式传递给用户。

5.3.2　属性查询

属性查询是空间数据查询最常用的一种方法。属性查询包括简单的属性查询和基于SQL语言的属性查询。

1.简单的属性查询

最简单的属性查询是查找。通过在属性表中选择符合条件的属性值查找对应的几何图形,这种查询方法不需要构造复杂的SQL命令。如图5－19所示,在属性表中任意选择一个属性值,对应的图形就会高亮度显示出来。

2.基于SQL语言的属性查询

1)SQL查询

GIS软件中的空间数据库通常都支持标准的SQL查询语言。SQL的基本语法为

```
Select <属性清单>
From   <关系表>
Where  <条件>
```

例如,物业需要查询某幢楼“10－3－601”住户的入住日期,(表5－1为下面查询语句的关联表unit)SQL命令如下:

```
Select 入住日期
From   unit
Where  单元 = “10－3－601”
```

在执行了上面的命令后,就可以查询到“10－3－601”住户的入住日期了。

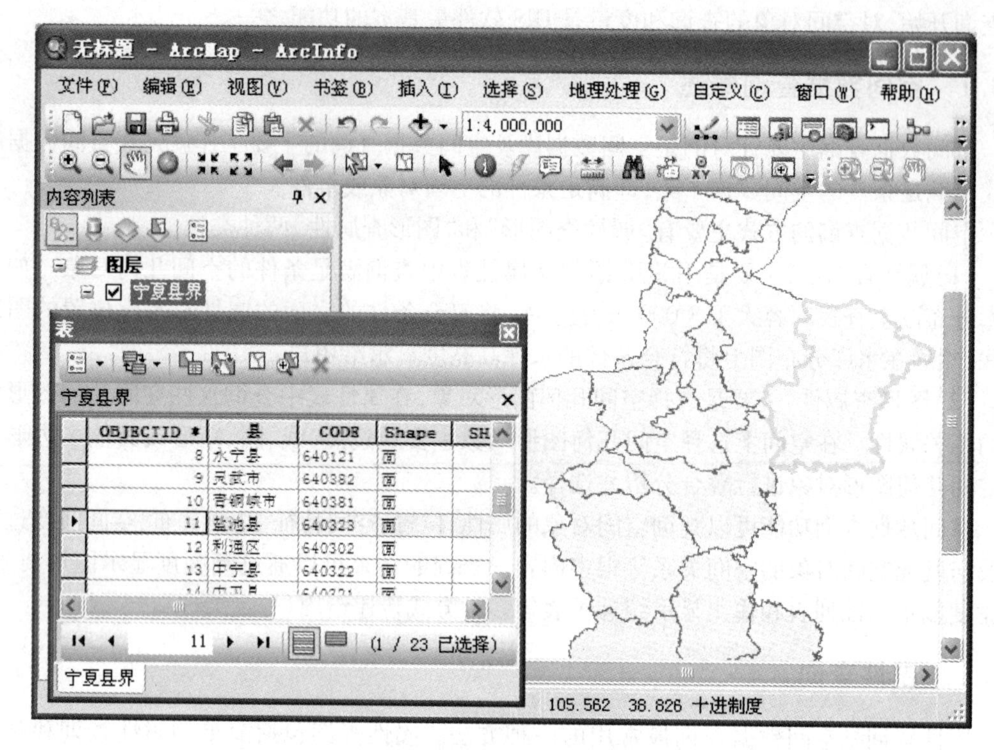

图 5-19 简单的属性查询

表 5-1 查询所需要的关联表

单元	入住日期	面积/m^2	代码
10-3-601	2011-11-13	138	006
10-3-602	2009-03-24	138	006
10-3-501	2008-12-03	104	005
10-3-502	2007-06-05	104	005

2)扩展的 SQL 查询

GIS 应用中需要的空间数据库存储了空间数据,以空间几何图形对象和属性数据为主。与普通的一般事务关系数据库不同,空间数据库具有空间定位的概念。标准的 SQL 语句只能查找普通的关系数据库,不支持空间运算。为了使 SQL 语句能支持在空间数据库中的查询工作,并能进行空间运算,一般事务关系数据库中的标准 SQL 语句需要进行扩展。常用的空间关系谓词有相邻(adjacent)、包含(contain)、穿过(cross)、在内部(inside)以及缓冲区(buffer)等。扩展的 SQL 查询语句,能满足用户在空间数据库中进行空间查询。

成熟的商业 GIS 软件都设计了较好的人机交互界面,用户无须编写 SQL 语句。软件可以将输入的条件自动转化为 SQL 查询语句,由数据库管理系统执行 SQL 语句,可以在空间数据库中找到满足条件的空间对象。如图 5-20 所示,输入查询条件,符合条件的空间对象就会高亮度显示查询的结果。

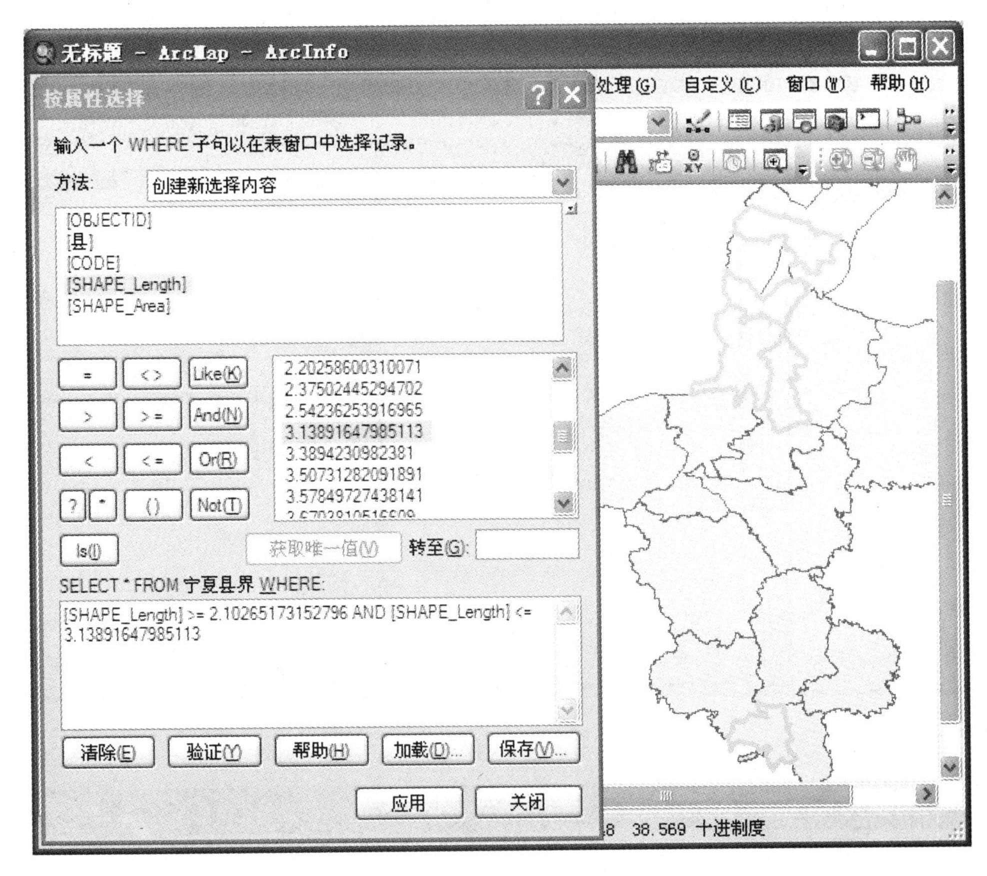

图 5－20　复杂条件查询及显示

5.3.3　图形查询

一般的 GIS 软件都提供图形查询这项功能。图形查询方式比较简单，用户只需画点、线、圆、矩形或其他多边形，与空间数据中的相关数据层进行叠加分析的空间运算，就可以得到满足条件的空间对象的属性、空间位置、空间分布以及与其他空间对象的空间关系。

1. 点查询

用鼠标点击图中的任意一点，可以检索到该点附近的地理对象，并将这些对象的属性信息显示出来。

如图 5－21 所示，点击宁夏县界图层中任意一个县，便可得到该县的相关信息，图中高亮度显示的区域为选择的盐池县。

2. 矩形或圆查询

给定一个矩形或圆的窗口，将圆或矩形区域与空间对象进行叠合分析，检索出该窗口内的所有空间对象，并将这些空间对象的属性显示出来。这种查询首先需要确定是包含统计还是包含加相交统计。

如图 5－22 所示，用图中矩形框选择要素，凡是与矩形框相交的区域就会被选中，图形要素高亮度显示，同时属性表中对应的属性信息也突出显示。

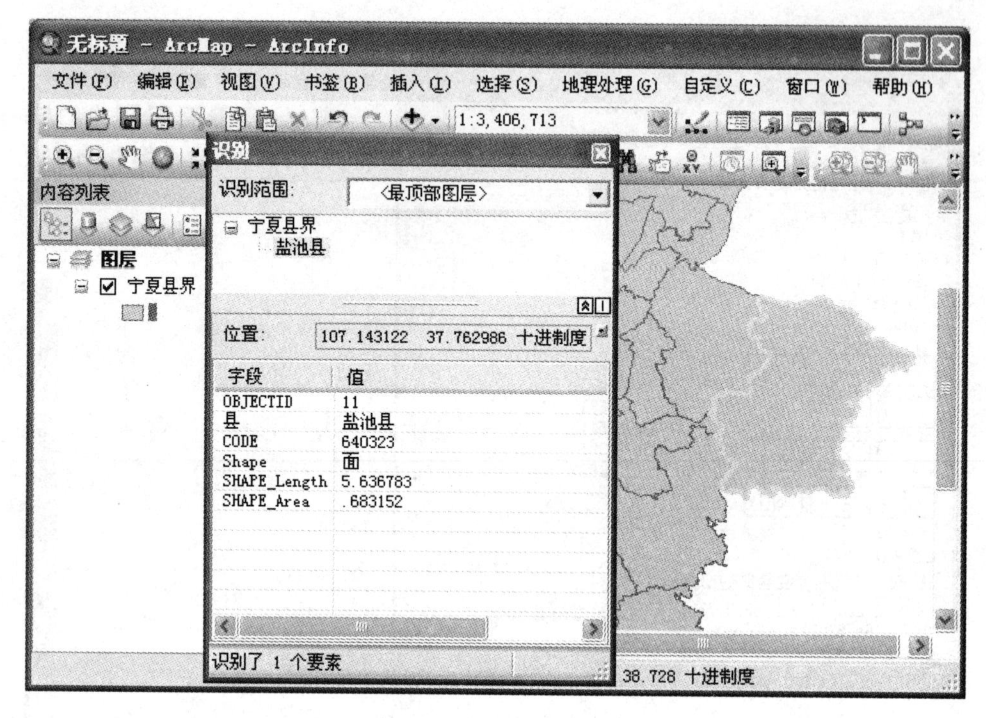

图 5－21 点查询

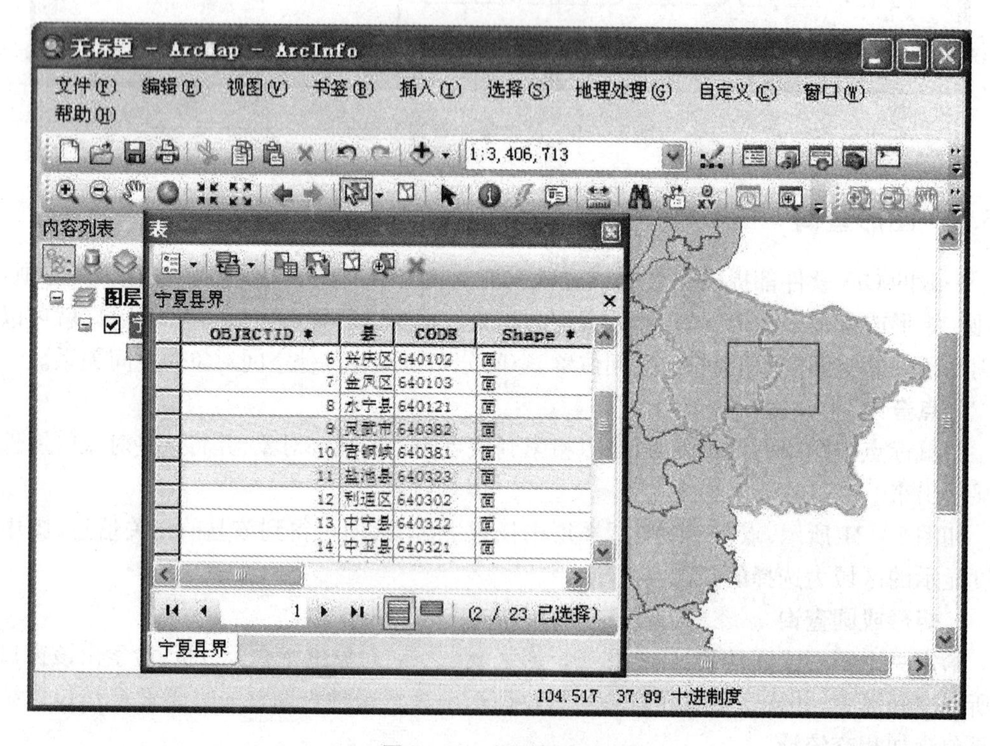

图 5－22 矩形框查询

3. 多边形查询

多边形查询与矩形或圆查询的工作原理一样,这里不再赘述。

练　习　题

1. 名词解释

(1)空间叠合分析。

(2)缓冲区。

(3)数字地面模型(DTM)。

(4)数字高程模型(DEM)。

(5)空间网络分析。

2. 选择题

(1)空间分类中常用的数学方法有(　　)。

A. 主成分分析法　　B. 层次分析法　　C. 聚类分析法　　D. 判别分析法

(2)下列属于 GIS 网络分析功能的是(　　)。

A. 计算道路拆迁成本

B. 计算不规则地形的设计填挖方

C. 沿着交通线路、市政管线分配点状服务设施资源

D. 分析城市地质结构

(3)空间分析正确的步骤是(　　)。

A. 准备空间操作数据—明确分析目的—进行空间分析—解释、评价结果

B. 明确分析目的—进行空间分析—准备空间操作数据—解释、评价结果

C. 明确分析目的—准备空间操作数据—进行空间分析—解释、评价结果

D. 准备空间操作数据—进行空间分析—明确分析目的—解释、评价结果

(4)可以从现有的线状地物文件中检索出所有高速公路的语句是(　　)。

A. Select * From 线状地物 Where 地类 =“高速公路”

B. Select * From 线状地物 Where 地类 IN “高速公路”

C. Select 高速公路 From 线状地物

D. Select * From 线状地物 Where 地类 = =“高速公路”

3. 问答题

(1)缓冲区分析的数学模型如何表达?缓冲区分析有哪两个步骤?

(2)如何建立点线面的缓冲区?

(3)DEM 的表达模型有哪些?

(4)网络分析的主要功能有哪些?

(5)空间分类常用的数学方法有哪些?

(6)空间统计常用的方法有哪些?

4. 分析题

(1)一条规划中的高速公路将穿越某县,现有该县行政区划图和土地利用现状图,高速公路(中心线)位置和路宽已知,分析如何统计该公路将占用各乡镇、各类用地的面积。

(2)下图是一个多边形的图形数据,试写出求取该多边形面积的公式。

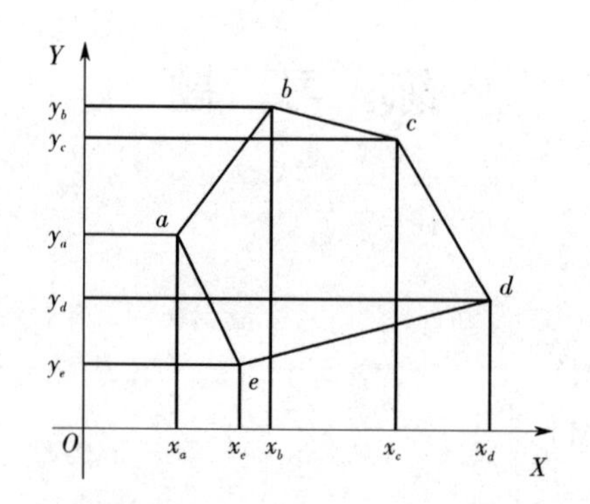

(3)请写出利用 GIS 技术进行园区选址的空间操作步骤。

选址要求:

①为了保证交通便利、安静舒适,要求该园区距 A 公路 0.8～1.5 km;

②园区应环绕一条天然的小河流 B;

③为确保园区的可利用面积最大,园区中应很少或没有沿河流分布的沼泽地。

5. 论述题

(1)论述 DEM 分析的常见应用,并举例说明。

(2)论述空间网络分析的常见应用,并举例说明。

第6章　GIS应用与服务

GIS广泛应用的主要原因在于人们在生产实践活动中对地理空间信息的需求日益增强。随着社会经济的发展,人们对高质量的生活追求和在日常生活中对地理空间信息的需求也与日俱增,地理空间信息服务也逐渐融入IT技术、融入大众生活。GIS是获取、处理、管理和分析地理空间资料的重要工具。基于地理信息系统技术的交通导航、位置服务,现在与大众生活越来越密切,得到了广泛关注和迅猛发展。地理信息系统的应用就其服务的客户而言分为专业应用和大众应用,就其应用时使用的GIS而言分为基础平台(底层开发)应用和二次开发应用。基础平台应用和二次开发应用都需要客户储备专业知识,都属于专业应用;大众应用是GIS面向大众用户的,不需要储备非常专业的知识,其实是GIS向用户提供服务。

本章从应用类型的角度介绍GIS的应用,详细阐述基础平台的专业应用、二次开发专业应用和大众应用。

6.1　成熟平台的专业应用与服务

随着GIS技术的飞速发展,国内外研发了许多基础GIS平台。应用这些基础地理信息平台就可以完成采集、处理、管理和分析地理空间数据的流程,而且这些基础地理信息平台还提供模型构建功能,方便用户完成更专业的空间分析。国外成熟的GIS平台包括ArcGIS、MapInfo、Skyline、Worldwind和Google Earth等,国内成熟的GIS平台包括MapGIS、SuperMap、GeoStar等。这些国内外的基础GIS平台处理空间数据的具体方法不一样,但功能大同小异。这些平台由于起步不同,使用的技术也各不一样,所以具备的功能也各有长短。目前以ArcGIS最为成熟稳定,在国内占有绝对的优势市场地位。

GIS的应用领域越来越广泛,在地质、测绘、资源、环境、农业、林业、水利、海洋、国防、城市规划、土木建筑、港口海岸等领域目前都有所应用。

6.1.1　GIS需求

不同专业领域的学者或技术人员在处理专业领域内的问题时,往往会涉及地理空间数据的处理。不同行业的专业研究人员,在面临处理地理空间数据问题的时候,就会立刻想到GIS的应用。目前,国内外成熟的基础GIS平台都提供了强大的空间数据处理功能,能满足各行业的基础专业应用。例如,水利水文行业会遇到洪水溃堤淹没分析问题或洪水风险分析问题以及防汛防凌等防灾减灾和灾后补偿等问题,土木建筑行业会遇到工程填挖方计算问题或工程施工三维仿真问题,港口航道行业会遇到规划建设、水下地形管理等问题。总之,各行业总会有面临处理空间问题的时候,这些问题的处理都是对GIS应用的需求。

6.1.2　基础平台选择

当专业研究人员面临处理空间问题考虑GIS应用的时候,需要考虑的一个问题是基础

GIS 平台的选择。经济、好用、效果好是选择基础 GIS 平台的总原则。选择基础 GIS 平台需要考虑以下三点:①问题的复杂性;②基础平台的成本;③基础平台的功能。目前国内外市场上常见的基础 GIS 平台软件主要有 ArcGIS、MapInfo、Skyline、MapGIS、SuperMap、GeoStar 等,用户可以从这些平台中做出选择。根据面临问题的复杂性、基础平台的成本和基础平台所具有的功能,用户可以综合考虑,选择一个适合于处理问题的平台。

6.1.3 数据采集与处理

基础 GIS 平台软件选定之后,为了解决面临的问题,需要采集和处理相关的空间数据。根据需要分别收集栅格和矢量两种数据,数据格式要考虑选择的基础 GIS 平台。数据可以从已有的数字地理数据产品获取,也可以从已有的硬拷贝地理数据再数字化获取;如果上述数据不全或者没有,则可以进行现场实时实地测量采集第一手数据。收集到的数据是初始数据,并不一定能满足解决问题的需要,还需要对数据进行编辑、加工等各种处理。根据不同的数据情况需要进行格式转换、几何校正、地图匹配、投影转换、范围裁剪等处理。收集和采集的内容包括地形地貌数据、行政区划数据、交通设施数据、工程数据和社会经济数据等,采集与处理之后的数据应入库保存。

6.1.4 空间分析

数据准备好之后,根据面临的问题和选择的基础 GIS 平台,首先需要设计空间分析模型;其次是数据输入、空间运算与分析。空间分析是基础 GIS 平台软件标志性功能,是其他制图软件和信息管理软件不可比拟的地方。基础 GIS 软件都开发了大量的空间分析功能,包括图层叠合交并差等空间运算、网络分析、资源配置和统计分析,并结合专业的计算模型。

6.1.5 产品输出与显示

空间数据经由基础 GIS 平台支持的空间分析模型处理输出 GIS 产品。这些输出的产品包括各种地图、图表、图像、数据报表或文字说明等。输出的产品可以直接提供给专业研究人员或决策规划人员使用。GIS 空间分析的产品输出与显示是基础平台专业应用的最后环节,主要是将 GIS 空间分析的结果表示为用户需要且可以理解的形式。地图图形输出是 GIS 产品的主要表现形式。

1. 输出方式

GIS 软件如果不能将空间分析获取的丰富的空间信息产品输出并显示给用户,将是非常失败的 GIS 软件。输出形式可以是提供图形图像产品或者是提供属性数据报表或统计图表等产品。目前,基础 GIS 平台软件都为用户提供 GIS 信息产品输出。

GIS 信息产品的输出有三种方式:屏幕显示、矢量绘图和栅格绘图。屏幕显示主要用于打印输出之前的预浏览和决策中心的大屏幕显示,输出屏幕像元点阵图。屏幕显示色彩丰富,且可以与用户实时会话,对不正确或不合理的结果可以在屏幕显示时甄别并交互修改。基础 GIS 平台的屏幕显示,是比较廉价的输出产品,屏幕显示可用于日常的空间信息管理和小型科研成果输出。矢量绘图主要是应用矢量绘图仪打印绘制高精度的矢量线划图,输出比较大幅、精确和美观的图形产品。栅格绘图主要是应用喷墨打印机或激光打印机绘制高精度的栅格点阵图,输出彩色影像地图等产品。目前,激光打印机的打印输出产品具有较高的品质,激光打印机已成为当前 GIS 输出的信息产品和地图产品的主要打印输出设备之一。

1)屏幕显示

由高分辨率彩色电脑显示器、平板电脑显示器、手机显示器或者其他终端显示器以屏幕像元点阵的形式实时显示GIS空间分析的产品,通常是比较廉价的输出方式。这种输出方式常用来进行人机交互,成本低、效率高、实时性强、颜色丰富且可以及时刷新是屏幕输出方式的最大优点。这种输出方式的缺点在于输出的结果是临时性产品,关机或断电后输出结果无法保留,而且输出的幅面、精度和比例受制于显示器的屏幕尺寸,不易控制。屏幕输出不宜作为正式的输出产品。将屏幕显示结果采用屏幕拷贝的方式进行数字存储,提供给其他分析或显示软件直接使用也是常用的输出手段之一。图6-1是屏幕显示的硬拷贝。

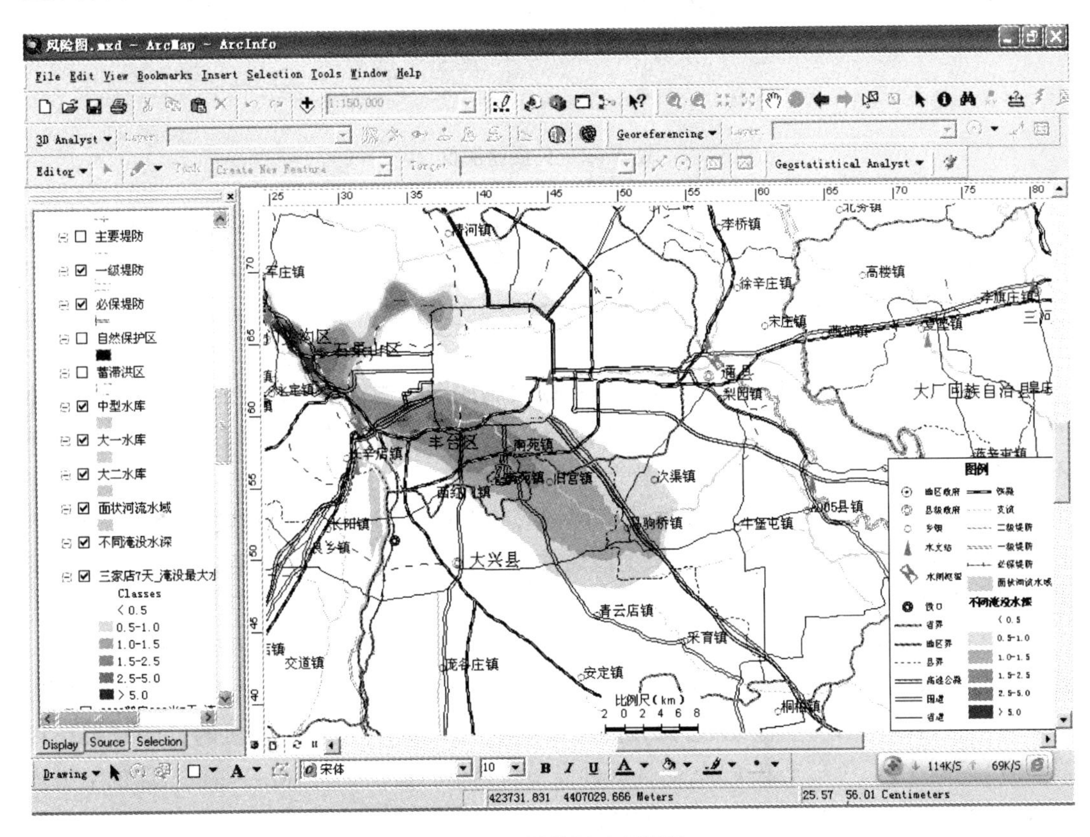

图6-1　屏幕显示硬拷贝

2)矢量绘图

矢量绘图通常采用矢量绘图仪将矢量数据绘制成图。矢量绘图首先根据矢量数据中记录的坐标数据和属性数据将其符号化,其次通过制图指令驱动矢量绘图仪绘图(图6-2),矢量绘图仪也可以将栅格数据作为绘制对象。矢量绘图仪绘制栅格数据首先需要将制图范围划分为栅格单元,在栅格单元中通过点、线构成颜色、模式表示;其次通过点、线绘图指令驱动矢量绘图仪。矢量绘图指令可以直接驱动矢量绘图设备。矢量绘图指令需要通过点、线插补转化为点阵单元才能驱动栅格绘图设备。矢量绘图指令驱动栅格绘图设备绘制的图形质量取决于绘图单元的大小。

矢量形式绘图以矢量点、线为基本绘图指令,以这种方式绘图的设备称作矢量绘图设备。这种设备通过指令控制绘图笔在四个方向或八个方向上的移动,在移动的过程中绘制阶梯状或折线状线条。由于一般步距很小,所以线划质量较高。矢量形式绘图的优点在于

图6-2 矢量绘图仪

可以绘制大图幅、表现内容丰富、定位精度高、绘出的图形美观且质量好；其缺点是绘制速度慢、成本高。矢量绘图可以实现将各种地图要素符号化。采用矢量绘图方式可以绘制各种点、线、面矢量格式的地图以及等值线或透视立体图等。

3)栅格绘图

栅格绘图通常采用栅格绘图机将栅格数据绘制成图。栅格绘图机按照输入的栅格数据的栅格像元灰度值进行绘图。栅格绘图机其实就是常见的打印机。根据工作原理或方式的不同，打印机分为行式、点阵、喷墨和激光打印机。

(1)行式打印机的优点在于速度快、价格低，缺点在于打印结果的精度低、粗糙、不美观且不能调整横纵比例。每个像元的灰度值通常需要由不同的字符组合表示，是比较落后的一种打印方法。

(2)点阵打印机也称作针式打印机，工作原理是打印针被控制并撞击色带和打印介质，撞击的位置就会打印出像元，这些像元组合成图形、字符和各种符号，从而完成打印任务。每个打印针可以打出一个像元点，像元点精度达 0.141 mm。这种打印机的打印成果精度高、可以控制比例、色彩丰富美观，而且这种设备价格低、速度快。点阵打印机打印的渲染图比矢量绘图均匀，便于打印幅面较小的地图。

(3)喷墨打印机(图6-3)是通过将墨喷射到打印介质上形成图形图像，是十分高档的非打击设备。喷墨打印机输出质量高、速度快。在地理信息数字产品打印中，喷墨打印机的优势地位已经取代矢量绘图仪，目前是 GIS 数字产品的主流输出设备之一。

(4)激光打印机(图6-4)是利用静电将墨粉固定在打印介质上绘制图形图像。激光打印机绘制的图件品质高、速度快，代表了计算机图形输出的发展方向，将会逐渐取代喷墨打印机。彩色地图激光打印机，成本较高，应用范围较窄，普通用户用处不大，而且价格难以接受。

4)3D 绘图

目前的打印机打印成果都是普通的文档等平面纸张材料，3D 绘图输出的是三维成品。3D 绘图的工具称作 3D 打印机。3D 打印机是高科技发展的一种新产物，已经成为打印领域的一种潮流，可以“打印”出真实的 3D 物体或世界，打印的材质可以是橡胶、塑料等有机或无机材料。目前，3D 打印机主要应用于工业设计，打印设计的模具，预计在 2050 年可以打

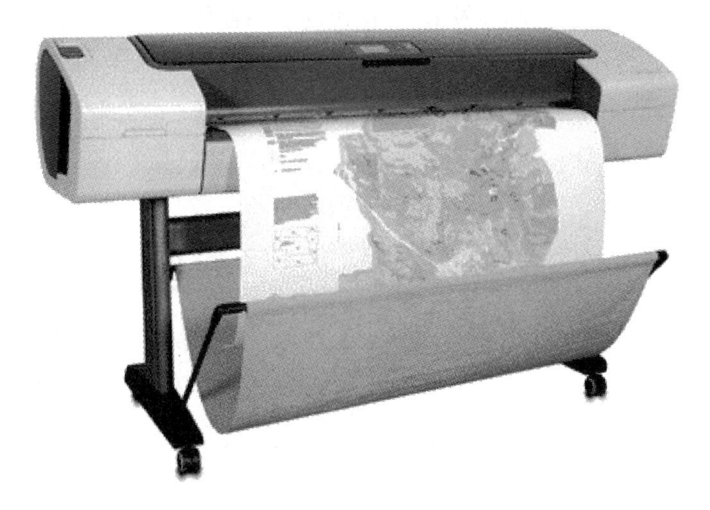

图 6－3　喷墨打印机

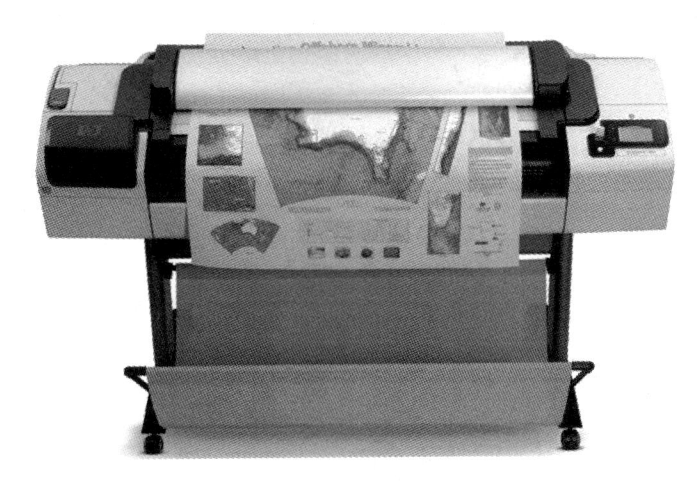

图 6－4　激光打印机

印制造飞机、为航天员打印食品，如果用于军事，也许将来可以实现“没有枪没有炮，3D 打印机给我们造”这一目标。

2. 输出类型

GIS 产品是指由 GIS 处理、分析而获得的空间信息，具体表现形式是各种格式的数字化图形、图像或统计图表。这些产品可以直接供研究、规划、决策人员或其他客户使用。GIS 产品反映了地理实体的空间特征、属性特征以及空间实体的关系。具体的输出类型详述如下。

1）地图

地图是根据一定的数学模型或规则，应用符号化的制图语言，通过抽象化地理世界（制图综合），在一定的介质上，反映自然事物或社会生活、经济发展现象和事件的地理分布、相互关系及在时空上的变异发展过程的图形。随着科学技术的飞速发展，地图的定义也是不断发展变化的。如果将地图看成是对自然世界、社会生活和经济发展事件和现象的抽象，地图便是传递空间信息的载体、通道、手段或方法等。传统地图的承载介质有石器、甲骨、皮、布或纸张。随着科技的进步与高速发展,目前出现了在各种终端上运行显示的电子地图等。电子地图是地理空间实体的高级抽象化表达,是地理信息输出成果和产品的主要表现形式(图6-5)。

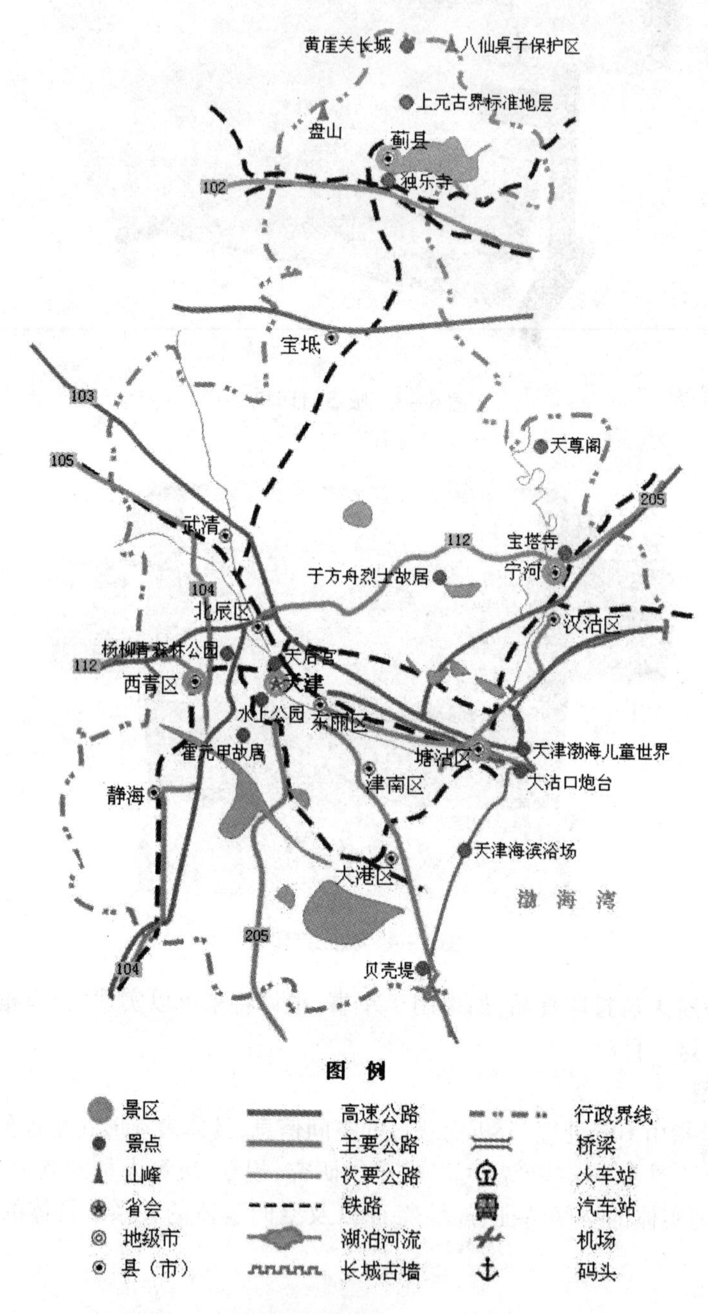

图6-5 地图(图片来源于 tupian. baike. com)

根据抽象表达的内容不同,常用的地图分为点状抽象图、线状抽象图、面状抽象图、等值线图、三维立体图及渲染图等。点状抽象图采用点状抽象符号表示点状地理实体或面状地理实体中心的空间特征(图6-6);线状抽象图采用线状抽象符号表示线状地理实体的空间特征(图6-7);面状抽象图采用面状抽象符号表示面状地理实体的空间特征(图6-8);等值线图采用地理表面上等值线抽象表达曲面的空间形态(图6－9);三维立体图采用透视变换技术和消隐技术抽象表达地理空间的三维起伏(图6－10);渲染图是根据地理空间不同的位置反射光线的强度不同,采用明暗抽象表达地理空间的三维起伏(图6－11)。

图6－6 点状地图

2)图像

图像也是记录地理空间实体的一种方式。图像记录的地理空间实体不是符号化的抽象表达,而是记录了地理实体对光线的反射强度值,以灰度或色彩模式表达属性的空间数据。图像的记录格式一般为栅格结构,即将地理空间范围划分为规则的行列单元(如正方形),每个行列单元用地理空间上相应位置的直观视觉变量表示该行列单元的空间特征(图6－12和图6－13)。

3)统计图表

地理空间实体的属性信息存储于二维关系型表中,不利于用户了解整体情况。如果采用统计图表表示,可以将地理实体之间非图形信息以统计的柱状、饼状等图表方式输出展示给用户,可以满足用户对这些地理空间实体属性信息的总体了解。属性统计常用的形式有属性柱状统计、属性饼状或扇形统计、属性直方统计、属性折线统计和属性散点统计等。统计表格将统计数据直接表示在表格中,使读者可直接看到具体数据值。统计图表的表现形式如图6－14、图6－15、图6－16、图6－17和图6－18所示。

统计图表与地图的综合使用可以输出为专题地图,即在地图背景上将属性的统计数据

图 6-7 线状地图

以图形的方式展示出来(图 6-19)。专题地图可以以图形化的方式突出表达地理空间实体的属性统计情况。专题地图主要由专题内容和基础地理两部分内容构成。专题内容即是专题地图上需要突出表达的地理空间实体的属性信息。基础地理是专题地图上用以确定专题内容发生或出现的具体位置的地理背景数据,主要包括经纬网、水系、境界等数据。

随着各种数字化系统的广泛使用,空间信息数字化产品成为一种广泛使用的数据产品。数字化系统主要包括遥感影像数字处理系统、空间信息系统、数字制图系统、地理环境虚拟系统以及各种地理环境三维仿真系统和数字决策支持系统。这些数字化系统提供的空间信息数字化产品的输出和显示是 GIS 应用和服务的最终形式。这些数字化系统可以综合应用,制作的数字化产品经过数据格式转换可以进一步作为其他系统的输入数据使用。

图6－8　面状地图

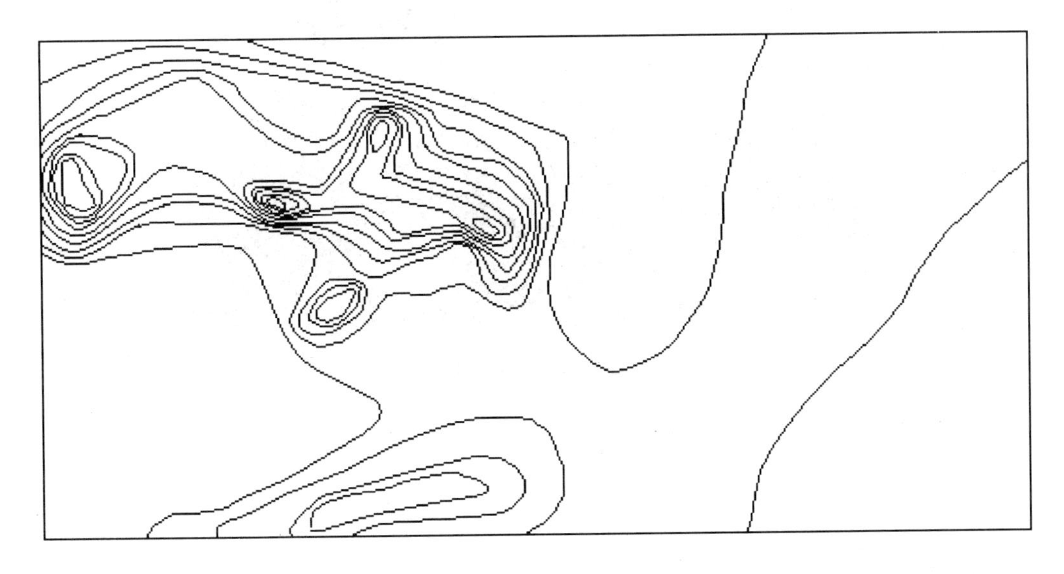

图6－9　等值线地图

图 6 - 10　三维立体图(图片来源于 map. sogou. com)

图 6 - 11　渲染图

图6－12 影像地图

图6－13 影像三维模拟地图

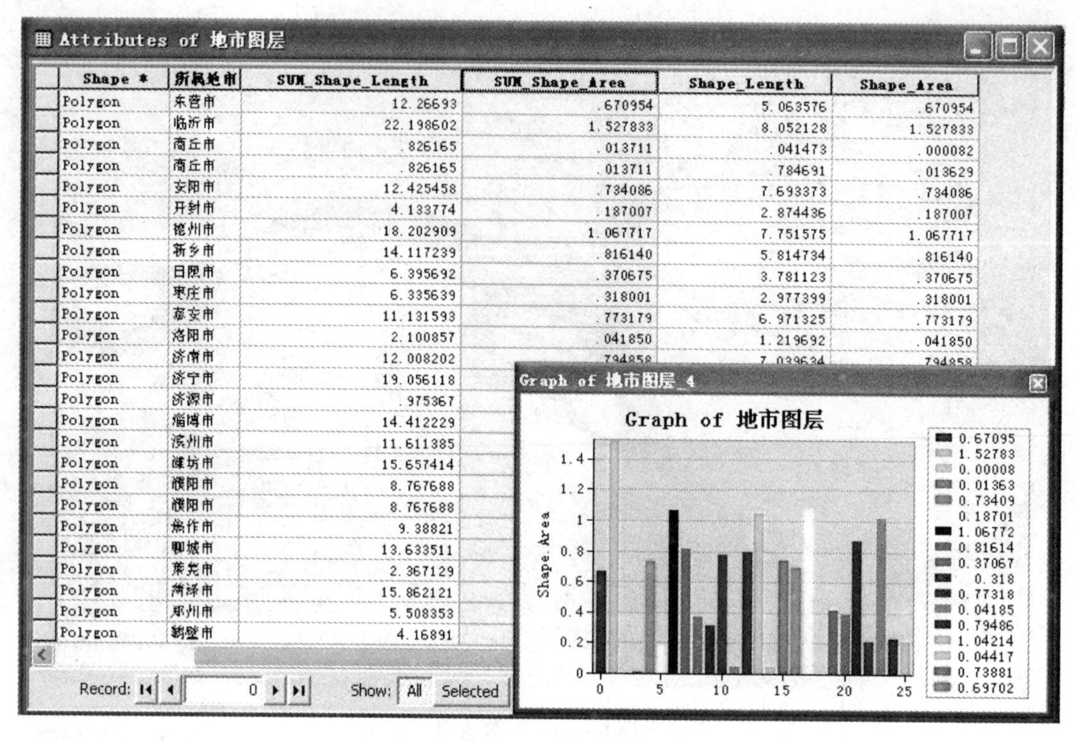

图 6－14　报表与柱状统计图

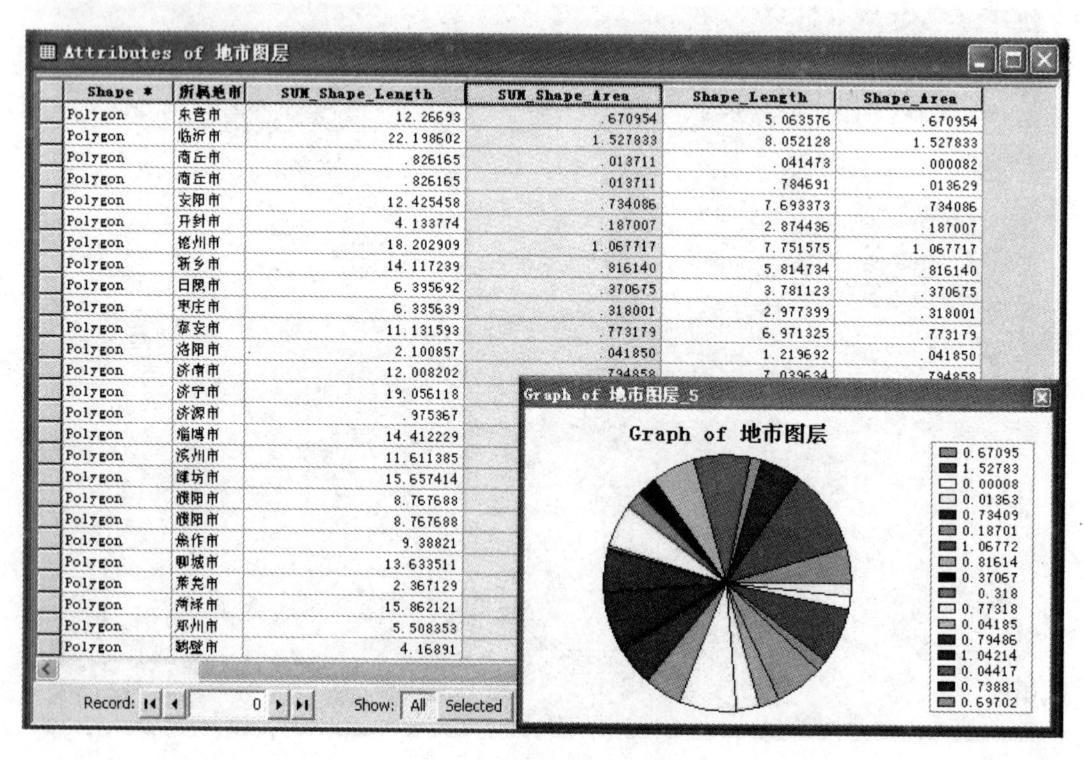

图 6－15　报表与扇形图

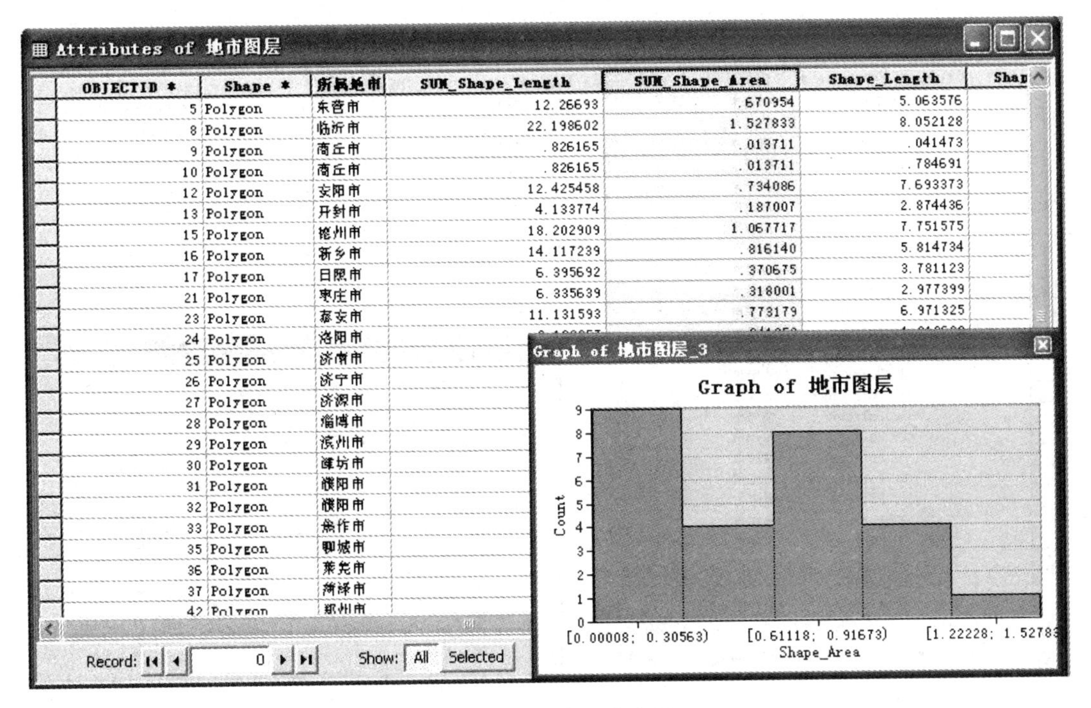

图6-16 报表与直方图

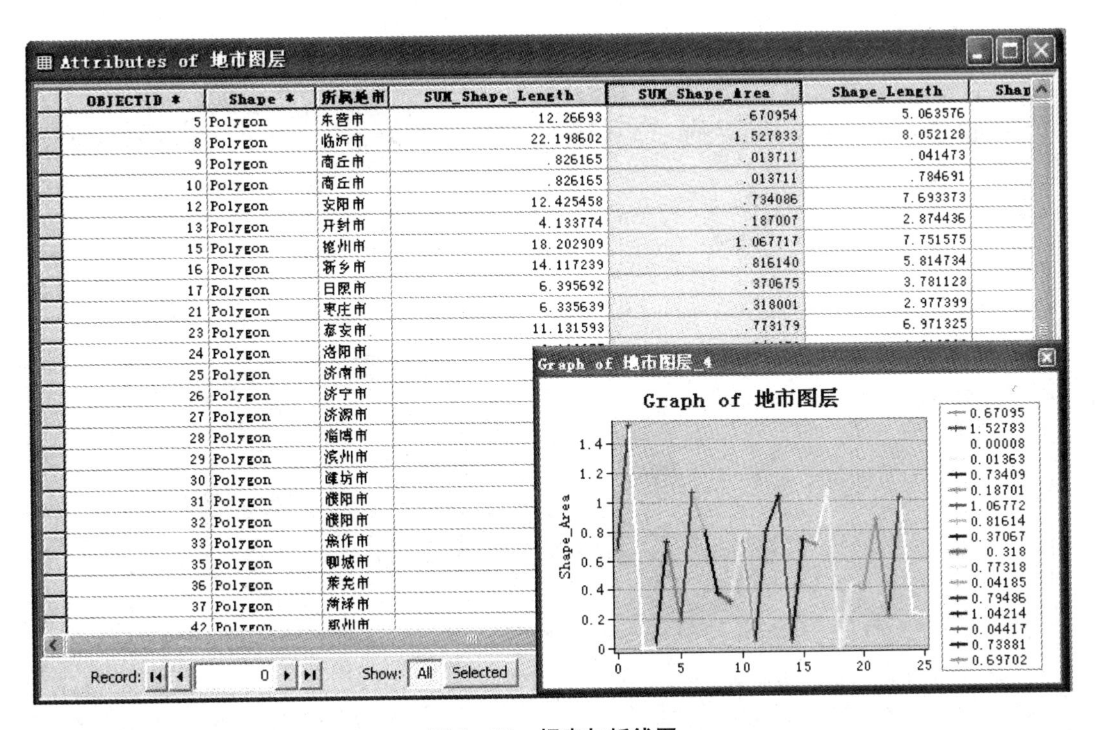

图6-17 报表与折线图

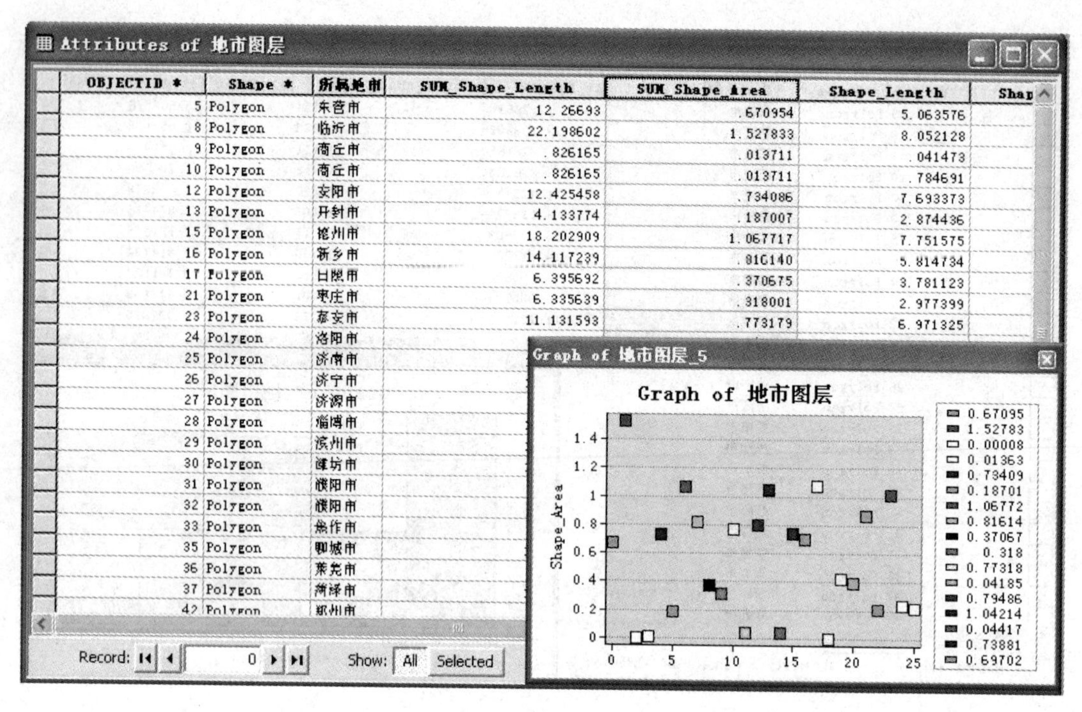

图 6－18 报表与散点图

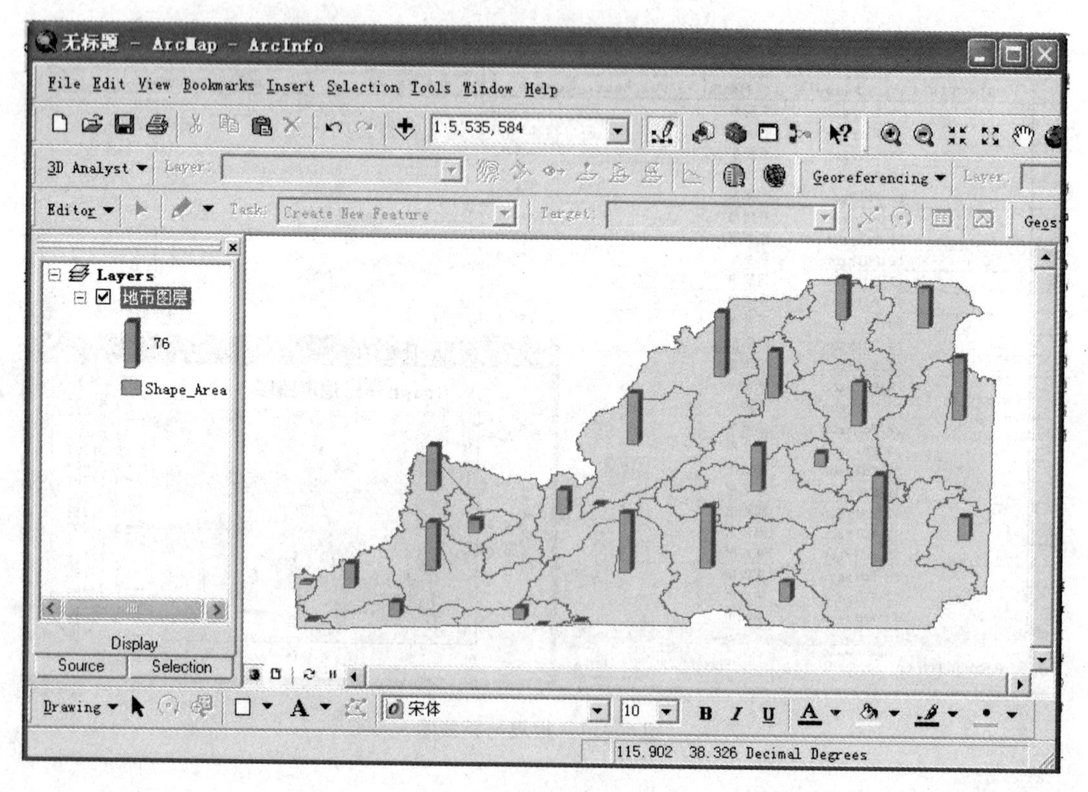

图 6－19 专题地图

6.2　新开发平台的专业应用与服务

6.2.1　GIS 开发模式

GIS开发专业的应用与服务系统，对于工程技术人员而言有两种开发模式。这两种开发模式主要是：①基础平台开发，即数据组织、数据结构和模型架构一切从零开始，也称为独立开发或底层开发，商业化成熟的基础GIS平台就属于底层开发；②应用平台开发，即在商业化成熟的基础平台上进行二次开发创新，完成专业领域的GIS应用与系统开发任务，二次开发又可分为简单二次开发与集成二次开发两种。

1. 基础平台开发

基础平台开发从空间数据的组织结构、存储管理、空间分析模型以及计算机算法程序都由设计者从零开始，独立设计并编码，不依赖已有的任何GIS基础平台。选用合适的程序设计及开发程序语言（如VC++、C#、Delphi等），在计算机操作系统的基础上构建上一层的运行系统，即编程实现GIS专业应用与服务。

GIS底层开发的优点在于开发的系统直接运行于操作系统之上，不需要依赖任何已有的GIS基础平台。GIS底层开发的缺点在于所有的工作都在操作系统的基础上开展。对于大多数设计者或企业团体来说，技术能力、开发时间成本、开发经济成本等方面都受到制约，不适合从底层开发。如果条件不具备，即便选择从底层开发，开发出来的产品在功能和技术上也很难与成熟的商业化的GIS基础平台软件相媲美。如果从底层开发，开发者不需要购买GIS基础平台软件作为支撑提供应用和服务，可以省去一部分开支。但是节省下来的资金可能抵不上开发者重新开发基础平台提供的应用和服务所需要的资金。而且重新开发基础平台提供的应用和服务，所耗的时间、精力、人力和物力都是一种浪费，如果技术上没有创新，只是进行低水平重复，就失去从底层开发的意义了。

2. 简单二次开发

简单二次开发有时候也称作功能定制，即在GIS基础平台软件的界面上增加或定制所需要的应用和服务功能。二次开发过程完全借助GIS基础平台软件提供的二次开发语言。GIS基础平台软件大多都提供可供用户进行平台拓展的二次开发宏语言。例如ESRI公司开发的ArcGIS基础平台提供了Python语言等。用户可以利用宏语言，在商业化成熟的基础平台软件的界面上进行拓展，定制并编码编译自己需要的具体功能。这种简单二次开发的方式可以节约成本，但是宏语言的程式化水平和能力较低，开发简单的应用功能采用这种方式可行。如果开发稍微复杂一些的功能，宏语言就会显得力不从心。

3. 集成二次开发

集成二次开发也称作组件集成，利用成熟的商业化基础平台软件提供的多种功能控件或接口，通过程序编码工具尤其是面向对象、可视化、高级语言编程工具将这些控件或接口进行集成。集成之后的界面可以独立于GIS基础平台软件的界面，可以直接调用GIS基础平台提供的功能，还可以开发专业领域的应用模型。集成二次开发主要利用GIS基础软件生产厂家提供的GIS功能控件和API，如ESRI公司提供的ArcEngine、MapInfo公司提供的MapX以及Skyline公司提供的TerraExplorer API等，在VC++、C#、Delphi、VB和Java等可视化编程语言的支持下编写应用程序，直接将这些控件提供的GIS功能嵌入应用程序之中，实现地理信息系统的各种功能。集成二次开发在利用控件和 API 进行集成开发时,可以充分发挥 GIS 基础平台软件的优势,即完备的空间数据组织、管理、分析功能,还可以利用面向对象、可视化、高级语言编程工具集成专业应用模型。这种开发方式使用的编程工具的编程效率高、操作方便,大大降低了应用 GIS 开发的时间和经济成本。开发的应用系统界面友好、可靠性好、易于移植、便于维护。

综上所述,独立底层开发难度太大;简单二次开发受 GIS 基础软件提供的编程语言的限制,开发效果差强人意;集成二次开发方式成为 GIS 应用开发的主流。

6.2.2 可行性研究

GIS 应用系统开发之前进行可行性研究是非常重要的环节。可行性研究主要是进行大量的现状调查,分析存在的问题。在调查分析的基础上,论证 GIS 应用系统涉及的关键技术、资金投入以及投入之后的可能效益等。经过论证后确定应用系统的开发目的、开发任务。可行性研究还需要评估数据支持的情况、应用系统的服务范围和应用系统运行需要的支持环境等。这一阶段的工作主要包括以下几点。

1. 客户需求分析

客户需求分析是指对 GIS 应用部门或其他相关部门的管理者和技术人员进行咨询和交流,了解客户对 GIS 应用系统在功能和业务上的需求情况。与 GIS 应用系统使用部门的各级机构从上至下的咨询和交流,总结目前和将来在业务流程上对 GIS 的需求,并了解需要 GIS 提供什么功能、传输什么空间信息以及空间信息的表达方式等;从下至上的咨询和交流,总结 GIS 应用系统使用部门完成一项专业工作的流程,并了解所需要的空间数据内容和数据传递的流程以及数据处理手段,查清客户为提高工作效率和改进工作方式进行了哪些尝试以及客户对业务流程实现信息化和科学化的愿望与意见。

2. 系统建设目的和任务

一般来讲,应用 GIS 的开发与建设应具有五个方面的目的和任务:①空间数据与专业数据的统一管理,并可以制图输出;②空间指标量算;③空间过程或现象模拟;④空间分析与综合评价;⑤决策支持。

3. 数据源调查和评估

数据源是 GIS 应用系统运行的关键环节。系统开发人员和技术人员需要调查分析数据源情况,并评估数据的质量,分析现有的数据是否齐全,如果不全,分析怎么收集或采集所缺数据;分析现有数据的数据格式、精度,评估这些数据的可用性和可靠性;分析调查什么数据通过什么方法处理或分析,能变换成有用的信息。

4. 系统应用分析

评估系统开发应用之后的年工作量,分析系统需要配置的数据库结构和大小,分析系统应用需要服务的范围。系统应用提供空间分析,为最终的决策支持提供依据,因此系统输出的产品形式和质量要求需要在可行性研究阶段仔细分析。

5. 系统的支持状况

在可行性研究阶段还需要分析系统运行所需要的支持,这些支持包括所需的人力、财力情况。人力状况需要了解客户单位的技术人员和管理者的 GIS 水平与素质,即了解目前客户单位有多少人员熟悉掌握 GIS 知识和技术以及有多少人员仅仅了解一些 GIS 知识,此外还要分析培训成本。财力情况需要分析目前的系统开发以及需求部门所能提供的投资金额和后期逐年的维护投资金额。

根据咨询交流及分析的结果,制订可行性研究报告,设计 GIS 应用系统开发架构和规模。系统架构包括 B/S 和 C/S。可行性研究报告还需要估算系统开发所需的人力和财力情况。可行性研究报告需要根据社会信息化和技术现代化的程度,分析 GIS 应用系统开发的社会必要性和技术可行性。GIS 应用的经济效益、开发经济成本、开发时间成本(进度)等都要在可行性研究报告的结论中做出粗略估计或决断。

6.2.3　开发模式和平台选择

在可行性调查研究的支持下,选择 GIS 应用系统的开发模式和开发所需要的基础支撑平台。根据 GIS 应用系统需要解决的问题的复杂性、问题解决的难易程度和客户的需求选择开发模式。根据问题的复杂性和需求部门所能提供的财力支持状况选择 GIS 应用系统所需要的二次开发基础平台。

6.2.4　系统设计

系统设计是 GIS 应用系统开发的重要环节。在 GIS 应用系统编码之前如果没有进行系统设计,系统编程就不会有明确的总体方向,这样会导致系统开发过程的效率低下、进度难控和成本浪费等不利因素出现。系统设计需要根据系统开发的目的、系统需要提供的业务功能以及目前的数据情况进行。一般而言,系统设计需要首先进行功能模块的设计,即根据系统研制的目的,设计系统的数据处理和空间分析功能;其次是数据库设计,根据数据源的情况,进行数据分类和编码,并设计存储空间数据的数据库关系表格的字段;最后是应用设计,根据 GIS 应用系统需要完成的任务,进行专业应用模型的设计和计算机算法程序化设计,设计系统应用后需要输出的产品形式。系统设计是 GIS 应用系统软件开发整个过程的核心工作。

系统设计阶段需要编撰系统总体设计报告。报告需要规划系统开发的规模和系统的各个组成模块。根据 GIS 应用系统开发的具体目标,需要理清并设定应用系统中各个子系统之间的数据传递关系和调用关系,确定系统运行需要的软硬件配置需求。在报告中还需要明确系统开发需要遵循的技术规范,实现系统开发的总体目标。

系统设计其实就是将 GIS 应用体系的需求翻译成数据结构和系统结构。

6.2.5　详细设计

详细设计是在系统总体设计之后进行的,这个阶段需要编写详细设计报告。在前述的系统总体设计报告中把所估算的硬件和软件的总投资、人员培训费用及数据采集费用等作为 GIS 应用系统开发所需要的投资总额。系统总体设计报告中还需要估算 GIS 应用系统运行一定时间后能产生的社会经济效益,总体上估计 GIS 应用系统开发的投入与产出。如果总体设计报告结论令人满意,则进入本阶段的工作,即系统详细设计。

详细设计是将系统总体设计阶段确定下来的功能结构进行细化分解,详细到具体的每一个菜单环节,并设计详细的数据结构和算法。详细设计有时候也称作系统开发的过程设计。

GIS 应用系统详细设计的原则是:①选择恰当的建模工具,最大程度保证算法设计容易理解和可阅读性强;②采用面向对象设计;③采用结构化设计方法;④模块的逻辑关系描述要清晰。

详细设计的过程是:①确定每个模块的算法;②确定模块的组织关系及模块的数据流;③设计模块单元的测试用例;④编写《详细设计说明书》;⑤设计评审。

详细设计的内容是:①程序总体描述,简要描述系统开发的意义和特点,用图和表列出系统的每个模块和子程序,描述每个模块和子程序的名称、标识符、层次结构关系;②程序详细描述,详细描述系统的每一个功能、性能和系统接口,主要包括输入参数、输出参数以及算法程序化过程等。其中,①功能指描述程序应具备的所有功能;②性能指描述功能的精度、灵活性和生命周期等;③输入指描述输入参数的个数和类型;④输出指描述输出参数的个数和类型;⑤算法程序化过程指描述每个功能的具体计算步骤和过程;⑥系统接口指描述各个模块之间的调用关系、调用方式和参数设计以及每个模块输入输出数据的组织结构。

6.2.6 系统开发

详细设计完成后则进行系统开发工作,这个阶段的主要任务是编写代码。将详细设计的内容用可视化编程语言程序化,并将各个子系统进行集成,编译执行可执行程序。在试运行阶段,选择建设范围内的数据区域子集对系统的各个组成模块、所有功能进行单元测试和总体试验。在测试时不仅测试各模块的工作性能,同时还要测试各模块之间的调用协调性和数据交互性能,测试空间数据的处理速度和精度,测试系统是否工作正常、运行状况是否良好。如果发现GIS应用系统有运行异常的状况,需要在规定的响应时间范围内,积极查明问题的根源,然后调试程序或更换硬件,做出合理处理。

6.2.7 系统运行和维护

系统开发成功后,下一步工作是将系统部署在用户的工作环境中运行系统,系统在运行过程中需要用户的维护,如果运行中出现问题需要进行完善。

当GIS应用系统不断地为用户提供决策支持,用户也会不断地提出新的需求。几年之后,用户会提出功能的更新和扩充。新技术和新方法的引入,会使应用系统得到进一步的提高。

6.3 GIS大众应用与服务

由于GIS涉及的技术都属信息技术的范畴,GIS从诞生之日起就是信息技术领域的一个大研究方向。但是长期以来,却总是处于IT领域内不被了解的边缘。随着IT革命的进一步深入,即网络技术、移动设备技术的飞速发展,使得电子政务、市政建设、抗洪抗旱、抢险救灾等领域对IT的需求猛增,同时GIS应用和服务也被推到了台前。

GIS的应用和服务不断向各行业领域发展,提供精美服务,逐渐走向IT主流,成为IT产业异军突起的领域。GIS受众多IT技术支撑,但它又不是单纯的IT技术集成。GIS诞生的背景是IT技术在测绘、地理、地质等地球科学学科中的深入应用,因此GIS与这些地球科学技术有着密切的关系。GIS既是地球科学家的电子地球,又是寻常百姓出行的电子北斗星;既是军事参谋部门的电子沙盘,又是司机驾驶室的车载导航;既能俯瞰全球,又能游览街道风景。发展到现在,GIS的应用与服务已经如影随形。

GIS的本质是为人类活动提供便捷的服务。GIS是用来服务人类建设、服务社会生活的。抛开技术问题,GIS应用是一个实实在在的服务行业。GIS应用与服务的发展对社会生活实践活动的最大冲击来自于因特网的发展,来自于Google Earth提供的精准位置服务的大众广泛体验。

6.3.1 Web GIS应用与服务

Web GIS是Internet互联网技术和WWW技术与GIS深度结合的产物。Web GIS是GIS实现异地互操作的最佳解决方案,在互联网的支持下,实现多个服务器(HTTP服务器及应用服务器)异地分布,客户端异地访问,多个主机无缝并发访问多个数据库,使GIS向交互式、分布式和动态式的方向发展。GIS通过WWW技术真正走入寻常百姓的生活,成为大众生活中经常使用的工具。大众用户可以从WWW的任意一个接入点访问Web GIS的服务站点,浏览服务器上的空间数据,进行各种空间检索和空间量算与空间分析,并制作符合自己要求的空间专题地图。GIS通过Web技术走入千家万户。

Web GIS具有桌面C/S架构GIS的大部分空间分析功能,还具有Internet支持的B/S架构GIS的优势。即用户不需要在自己的本地计算机上安装GIS软件,通过Web浏览器就可以访问远程的GIS空间数据库和GIS应用程序,在Internet支持下,提供地理数据、地理数据处理以及地图服务等。

1. Web GIS的基本特征

1)Web GIS是用户全球化系统

Web GIS应用客户端/服务器概念来分解GIS的服务。把需要执行的任务分为服务器端和客户端两部分。客户通过客户端向服务器端发送任务请求,服务器端向客户回应请求。服务器端的响应方式可以分为两种情况:一种是将请求的任务在服务器端完成并将运行结果传回给客户;另一种是将完成请求任务需要的数据、工具或程序从服务器端返回给客户,由客户在客户端执行任务。Web GIS是B/S架构,用户可以全球化。

2)Web GIS是交互系统

Web GIS允许用户在Internet上操作空间数字化数据,即利用各种Web浏览器(如IE、Firefox等)完成部分GIS操作的基本功能。例如,在浏览器中zoom(缩放)、pan(拖动)、label(标注)在线地图;还可以执行空间查询,查询服务器端的空间数据库,检索“离客户最近的旅馆或饭店”;甚至可以在浏览器中执行更高级的功能空间分析,实现缓冲分析和网络分析,如在Google Map、Baidu Map、Sohu Map中的自驾路线规划等。在Web浏览器上执行GIS操作功能同使用C/S版本的GIS应用系统软件一样,完全可以实现人机交互,实现请求与响应交互。

普通的Web浏览,服务器主要通过图像和文本响应用户,即便是有图形出现也是栅格结构的图形。但是Web GIS需要处理大量的矢量格式的空间数据,服务器端有时候是直接响应的矢量格式的图形数据,通过可扩展的标记语言实现。Web GIS是一个名副其实的交互系统。

3)Web GIS是分布式系统

Web GIS可以将数据和分析工具部署于异地并且是不同的计算机服务器上,通过互联网发布服务。用户可以从互联网的任何地方接入,并发送请求,访问这些数据和分析工具。即在本地计算机上不需要安装GIS空间数据和空间分析工具即可访问异地数据库和分析工具,获得空间服务,达到Just-in-time的性能。

Internet 的一个显著特点就是通过浏览器可以访问分布式数据库和执行分布式处理。即将服务和应用分布式的系统部署在跨越整个 Internet 的不同计算机上,Web GIS 在 Internet 支持下实现分布式系统的功能。

4)Web GIS 是动态系统

由于 Web GIS 的分布式部署,空间数据库和 GIS 应用程序独立于 Internet 上的不同服务器上,数据和程序可以独立更新。Web GIS 提供的服务和应用由系统维护人员管理,随时可能更新。Web GIS 提供的数据可以由系统维护人员管理,且及时更新,也可以由授权用户更新。对于异地客户来说,在每次访问 Internet、请求服务和应用时,将得到最新的服务和应用。数据和程序都有可能是最近更新过的。因此,对于远程用户来说,Web GIS 是一个动态更新的系统,可以保持系统数据的适时性,保持 GIS 的应用和服务与需俱进。

5)Web GIS 是跨平台系统

Web GIS 不受计算机和操作系统的限制,只要能接入 Internet,用户就可以访问和使用 Web GIS 提供的应用和服务。随着 Java 的发展,用户不必关心服务器端运行的是什么计算机或操作系统,任何时候接入互联网都可以访问服务和应用;服务器端也不用担心异地用户由于设备或操作系统的原因而不能访问 GIS 的服务和应用。在 Java 技术支持下,Web GIS 可以做到一劳永逸,即编写一个程序,可以在任何环境运行,使 Web GIS 的跨平台特性体现得更加淋漓尽致。

此特性是 Web GIS 的重要发展方向。Web GIS 的跨平台特性使得 GIS 在不同的操作系统环境和地理异构环境下实现为客户端提供空间数据共享、服务和应用的共享。Web GIS 的跨平台特性可以实现更广泛的互操作性。OGC 提出的地理数据互操作规范为 GIS 互操作性提供了基本的规则。随着 Web 技术和标准的飞速发展,完全互操作的 Web GIS 将会成为现实。

6)Web GIS 是图形化的超媒体信息系统

Web GIS 继承了 Web 技术中的超媒体技术,即可以将其他地图 Web 页当作超媒体通过超链接技术链接在当前正在访问的地图 Web 页上。在 Web 技术的支持下,Web GIS 可以集成其他多媒体信息。例如,Web 用户可以在浏览小比例尺地图的时候,通过地图上的热链接链接大比例尺地图;还可以把动画、音频、视频或其他媒体通过超链接技术链接在当前访问的地图 Web 页上,实现 Web GIS 与多媒体的集成,丰富 GIS 内容展示能力。

2. Web GIS 的基本要求

1)Web GIS 应当是共享的

Web GIS 服务应该向用户开发,能够共享不同来源、不同比例尺度的空间数据;Web GIS 应该能使客户方便地访问存放在不同地点的地理数据;Web GIS 应该能够和其他应用软件集成;Web GIS 应该能通过 Java、CORBA、DCOM 等技术支持与 C/S 模式协作运行。

2)Web GIS 应该能在因特网环境下运行

Web GIS 应该能够使用因特网协议标准通信,将 GIS 应用和服务集成在 Web 服务器上;Web GIS 应该能够通过普通浏览器,便捷地访问 GIS 服务和应用;Web GIS 应该能够发布和共享地理信息,成为走进大众生活的服务系统。

3)Web GIS 应该能够支持异构环境

Web GIS 提供的数据应该能分布存储和读取;通过互操作技术,Web GIS 应该能共享分布的数据对象;Web GIS 应该通过分布运算提供应用和服务,在操作系统异构或地理位置异构的多个硬件平台上协作运行，使网络资源的利用效率最大化。

4）Web GIS 应该能够实现远程查询和异地存取数据

Web GIS 需要构建统一的数据结构规范和操作规范协议，方便用户在异构环境下远程访问 Web GIS 的空间数据库，在权限允许的情况下修改或存储空间数据。

3. Web GIS 的基础技术

1）空间数据库管理技术

空间数据库是 GIS 应用和服务的核心。无论是 C/S 模式还是 B/S 模式的 GIS，空间数据库都是 GIS 应用和服务的关键。空间数据库管理技术是 Web GIS 的基础技术。通过 SQL 语言和 ODBC 实现空间数据库的管理，并为 Web GIS 服务。

2）面向对象方法

面向对象方法是处理地理空间问题非常理想的方法，Web GIS 也不例外。面向对象是对现实世界的认识方法，面向对象技术后来被用于计算机编程技术。面向对象技术包括很多内容，主要有面向对象分析（OOA）技术、面向对象设计（OOD）技术、面向对象语言（OOL）技术和面向对象数据库管理（OODBM）技术等，这些技术在地理信息系统开发中得到了非常广泛的应用。这些技术也是 Web GIS 开发的基础技术。

3）客户端/服务器模式

客户端/服务器模式不仅在 C/S 架构的 GIS 系统中存在，在 B/S 架构的 Web GIS 中同样存在，含义非常广泛。异构环境下数据存取、应用和服务的分布式提供都需要客户端/服务器模式支持。这种模式可以平衡客户端与服务器之间的工作量，包括数据通信和地理运算。Web GIS 使用这种模式可以在服务器端处理繁杂的业务请求，大大降低服务器端向客户端传输空间数据的流量压力。应用客户端/服务器模式的 Web GIS 系统，可以使网络资源得到充分利用，能够提高用户对 Web GIS 的体验。

4）组件技术

组件技术是制造业的成功经验，可以避免重复编码系统和浪费人力财力资源。组件技术就是开发插件（Plug-In）、组件（ActiveX）和中间件（Middleware）来集成相关应用和服务。组件技术在 C/S 架构的桌面 GIS 中得到了广泛应用，同样是 B/S 架构的 Web GIS 开发不可缺少的基础技术。这种技术可以减少软件开发的成本，提高开发团队分工合作的效率和缩短软件开发周期。

5）分布式计算机平台

分布式计算机平台技术，目前有 OMG 的 CORBA/Java 标准和微软的 DCOM/ActiveX 标准。利用 Web Service 设计分布式计算机平台可以提高闲置的个人计算资源的利用率。分布式计算机平台可以提供大规模的计算服务和应用。

4. Web GIS 的应用案例

成熟的 Web GIS 应用案例有国外的 Google Earth、Google Map 等，国内成熟的 Web GIS 应用案例有天地图、百度地图等。

5. Web GIS 的发展趋势

Web GIS 是 GIS 技术和 Web 技术结合的产物，是 GIS 应用和服务在因特网环境下的发展形势。随着云理论、云计算技术等先进的科学思想的发展和应用尝试，单纯 C/S 架构的 GIS 应用和服务将逐渐被替代，退出 GIS 应用舞台的中心。尽管现在还有许多部门机构和项目还是以 C/S 架构的 GIS 应用为主，但是相信在不久的将来都会向云架构转移。

Web GIS 应用的最终目的是提供服务。服务的质量和应用体验是客户最关心的,而非系统所使用的数据。如何提供优质、便捷的服务是 Web GIS 开发的重点。

Web GIS 的发展将不再以 GIS 作为其核心价值部分,而趋向于与某一行业应用结合,为良好的体现其在某行业的应用价值而不断地变换其展现方式。如与移动通信行业结合,产生出的 LBS 服务。

6.3.2 Mobile GIS 应用与服务

移动 GIS(Mobile GIS)是以无线通信为支撑、以移动终端结合定位系统而发展的 GIS 应用和服务。移动终端包括目前先进的智能手机、车载终端和平板电脑。定位系统主要包括中国的北斗系统、美国的 GPS 系统或通信基站定位等。Mobile GIS 是继桌面 GIS 和 Web GIS 之后的新 GIS 应用和服务。目前,移动定位、移动办公等成为企业或个人的热衷,Mobile GIS 也是其中的重要组成部分。基于 Mobile GIS 的各种应用和服务层出不穷。

地图是 Mobile GIS 应用和服务的核心。地图组织和表达对 Mobile GIS 的应用和服务的效果非常重要。Mobile GIS 使用的地图以矢量地图和渲染好的栅格地图为主,有时候也使用遥感数字影像图。这些地图可以在线提供,也可以下载后存储于移动终端。

Google 地图、诺基亚的 OVI 导航地图、凯立德及高德等导航地图等都属于 Mobile GIS 应用和服务的范畴。这些地图有离线的也有在线的,有瓦片式的也有矢量式的。当然具体的存储和传输方式,随着技术的发展,未来会不断变化。对于用户来说,离线或在线都是需要的。对于 Mobile GIS 行业来说,应该以离线矢量地图或离线瓦片叠加离线矢量为主。但是随着技术的发展,需求方式会发生变化,以 OGC 为代表的在线地图服务将是未来的发展趋势。

Mobile GIS 与 Web GIS 和桌面 GIS 相比,核心技术并没有什么大的区别,Mobile GIS 仍然需要处理空间数据的各种技术。这些技术主要包括空间数据的存储、索引、传输、编辑、分析等。但是在移动设备上需要更多地考虑算法效率、服务端的通信资源。

移动端与服务端通信通常有两种模式:SOCKET 通信和 HTTP 通信。这两种方式互有优缺点,具体选择哪种交互方式,可根据具体项目需求而定。当前主流的 Mobile GIS 开发组件有 ArcGIS Mobile 和 UCMap。

ArcGIS Mobile 是目前 ArcGIS 应用最广的移动产品之一,基于 Windows Mobile 平台,最新版本是 ArcGIS Mobile 10.0(支持 Windows Mobile 6.5)。其特点是拥有空间数据的离线缓存格式,可下载到本地离线使用,也可与 ArcGIS Server 之间随时进行各种比例的空间数据交换和缓存同步;基于任务模式,由工作流驱动,非 GIS 人员可以很快上手;可进行离线数据编辑、属性/空间查询、外业人员协作等任务;具有丰富的定制功能,并提供功能全面的 SDK,可进行二次开发。

UCMap 是南京跬步科技推出的嵌入式 GIS 开发包,支持矢量和瓦片地图,支持在线和离线。UCMap 延伸 GIS 在移动端的应用,提供了 Android、IOS、Windows Phone 等系统下的开发包 SDK、DEMO 演示程序和相关文档,便于开发人员在手机或平板电脑上建立 Mobile GIS 应用(图 6-20 和图 6-21)。

图6-20　Mobile GIS在手机的应用

图6-21　Mobile GIS在车载终端的应用

Mobile GIS已在各行业得到广泛应用和服务。例如土建沉降观测、水利普查、水文水资源调查、港口航道管理、港口物流、船舶监控、应急救灾联动、环境污染调查、移动环保、移动测绘、实时交通、车载导航、手机定位、管线巡检、城管巡查、移动执法、林业普查、国土监察、路政巡查、移动气象、军事指挥、无线电监测、LBS服务等(图6-22)。

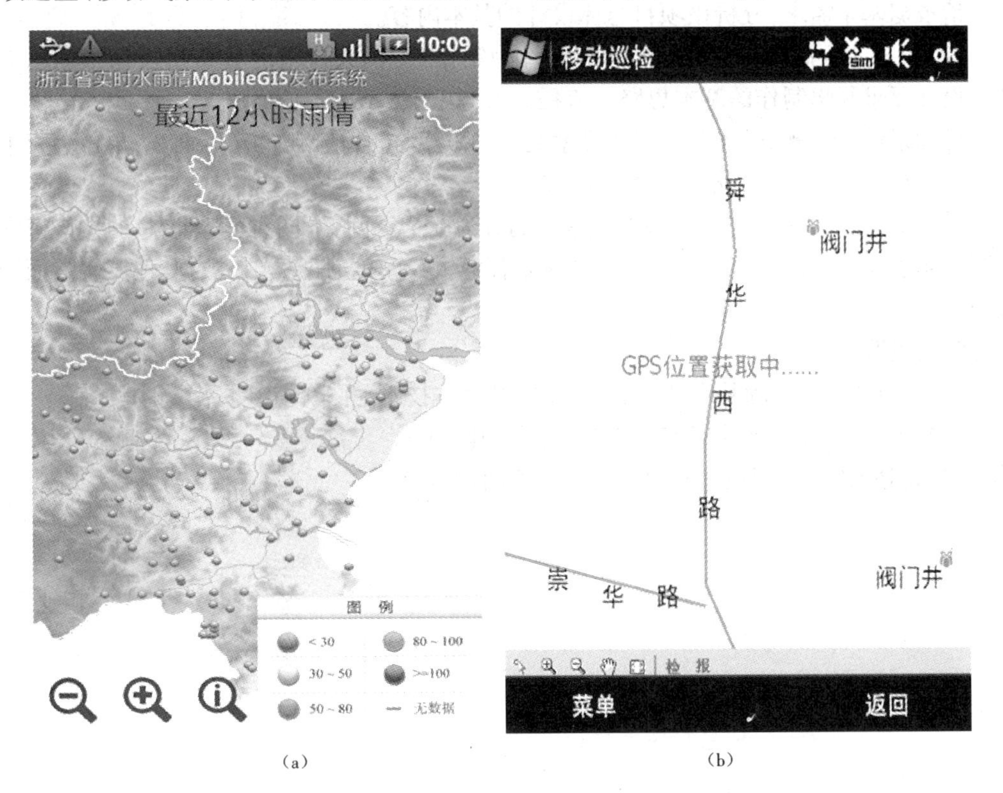

(a)　(b)

图6-22　Mobile GIS行业应用

(a)移动气象　(b)移动巡检

练 习 题

1. 名词解释

(1)总体设计。

(2)详细设计。

(3)Web GIS。

(4)Mobile GIS。

2. 选择题

(1)GIS信息产品的输出方式(　　)。

A. 屏幕显示　　B. 矢量绘图　　C. 打印　　D. 栅格绘图

(2)GIS信息产品的输出类型(　　)。

A. 地图　　B. 图像　　C. 渲染图　　D. 统计图表

3. 问答题

(1)如何进行GIS开发的可行性研究?

(2)GIS开发详细设计的原则、过程和内容是什么?

4. 分析题

(1)某市卫生主管部门欲借助GIS技术建设“突发公共卫生应急指挥系统”,基本需求如下:①实时发布疫情信息;②监测预警、预防准备;③指挥救援、分析评估;④生成统计报表。请根据基本需求,分析该项目总体设计的基本内容。

(2)某校GIS制图专业的期末课程设计为制作“中国人口密度分布图”,请根据已知条件与设计要求写出制作的基本思路与流程。

已知条件:①中国行政区划图线要素文件;②各省(直辖市)的实际面积,单位为万平方千米;③人口密度为每平方千米的人口数。

设计要求:①可视化要求,将人口密度划分为6个区间,不同省(直辖市)的人口密度用不同的颜色显示;②管理要求,可以检索满足任意人口密度、任意人口数据、任意实际面积的区域。

5. 论述题

(1)论述WebGIS的基本特征、基本要求和基本技术,并举例说明。

(2)论述GIS基础平台的专业应用,并举例说明。

(3)论述GIS二次开发的步骤,并举例说明。

第7章　地下管线GIS开发与应用

当今,随着计算机技术的迅猛发展,数字地球、智慧城市的时代已经来临,城市的基本建设和市政设施管理需要更加科学化、信息化。对于城市尤其是新建区的各种地下管线,当铺设竣工后,将其及时制作成电子地图和信息管理系统,能方便市政部门的管理和维护,因此地下管线GIS应运而生。本章结合一个地下管线GIS工程项目的开发案例进行讲解。该系统的建设区域位于天津经济技术开发区的化学工业区。

7.1　系统目标和特性

7.1.1　系统目标

地下管线GIS是GIS在电子政务和土建工程领域的重要应用,是一项投资大、耗时耗力的工程,是管理者管理地下管线的有力工具。建设地下管线GIS必须按其建设目的确定目标。

1. 实用性

系统开发需要能完整地管理各种管线、管件的空间和属性信息。系统必须能涵盖使用单位的各种业务,需要能很好地服务于管线管理,并且能提高管线管理水平。

2. 稳定性和安全性

解决管线管理和管线工程中的各种需求,系统需要稳定可靠的运行。每个城市的各种地下管线地理信息严格上将具有保密性,尤其是政府、军队各种专用的管线地理信息更是具有较高的保密性,因此地下管线GIS需要保证数据的安全和系统的安全运行。

3. 规范化和标准化

地下管线隶属于城市各专业权属部门,地下管线GIS是城市GIS的组成部分。GIS管理地下管线必须遵守相关标准和规范。规范化和标准化的系统才能方便与其他系统的集成,方便信息共享。

4. 技术先进,使用方便

地下管线GIS需要采用先进技术,保证系统的先进性。系统需要设计友好的交互界面,更人性化的设计,能使用户体验提高。实现这些基本目标,才可能使系统发挥管理工具的作用。

7.1.2　系统特性

1. 工程特性

地下管线GIS开发过程中数据采集的投入大、实施阶段多、程序开发工序多、数据流程复杂、系统质量要求高,其建设过程具有非常明显的工程特性,因此建设过程需要按照工程项目来管理。系统开发需要遵循以下规律:①按工程项目过程管理的严格要求,推动整个系统的开发过程;②按地下管线信息系统建设标准和技术规范执行;③实行全过程的质量控制。

2. 服务性

地下管线GIS需要提供优质的应用与服务，具有服务性。提高服务性需要处理好以下两方面内容：①能及时修改、更新管线的基础地理信息和属性信息，使系统管理的数据始终保持较好的现势性，才能维持系统存在的必要性；②在系统运行一定周期后，根据客户新的业务需求，系统开发者需要完善并扩充更新地下管线GIS的管理水平和分析能力。

3. 普遍性

地下管线GIS的组成和一般的GIS一样，具有普遍性。地下管线GIS由以下五个部分组成：①硬件设施环境，包括必要的计算机、通信网络设施、移动平板电脑或其他终端；②软件环境，包括操作系统软件和地下管线GIS应用软件；③数据环境，各种基础地理数据和管线数据；④人员环境，对于一个GIS应用系统，如果没有人员的参与是没有任何意义的，所以人员环境非常重要，一个应用系统从设计、到建设、再到运行与维护，整个过程中都需要不同技术水平和素质的人员参与，主要包括系统设计人员、系统编码开发人员、系统测试人员、系统管理人员、系统使用人员以及系统维护人员；⑤方法，包括系统建设的方法和系统进行空间分析的方法。

4. 特殊性

地下管线GIS是GIS在管线电子政务管理方面的拓展，具有特殊性。管线管理的业务流程是系统建设必须重点考虑的内容，因此系统使用人员对于系统的成功建设非常重要，与使用人员的大量交流是系统建设的重要环节。

系统建设过程中，以上四个方面特性中的任何一方面都需要认真对待，否则不可能建设成功的地下管线GIS。目前，许多管理者认识到建立城市管线GIS的重要性，而且也有很多城市已经或正在建设管线GIS。按照系统本身的特性建设，是建设成功系统的保障。

7.2 可行性论证

地下管线GIS建设具有工程性，必须按照工程要求展开工作。与其他地理信息应用平台一样，系统建设需要展开以下几个阶段的工作：①可行性论证并立项；②需求调查，业务流程分析并制订总体设计方案；③数据结构与流程分析并制订详细的设计方案；④数据库总体架构与关系表结构设计；⑤软件研制开发，编写代码；⑥数据采集入库，单元试验；⑦系统集成及系统试运行；⑧工程验收，系统维护等。

可行性论证是系统建设中靠前的工作，也是系统成功建设的保障。可行性论证需要从以下几方面考虑：①系统建设的必要性，资金需求；②分析系统使用单位的基础资料和数据条件、软硬件设施及人员技术条件是否具备；③进行调研与招标，选择合适的合作伙伴；④选择平台软件，分析地下管线GIS运行需要的系统软件和支撑软件，广泛了解同类系统的产品化程度、工程能力、样板工程等；⑤分析合作伙伴的规模、队伍结构、技术水平、开发能力；⑥分析系统开发的解决方案是否合理；⑦分析系统开发单位的可信度、对承诺的实际执行力调查。

在选择平台时需要充分了解平台的产品化、商品化程度。产品化的标准是平台成熟稳定、功能完善及各种技术文档齐全。选择产品化的平台有助于地下管线GIS应用系统的开发。系统建设的可行性论证经过充分讨论和论证后，需要编写可行性研究报告，提供给决策部门使用。

7.3 需求调查与分析

7.3.1 需求调查

需求调查和需求分析是建设各种信息系统必须要做的工作。需求调查需要系统使用单位和系统开发人员共同合作、充分交流,使系统建设者对系统使用单位情况及系统的工作任务有充分认识。地下管线 GIS 的需求调查内容主要是:①调查客户单位在管理管线工作过程中的业务需求和业务目标等;②调查系统使用单位的部门设置、部门分工及组织联系;③调查业务流程、数据流程、输入输出产品形式需求;④调查系统数据需求,基础地理数据和管线数据的需求;⑤调查系统使用单位的计算机及网络设施配置情况,专业技术人员的现状,了解培训需求;⑥调查系统使用单位各部门对管线管理信息化的期望。

天津经济技术开发区化学工业区是本章案例系统的工作区。该区建立于 1996 年 10 月,地处中国三大经济带之一的环渤海经济带中心区域,位于天津滨海新区的北部,距天津市中心区 61 km,占地面积 27 km^2,毗邻中国年吞吐量第三大港口——天津港。该区重点发展化学工业,其中的产品主要包括海洋化工产品、精细化工产品和石油化学的中下游产品,因此对地下管线的依赖程度非常高。

经过十多年的开发建设,天津经济技术开发区化学工业区已初具规模,各种市政基础设施的建设在统一规划设计的部署下已经全面展开,尤其是各种地下管线的铺埋,例如电力电缆、供热管道、通信电缆、给水管道(包含消防、绿化、自来水)、排水管道(包含雨水、污水)等,纵横交叉,错综复杂。对于这些地下管线竣工后的运营管理,若仍采用传统的纸质地形图和报表,查阅起来很不方便。另外,某些地下管线在使用一个时期后将不可避免地需要维修或改造,由于埋设在地下,而且往往都是沿道路一侧多种或多条管线并排铺设在一起,如果其平面位置和深度的信息不准确或不全面,当进行维修、改造等新的施工时,很容易造成自身管线或其他邻近管线的破损、毁坏,严重时会引起大面积的漏水、漏污、漏气、触电等恶性事故的发生。

7.3.2 需求分析

对需求调查和交流所获得的数据进行分析,研究客户的每项需求并模型化为地下管线 GIS 的对应功能。需求分析主要由系统开发人员和设计人员完成,但这期间也需要和系统使用部门交流。需求分析的目的是使系统开发人员进一步明确系统使用人员对系统的需求。需求分析需要分析的内容有:①分析系统的功能框架;②分析系统的逻辑结构;③分析系统的技术开发框架;④分析业务信息的传递过程、数据进出的传递过程、系统功能之间的逻辑关系。

天津经济技术开发区化学工业区地下管线 GIS 开发后,在计算机上可以将各种管线及各种地理要素按自己的需要进行叠加或分层、放大或缩小,随时快速地调阅查询出所需的内容,而且还可以采用三维巡航可视的方式进行观看,对于需要的部分及时放大后彩色打印输出,既方便准确,又直观逼真。另外,当某一地下管线维修改造完成后,可在计算机内及时更新其信息,永远保持管线信息管理系统的现势性。

天津经济技术开发区化学工业区地下管线 GIS,必将为化学工业区以高起点实现高水平、高质量、高效益的管理而奠定坚实的基础。

7.4 系统设计

需求分析结束之后,代码编写之前,还有一个非常重要的环节就是系统设计。系统设计主要包括:系统总体设计、系统详细设计和数据库设计。对于本章讲解的案例系统的设计也需要设计这些内容。

7.4.1 系统运行环境

系统运行环境受资金投入和系统本身制约。运行环境既要考虑系统使用方的资金投入力度,又要考虑将来系统运行效率。化工起步区地下管线 GIS 的开发和运行可以配置更高的软硬件环境,表 7 – 1 列出了该系统开发和运行所需软硬件的最低环境要求。

表 7 – 1 系统开发和运行的软硬件环境

	项　目		开发和运行环境
硬　件	CPU		Pentium ® 4 CPU 3.00 GHz
	内存		4 GB
	硬盘		500 GB
	显卡		RADEON 9600 SERIES
软　件	操作系统		Microsoft Windows XP Professional
	电子地图		AutoCAD2008
	Dot net		Dot net Framework 3.5
	GIS 基础软件		ArcEngine 10.0
	源代码开发工具		C#
	测试工具	录制工具	HyperCam
		抓图工具	HyperSnap-DX5,
		地图操作	ArcGIS 10.0

7.4.2 系统总体设计

系统总体设计可以由使用方和开发方共同编写,主要包括:①系统总体框架设计;②系统子系统划分;③系统功能结构设计;④子系统关系及流程设计;⑤系统物理配置方案。

本章案例系统的总体架构如图 7 – 1 所示,整个系统包括 2 个数据库、7 个子系统和 9 项功能。其中,2 个数据库分别为符号图形库和管线数据库;7 个子系统分别为排水、给水、通信、供热、电力、天然气和地物子系统;9 项功能分别为图形显示与缩放、注记显示与隐藏、信息查询、图形量测、打印与输出、三维仿真可视、图形编辑、图层编辑和管线数据编辑。

符号图形库和管线数据库相互独立,二者在逻辑上没有严格的层次关系。7 个子系统是根据用户对管线管理的业务需求划分的。子系统之间相对独立,但是数据库对于子系统

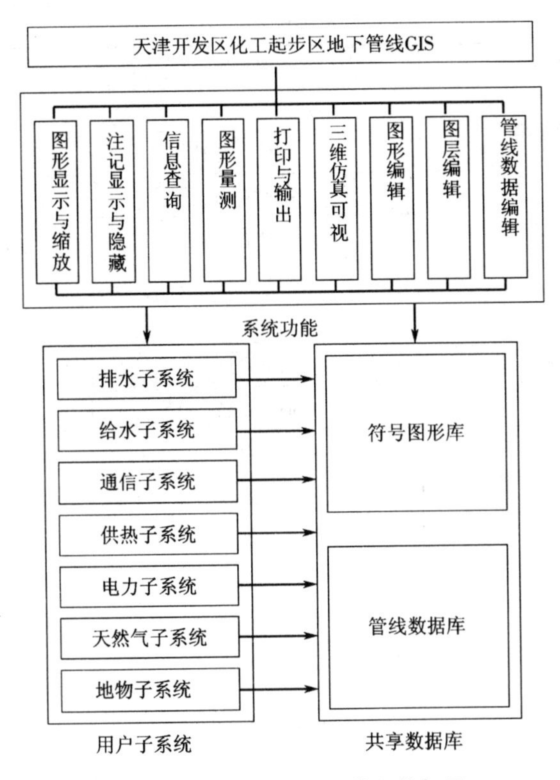

图7-1 案例系统的总体架构框图

却是公用的。对用户而言,各子系统对数据库的调用是属于“暗箱操作”的,因此可将各数据库理解为“共享数据库”。

7.4.3 系统详细设计

系统详细设计需要在总体设计的基础上进行。该设计内容主要包括:模块划分及说明、模块调用逻辑关系、算法说明、输入输出参数及说明、用户界面设计等。本章案例系统中详细设计的模块划分及说明如表7-2所示。系统采用模块式开发,共分三级模块:一级模块有10个,二级模块有27个,三级模块有13个。

表7-2 系统详细设计的模块划分及说明

	一级模块	二级模块	三级模块
1	图形显示与缩放	视图范围	全部范围
			退回上一次范围
			转到下一个范围
		缩放与平移	放大
			缩小
			平移
		旋转视图	
		比例尺视图	

续表

	一级模块	二级模块	三级模块
2	注记显示与隐藏	注记信息显示	
		注记信息隐藏	
3	信息查询	属性查询	
		条件查询	
		图形查询	
4	图形量测	坐标量测	
		长度量测	
		面积量测	
5	打印与输出	图形打印	
		文件输出	
6	三维仿真可视	查询	
		巡航	
		多角度视图	
7	图形编辑	图形修改	
		图形绘制	
		图形删除	
8	图层编辑	图层管理	修改图层名
			设置图层显示比例范围
			设置图层提示字段
		图层更新	删除图层
			添加图层
9	管线数据编辑	数据库更新权限管理	
		数据更新	增删字段
			添加数据
10	符号图形库	点	
		线	
		面	

7.4.4 数据库设计

数据库是所有信息系统必须具备的数据管理场所,可以形象地理解为信息系统中数据存储和管理的仓库。本章案例地下管线 GIS 也需要数据库的支持。在系统设计阶段,同时需要将数据库设计完成。数据库设计主要内容有:概念数据层设计、逻辑数据层设计和物理数据层设计以及三者之间的关系。

数据库存储具有相互关联关系的数据集合,与应用程序相互之间的关系相对独立。应用 GIS 必须有数据库支持,是 GIS 区别于电子地图的重要标志。数据库也是本章案例地下管线 GIS 的核心和管理对象。

地下管线 GIS 案例中也是从三个层次设计数据库的，即物理数据层、概念数据层和逻辑数据层，这三个层次反映了观察数据库的三个不同角度（图 7－2）。

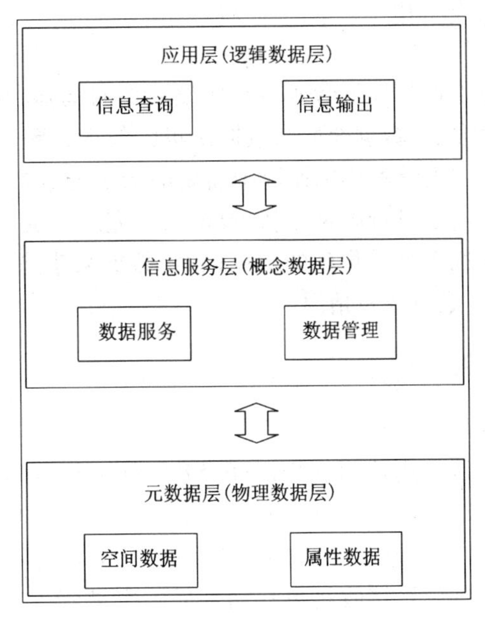

图 7－2　案例系统的数据库基本结构

1. 物理数据层

物理数据层实际就是数据库中数据的集合，具体的表现形式是关系表，也是数据库的最内层，需要设计数据表的字段及长度。存储于数据表中的数据是原始数据，是用户需要管理和加工的对象。物理数据层又称为元数据层，数据层中的数据又可分为空间数据和属性数据两类。空间数据主要反映空间实体的位置及其位置之间的关系，位置指的是管线的坐标、方向、角度、距离、长度等几何信息，通常采用解析几何的方法来表示；位置关系指的是管线之间的相连、相邻等几何联系，在系统中通常称作管线的空间拓扑关系。所谓管线空间拓扑关系，就是反映空间上管线之间的一种逻辑联系，例如管线结点与管线、管线与管线之间的关联性、邻接性等。属性数据主要描述管线的非位置数据，如特征、类别等。

2. 概念数据层

概念数据层定义了数据表之间的逻辑关系，是数据库的中间一层。概念数据层又称为信息服务层，由数据服务和数据管理两部分组成，它向下实现对数据层的封装、管理与维护，向上为应用层提供信息支持与管理等服务。数据服务实现对属性数据库的封装，为应用层的系统访问数据库提供数据接口。数据管理又分 C/S 结构的空间数据库维护与管理和 B/S 结构的属性数据库维护与管理，前者实现对空间数据库的综合查询、管理、维护和三维可视化等功能，后者实现对属性数据库的维护、管理和元数据检索功能。

3. 逻辑数据层

逻辑数据层是用户所能看得到、摸得着、能使用的层，是逻辑记录的集合，即表示一些特定的数据集合供用户使用。逻辑数据层又称为应用层，可满足各级部门实际应用的需求，包括项目信息查询和信息输出两部分。

数据库不同层之间通过映射规则联系。这种关系确定了不同层之间的相互转换方式。

数据库设计不同的层可以保证数据的独立。

7.5 数据获取与处理

数据获取和数据采集是保障地下管线 GIS 建设成功的基础。这项工作的工作量大、人力物力投入多、采集内容烦琐。数据获取与数据采集的投入在整个系统的建设中占比达到 50% ~70%。根据系统总体设计和详细设计中需要的数据源或数据类型采集数据;采集数据的过程以及采集的数据需要进行质量控制;数据采集完之后编写基础数据说明报告。基础数据说明报告中需要详细记录采集到的数据内容、数据采集途径(数据源)、数据采集方式方法、数据的投影系统及数据质量情况。

7.5.1 数据获取与输入

1. 平面位置获取与输入

地下管线的平面位置是采用美国的 Trimble 5700 双频 GPS 定位仪进行实时动态测量的。实时动态(Real Time Kinematic,RTK)相对定位是在一个基准点(坐标已知的点)和一个被测点上安置接收机,基准点上的接收机在测量过程中是固定不动的,被测点上的接收机是可动的,即测完一个被测点后,接收机可移动到另一个被测点上。RTK 相对定位的被测点上的接收机是在运动中完成观测的,其数据是在测量过程中通过基准点和被测点上的电台通信。可以在基准点上测量并计算测量误差,在所有被测点测量完毕之后,用误差修正被测点的坐标。或者将固定点求得的共有系统误差值,通过电台通信实时传至被测点上,在被测点测量过程中实时修正测量的坐标值。实际作业时,首先将基准站和流动站的接收机分别与 GPS 信号接收天线、电源、电台、控制器,基准站的电台与其发射天线和电源,流动站的 GPS 信号接收天线与测量对中杆等连接好,然后采用控制器进行坐标系统、电台频率和工作模式、测点之间自动增加的步长、测量的时间等参数的设置。测量时,将对中杆立于被测点上,通过控制器的按键自动完成测量并存储此点。

野外流动站测量采集数据结束后,在室内使用专用软件 Trimble Geomatics Office(TGO)将所测数据输出到计算机进行数据处理和图形绘制。

2. 金属管线测深

对于测区内的金属管线的埋深,采用英国雷迪公司的 Radiodection RD -4000 地下管线探测仪进行探测。

管线探测仪的工作原理是电磁感应。由发射机发射电磁波,由接收机接收电磁波回波信号。发射机将电磁波向地下发送,当电磁波传到金属管线时,在其表面会产生电磁感应电流,并沿着管道方向传输。在传播过程中,电磁感应电流会在整条金属管道附近形成电磁场。这个电磁场反过来又会向地面辐射电磁波信号,接收机就能在地面监测到这些信号并记录下来。接收机可以分析接收到的电磁波的强弱,进而判断金属管线的位置、走向和埋深。

1)发射机工作原理

发射机分感应法和直接连接法两种。感应法是把发射机调节到合适的频率,并被放于观测地区的地面上发射电磁信号,在被探测区域的上面或附近形成一个电磁场,电磁波信号将能探测到地面下或附近的所有金属管线。在这种方法中,通常使用较高的频率,因为高频率的感应效果更好。直接连接法又分两种方法。第一种直接连接法是先用导线直接连接被探测金属管线和发射机,再用地线把发射机和地面连接,这样就可以形成一个回路。这种方法可以给单根管线施加一个很强的信号,而且可以使用较低的频率。另一种直接连接法是将发射机的一个信号夹钳套在金属管线上并对管线施加电磁波信号,这种方法不用将发射机与地面连接以形成回路,常用于管径较小的管线。如果被探测区域的地下金属管线非常密集,而且地下金属管线的两端都能连接导线,则可以将发射机的导线和地线分别接入地下目标金属管线的两端,这样不用接地就形成了一个完整的回路,这种探测方法有时候也称作双端连接法。采用这种方法探测地下金属管线也是非常有效的方法,但是需要使用长电线尽量远离被探测的管线。

2)接收机工作步骤

接收机选择与发射机一致的频率,接收并记录电磁回波信号;接收机分析并判断金属管线的位置,从接收机上读取数据。接收机在分析并判断金属管线的位置时,采用峰值和谷值两种方法,常用的是峰值方法。峰值方法的工作过程是:当发射机向地下被探测的金属管线发射电磁波信号时,开启接收机并选择工作频率和峰值方法后开始接收电磁回波信号;在探测过程中,将接收机保持与地面垂直,稳定地在被探测区域内移动并搜索电磁回波信号;当探测到一个电磁回波信号时,继续沿着探测路线移动,一直移动到信号转弱的地方停止前进;然后返回到信号强度最大地方停止,在原地旋转接收机,直至收到最强的信号时停止旋转接收机,这时接收机手柄指向的方向与被探测到的目标管线的方向一致;最后轻微左右移动接收机直到接收到一个最强的信号,这时接收机已经移动到了被探测到的目标管线的正上方。

3)测量方法

管线深度的测量方法有双线圈直读法、70% 法和单线圈 80% 法、50% 法等。这里只简要介绍单线圈 80% 法的工作过程。接收机在探测金属管线的位置过程中,接收机在管线上方接收回波信号,找到信号最强点即为地下金属管线所在的平面位置;记住最强点的信号强度数 x_{max},然后从信号最强处分别向垂直于金属管线方向的两侧移动;当向两边移动时,信号强度都会降低,移动到信号强度降低到 80% x_{max} 时停止,记录这两个点平面位置。这两个点之间的水平距离便是被探测到的地下金属管线的埋深。

3. 非金属管线测深

对于测区内的非金属管线的埋深,采用加拿大 Sensors & Software Inc. 生产的 EKKO－1000 探地雷达进行探测。

探地雷达(Ground Penetrating Radar,GPR)的工作原理是广谱电磁技术,也称作地质雷达。这种仪器对地下金属和非金属介质都可以探测,但多用于探测地下非金属介质的分布。探地雷达有两个天线,一个是发射天线,另一个是接收天线。发射天线用于向地下发射高频宽频电磁波信号,接收天线用于接收反射波信号。反射波信号是地下非金属介质表面对探地雷达发射的高频宽频电磁波信号的反射。探地雷达发射的电磁波可以在非金属介质中传播,传播路径、电磁场信号强度与电磁波波形会变化。变化的原因就是传播过程中通过多种非金属介质,不同介质的介电性质及几何形态是变化的。接收天线探测到反射波信号后,探地雷达记录并分析电磁波信号的往返时差、电磁波振幅及波形资料等,从而可以推断非金属介质的形状构造。

探地雷达的两个天线之间距离很小,有时候甚至合二为一。如果地层倾角较水平时,反射波的传输路径与地面几乎是垂直的。因此,电磁波信号的往返时间差就直接体现了地下不同地层以及人工设施的形状结构。

探地雷达工作时发射天线发射的电磁波频率是超高频波,这种频率的电磁波在非金属介质中的传播过程中很少频散,而且传播速度主要由非金属介质的介电性决定。高频宽频带电磁波在非金属介质中的传播与地震波的传输具有许多相似性。两者的波动传输遵循相同的波传播理论和波方程,只是波方程中的变量代表的具体意义不一样。因此,在地震资料处理中已经广泛使用的许多技术,可直接用于探地雷达的资料处理,只不过需要简单地改变一下输入参数以及重新确定比例尺。

探地雷达类似于空中雷达,探测目标都是利用高频电磁波束的反射。空中雷达发射的高频电磁波是在空气中传播。空气属于无耗非金属介质,空中雷达探测的距离大。由于空中雷达的探测目标一般是金属物体,雷达接收目标的回波能量大。空中雷达探测的是空中飞行器,一般是高速移动的空中物体,空中雷达需要能快速发现、追踪空中高速飞行的目标。探地雷达发射的高频电磁波是在地层中传播。地层属于有耗非金属介质,探地雷达的探测距离受到很大限制。探地雷达探测的目标体通常为非金属物体,这些物体与周围介质的介电性差异很小,雷达接收探测目标的回波能量很小。探地雷达探测的是埋藏于地下的非金属物体,而且这些目标物体往往是不会移动的,所以不需要快速发现并追踪的技术支持探地雷达。探地雷达与空中雷达的上述差异,导致了探地雷达的发射波形和天线设计有别于空中雷达。探地雷达发射波形的调制方式主要有调幅波(AM)、调频连续波(FMCW)、连续波(CW)和脉冲扩层/压缩波(PEC)四种,其天线主要分为振子天线(element antenna)、行波天线(travelling-wave antenna)、频率独立天线(frequency-independent antenna)和开孔天线(aperture antenna)四种。

在用探地雷达实际探测时,设管线在地面的某一投影点作为坐标原点,X 轴与管线走向垂直,测线与 X 轴重合,当采用共天线法测量时,在地表 x 点所得双程走时

$$T=2\left(x^{2}+h^{2}\right)^{1/2}/v \tag{7-1}$$

式中:h 为管线埋深,v 为覆盖介质中的电磁波速。

若发射、接收天线分离,其间隔为 L 并保持固定,则

$$T=\left[\left((x-L/2)^{2}+h^{2}\right)^{1/2}+\left((x+L/2)^{2}+h^{2}\right)^{1/2}\right]/v \tag{7-2}$$

式中:x 为原点至收、发天线中点的距离。

当地下非金属管线周围的介质对电磁波的传播速度已知时,可依据式(7-1)或式(7-2)与测到的 T 值求出反射体的深度 h。介质中电磁波传输速度 v 可以用宽角法直接测量。当介质的导电率很低时,也可以根据以下公式近似计算:

$$v \approx c/(2\varepsilon)$$

式中:c 为光速,ε 为目标介质与周围介质的相对介电常数值。

利用探地雷达探测地下管线时,其反射波组特征明显,探测的结果将获得一张时间剖面图,根据反射波的同相性、相似性和波形特征即可实现对管线的定位和测深。

7.5.2 数据处理

管线调查、定位、探测等外业工作结束后,则可根据测得的外业数据在室内进行信息管理系统的开发。信息管理系统开发的第一项工作是管线电子地图的制作。

所谓电子地图,即根据一定的比例尺和投影方式,按规定的地物和地貌图形符号及注记

符号绘制成的用于表现原地形的图形电子文件。按照图形电子文件在计算机中的存储与组织结构,电子地图可分为栅格和矢量两种形式。计算机图文件、栅格电子地图一般来自原有纸质地图的扫描件或航摄、遥感影像,由于其文件的数据结构为栅格,因此对栅格电子地图中的点状、线状、面状地物或地貌不能进行单独编辑操作。矢量电子地图一般来自电子全站仪、GPS 等的直接测量,或栅格电子地图的矢量化,其图中的点状、线状、面状地物或地貌可以被单独编辑操作。由于本系统的电子地图与管线数据库链接后,实现系统对各种点状、线状、面状管线要素的查询、分析和管理,因此本系统需要的电子地图为矢量电子地图。

化工起步区管线电子地图中的内容包括区内的地物(用于作为管线的背景和参照)和管线两部分。其中,地物包括建筑物标志、道路标志、建筑物、道路以及围墙。同类管线可以组成一个系统,测区按照不同的类别可以将地下管线归类为以下几个子系统:排污子系统、供水子系统、通信子系统、供热子系统、电力子系统和天然气子系统。其中,排污子系统包括污水井、雨水井、雨水篦子、污水管线、雨水管线以及雨水篦子管线,供水子系统包括消防井、绿化井、自来水阀门井、消防栓、绿化水管头、自来水管线、消防管线、绿化水管头连线以及绿化管线,通信子系统包括通信井以及通信管线,供热子系统包括供热阀门、蒸汽阀门、供热管线和蒸汽管道,电力子系统包括照明灯、地下变压器、地下电线、地下电线的管线以及地下高压电线,天然气子系统包括天然气井以及天然气管道。

制作电子地图的软件平台是 AutoCAD 2005,在此平台上将各子系统中的每一种管线要素作为一个图层,根据外业测得的数据分别在每个图层中按不同的颜色、不同的图形、不同的注记符号等绘制出各种点状、线状、面状的平面和三维的地下管线要素和地面上的地物要素(表7-3)。

表7-3　电子地图的要素

子系统	图层	点		线		面	
		平面	三维	平面	三维	平面	三维
排污	污水井						
	雨水井						
	雨水篦子						
	污水管线						
	雨水管线						
	雨水篦子管线						

续表

子系统	图层	点		线		面	
		平面	三维	平面	三维	平面	三维
供水	消防井	消	消防井				
	绿化井	绿化	绿化井				
	自来水阀门井	自来水	自来水				
	消防栓						
	绿化水管头						
	自来水管线						
	消防管线						
	绿化水管头连线						
	绿化管线						
通信	通信井	通讯	通讯井				
	通信管线						
供热	供热阀门						
	蒸汽阀门						
	供热管线						
	蒸汽管道						

续表

子系统	图层	点		线		面	
		平面	三维	平面	三维	平面	三维
电力	路灯						
	高压电杆						
	变压器						
	地下电缆标志		高压电缆				
	地下电缆管线						
	路灯地下电线						
	高压电线						
天然气	天然气井	天然气	天然气				
	天然气管道						
地物	建筑物标志						
	空地(背景)						
	建筑物场地						
	道路						
	围墙						

7.6　系统开发与实现

本阶段的工作主要包括系统开发、系统集成和技术文档编写。

(1)系统开发主要包括应用可视化开发软件结合成熟的商业化GIS控件进行二次编码

实现系统的所有设计功能。软件实现后的总体基面如图 7-3 和图 7-4 所示。

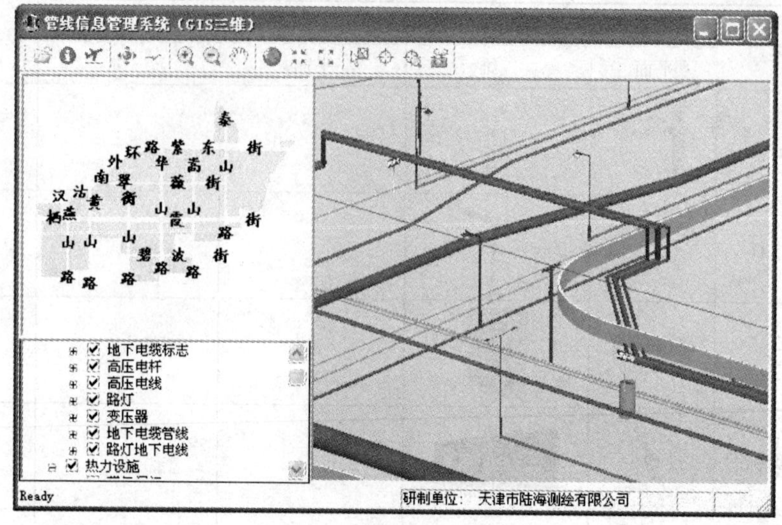

图 7-3　平面系统主界面

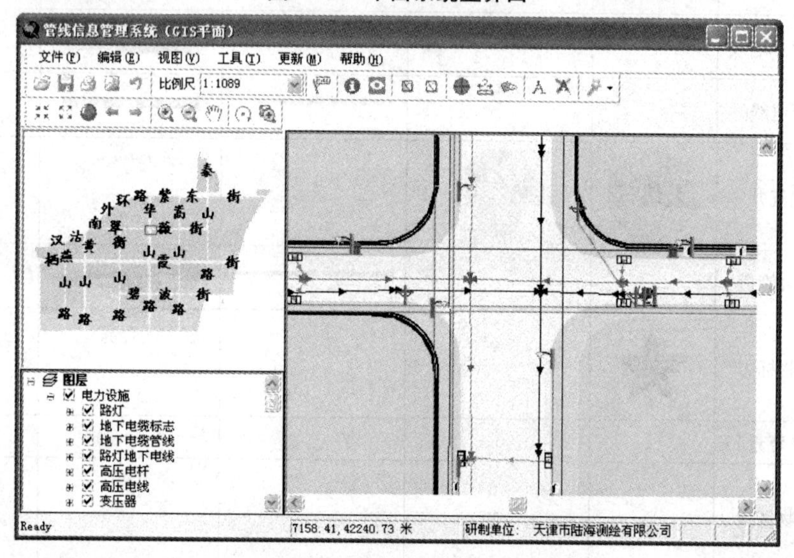

图 7-4　三维系统主界面

(2)系统集成包括将网络环境、运行环境、数据库和管线 GIS 组合在一起,包括用户管理权限设置、系统运行、检查全部功能及输出结果。

(3)技术文档的编写包括编写系统总体设计报告、系统技术报告(关键技术处理、二次开发内容)、系统开发报告及系统使用手册。

对系统所有软件和数据进行备份。系统运行正常后,提交使用试运行。在试运行期间逐步建立系统运行管理规章,完善系统运行维护部门,并建立数据更新和系统维护规章。

7.7　系统检核测试与验收

系统试运行阶段需要对系统进行全面总结,考核系统的运行效果。系统测试阶段需要组织测试人员进行系统功能与性能的全面测试;验收阶段必须提交全部技术文档,依据合同的总体设计,组织对系统的验收。

7.7.1　测量精度检核

测量精度的检核对象分地面上的地物和地下的管线两个部分。

1. 地物

地物抽取了10个测点,各测点的坐标差值(即测量值与实际值之差)以及由坐标差值算得的距离差值如表7-4所示。从表中可以看出,距离差值的最大值为4.3 cm(第2号点),根据规范要求,距离差值的容许值为0.1 mm/(1/500)=5.0 cm(比例尺为1:500的地形图上0.1 mm在地面的长度),即控件上实际距离量测误差未超过其容许值,说明数据采集中地物的测量精度符合规范的要求。

2. 管线

管线抽取了5个测点,这5个测点又分平面位置的检核和埋深的检核两个部分,表7-4列出了其平面位置的坐标差值(即测量值与实际值之差)、由坐标差值算得的距离差值以及埋设深度的差值。从表中可以看出,平面距离差值的最大值为10.2 cm(第4号点),根据规范要求,距离差值(即平面探测精度)的容许值为5 cm+8%×0.8 m=11.4 cm,实际平面距离误差未超过其容许值;埋深差值的最大值为6.7 cm(第2号点),根据规范要求,埋深差值(即深度探测精度)的容许值为5 cm+5%×0.8 m=9.0 cm,实际深度误差未超过其容许值。因此由上述可知,管线的测量精度也符合规范的要求。

表7-4　误差检核

类别	项目	点号	测点坐标差值=测量值-实际值		距离差值 Δd(cm) $=(\Delta x^2+\Delta y^2)^{\frac{1}{2}}$
			Δx/cm	Δy/cm	
地物	平面位置	1	2.1	-1.5	2.6
		2	-3.4	-2.6	4.3
		3	0.7	1.9	2.0
		4	1.6	-2.2	2.7
		5	0	3.8	3.8
		6	1.4	1.5	2.1
		7	-3.1	1.0	3.2
		8	0.9	0.3	0.9
		9	-2.6	-3.1	4.0
		10	-1.7	0.4	1.7

续表

类别	项目	点号	测点坐标差值 = 测量值 - 实际值		距离差值 Δd(cm) $=(\Delta x^2+\Delta y^2)^{\frac{1}{2}}$
			Δx/cm	Δy/cm	
管线	平面位置	1	-6.4	-2.9	7.0
		2	5.5	-7.3	9.1
		3	0.8	3.4	3.5
		4	-4.1	9.3	10.2
		5	-5.7	2.8	6.3
	埋深	测点深度差值 Δh(cm) = 测量值 - 实际值			
		1	-4.3		
		2	-6.7		
		3	1.1		
		4	3.8		
		5	-2.5		

7.7.2 系统运行测试

系统运行的测试主要是根据本项目的合同要求和技术方案对系统的基本功能、实用性、先进性、安全性、兼容性和开放性进行严格的测试，其测试结果如表 7 - 5 所示。从表 7 - 5 中可以看出，系统所需具备的上述各项功能和特性均已通过了测试，其结果满足合同及方案的要求。

表 7 - 5 系统测试

编号	项目	要求具备的内容	测试结果
1	基本功能	系统显示（平移、旋转）	√
		图形缩放（依比例或非比例缩放、依范围缩放）	√
		对子系统及其图层的独立操作（开、关、叠加）	√
		信息查询（属性查询、条件查询、图片查询）	√
		图形量测（坐标量测、距离量测、面积量测）	√
		信息输出（图形打印、文件存储）	√
2	实用性	主窗体与子窗体结合	√
		基本操作平台与独立功能模块结合	√
		人性化交互，界面友好、美观	√
		操作便捷	√
3	先进性	VB. net 语言	√
		3DS MAX 技术	√
		三维仿真	√
		巡航可视	√

续表

编号	项目	要求具备的内容	测试结果
4	安全性	独立运行	√
		独立打包	√
		数据无损传输	√
5	兼容性	与AutoCAD文件(DWG、DXF格式)兼容	√
		与MapInfo平台兼容	√
		与ArcInfo平台兼容	√
6	开放性	图形更新(添加、修改、删除)	√
		图层更新(更名、添加、删除)	√
		数据库更新(增删字段、修改数据)	√

7.7.3　验收

在所有工作都完成的情况下,组织专家对开发的系统进行验收。

练　习　题

1. 名词解释

地下管线地理信息系统。

2. 问答题

阐述地下管线地理信息系统开发步骤。

3. 分析题

某市市政管理部门欲借助GIS技术建设“城市地下管线地理信息系统”,基本需求如下:①放大或缩小;②快速查询;③打印;④更新。

请根据基本需求,分析该项目总体设计的基本内容。

4. 论述题

论述地下管线地理信息系统结构设计,并举例说明。

第8章　水科学中 GIS 的应用

本章介绍 GIS 在现代水科学中的多方面应用,详细阐述在水利设施普查与监管、水电工程施工与监控、水文监测、防洪防凌减灾、水资源管理与综合开发、水情信息服务等方面的应用,最后以案例的方式讲解 GIS 在水土流失研究中的应用方法。

8.1　概述

GIS 是一门迅速发展的科学技术,具有强大的空间数据处理、空间数据管理和空间分析能力。GIS 在水科学中的应用非常广泛,主要应用于水电水利、水资源水文学、水环境及水土流失等领域。GIS 在水科学中的应用主要体现在 GIS 能可视化空间信息。水科学中各类应用模型的输入数据可以利用 GIS 处理和管理,并通过 GIS 空间分析功能获取新的数据。GIS 可以可视化表达防汛防凌信息以及决策方案,在防灾减灾方面提供决策支持。利用 GIS 可以将历史和实时的多种类型的数据层叠加分析,为水环境管理和水土保持提供决策支持。

8.2　水利工程与 GIS

8.2.1　水工建设与 GIS

GIS 可以将空间信息以数字、可视的形式表达,为水利设施普查与监管、水电工程施工与监控提供应用与服务。在施工过程中,GIS 可以用图形、图像仿真描绘复杂的水工建筑施工过程。GIS 仿真表达水工施工过程可以为施工单位提供全面、准确的施工信息,也可以快速分析并掌握工程施工进度,为工程施工信息的高效科学管理提供参考。借助 GIS 平台,可用三维可视的形式显示水工设计的成果,在施工前为制订决策方案人员和图纸设计人员的交流沟通提供直观形象的平台。

1. 导截流三维 GIS 动态可视化

导截流是大坝施工过程中非常重要的工作。在大坝施工前,如何仿真施工时的导截流情况,提前分析可能会出现的危急情况,是施工单位和管理单位非常关心并感兴趣的工作。此外 GIS 还可以接收实时数据,动态可视化导截流三维场景,供施工人员和管理人员实时决策参考。GIS 技术的三维数字可视化仿真功能,在施工导截流过程中,可以实现施工前、施工中和施工后的仿真。施工前仿真可以为防灾减灾提供参考;施工中仿真可以随时了解工程情况和控制突发情况;施工后仿真可以回顾工情,为下次同类施工提供借鉴。无论哪个阶段的动态可视化仿真,都需要利用 GIS 基础平台软件与可视化开发语言采用集成开发模式,开发施工导截流三维动态可视化仿真系统。当然,开发这样的系统需要数据支持,包括施工数据和水文数据。例如,模拟的数据可以在施工前使用,GPS 等接收的实时数据可用于施工过程中,历史性的数据可以在施工结束后从数据库中调用。在应用系统中可以开发调洪演算、日径流模拟、导流实时风险率计算等模块。应用系统可以模拟和仿真施工导截流的情况,模拟仿真结果可以输出为图形报表,供施工、设计、决策人员使用。施工过程中,导流面貌及相关信息的实时查询,可以借助海量的空间数据库和 GIS 空间数据查询与检索功能实现。

2. 堤防施工三维 GIS 动态演示

水利堤防施工过程三维 GIS 动态演示,施工前可以模拟施工后的场景,施工中可以监视进度,施工后可以展示施工成果。借助 GIS 海量空间数据处理能力和特有的数据组织形式,通过施工效果的模拟,为施工前做好充分准备。利用 GIS 的数据采集、数据存储、可视化的功能可以实现施工期间实时监视施工进度、展示堤防施工系统复杂的空间关系和施工过程。施工后 GIS 可以将地形原始数据转化为三维数字高程模型(DEM),实现三维图形的拓扑运算、绘制、渲染、纹理显示,展示整个堤防施工系统布置和活动场所的背景。GIS 的时间特征可以按时间顺序检索空间数据库中的空间数据及相应的属性信息,展示和模拟堤防的施工过程,实现整个堤防施工过程的三维面貌及相应信息的动态显示。

3. 施工总布置三维 GIS 可视化

利用 GIS 海量空间数据的管理能力,对水利施工总布置进行三维仿真及 GIS 可视化显示。结合 GIS 基础平台软件和可视化编程软件进行系统开发,可以满足水利施工总布置的三维 GIS 可视化的实现。在系统中应用水利施工区域的 DEM 构建数字化地形,将施工场地中各部件的三维数字化模型动态演示。在系统中,不仅可以突出显现水利枢纽施工总布置的数字三维全景,而且能够直接生动地体现各组成部分在空间和时间上的相互联系。利用空间数据库中存储的海量空间数据和属性数据以及 GIS 的空间属性双向检索功能,实现水利枢纽施工总布置的可视化查询。建筑物参数设计、图纸方案、地理环境要素信息、施工场地之上的附属物地理位置和属性信息、工程施工现状与进度等都属于查询的主要内容。对于一个水利枢纽工程项目,需要对整个施工过程中的施工强度进行统计分析,可借助 GIS 统计分析功能完成,同时可将统计结果以动态条状图的形式表达;可以统计混凝土浇筑强度、砂石原料及人力需求量等统计信息的显示;利用 GIS 三维虚拟现实技术,构建建筑物三维模型、地下洞室群三维模型、大坝混凝土浇筑三维模型,实现施工全过程的动态仿真演示。

GIS 在水利水电工程建设与管理中不乏典型的应用案例,其中主要的作用是在 GIS 三维场景中三维动态显示水利水电建筑物或施工布置可视化(图 8 -1、图 8 -2 和图 8 -3)。

图 8 -1　水利施工导截流三维展示

图 8－2 水利水电建筑物三维展示 1

图 8－3 水利水电建筑物三维展示 2

8.2.2 防灾减灾与 GIS

我国疆域辽阔，气候、地形、地势、植被、矿产、资源等自然地理条件复杂多样，旱灾、洪涝水灾、冰凌灾害频繁发生，环境问题日趋严峻。在我国，夏秋季洪涝灾害与干旱灾害并存，在冬季冰凌灾害也时常发生，使国家和个人都蒙受了很大的经济损失。一系列的灾害问题会严重制约国民经济和社会发展。任何先进技术的应用都需要服务于生产的需要，服务于国民经济发展的需要。GIS 技术在水利行业的防灾减灾应用也主要围绕防汛、抗旱、防凌等问题。随着社会经济发展的需要和 GIS 科学技术的突飞猛进，防灾减灾应用逐渐变成 GIS 的重要应用领域。目前，GIS 技术在水利行业的防灾减灾应用主要有以下几方面。

1. 防汛防凌决策支持

国家防汛指挥部每年防汛防凌的任务非常艰巨。GIS 应用于防汛防凌工作，开发应用与服务平台，可以为国家防汛指挥部和省市防汛指挥中心提供决策支持。防汛防凌决策支持可以提供态势分析、风险分析、影响分析和调度分析。GIS 在防汛防凌决策支持系统中主要负责空间数据处理、查询、检索、更新和维护以及空间分析和可视化模拟显示。空间数据需要有实时接收的雨情、水情、工情或凌情等数据。利用雨情数据分析灾害发展态势，结合河道与水库的流量、水位等数据进行风险分析。根据可能的风险范围，估算可能产生的经济损失和社会影响，为防汛指挥部或指挥中心提供调度决策支持。

2. 风险分析

灾害风险分析主要是分析不同强度的汛情、旱情和凌情，模拟灾情范围。风险分析是在灾情真实发生之前非常必要的工作,通过灾情模拟可以对灾情提前做出应对决策预案。在进行灾害风险分析与区划研究时,需借助GIS技术,将经权重计算后的自然地理因子、社会经济因子与模拟的灾情范围进行空间叠加而实现。在这一方面,不同来源、不同空间尺度的海量空间数据与社会经济属性数据进行空间叠合和综合分析处理,是GIS发挥的主要作用。根据模拟的灾情范围及背景数据制作风险图。GIS进行洪水风险图的制作是一个非常重要的应用领域。

3. 灾情评估

在灾情评估中,GIS作为地理信息基础平台结合社会经济数据库,可以充分发挥它的空间查询和空间分析功能。灾情范围可以根据实时遥感数据圈定、设定水位,或流量模拟分析圈定、或者人工调查圈定。应用圈定的灾情范围覆盖的区域,进行灾情统计。

灾情统计需要在土地利用矢量数据和灾害范围内进行分类统计,统计受灾面积、受影响耕地面积、受影响渔业养殖面积、受灾人口总数、受影响交通线路、受影响行政区域以及受影响GDP等指标。在GIS基础平台上,受灾对象以点、线、面图层的形式进行管理存储,与灾情范围面图层进行求交计算之后,推求受积水影响的人口、资产、重要设施情况,从而实现灾情总体情况的统计评估。

4. 城市防洪防灾

在城市中人口聚集、商业发达、社会生产生活设施繁多,防洪工作尤其重要。许多大都市都依水而建,或者是城市内的道路、广场等很多地面都进行了硬化处理,导致不透水面积很大。在有雨情的情况下产流量很大,如果城市的排水系统不合理,很容易形成城市洪涝,防洪工作的难度比农村地区大。GIS在城市防洪防灾中可以发挥以下作用:①城市积水、退水范围的空间分析和预报预测;②现有排水设施的信息管理;③排水设施的规划、设计、管理;④分析暴雨时空特征;⑤管理社会经济背景数据的空间分布;⑥以街道或街区为空间单元统计城市的受涝范围;⑦可视化显示暴雨的空间分布及积水街道;⑧存储、管理和维护不同层次、不同分辨率、不同来源以及更新频繁的数据。

城市防汛决策支持有一定的复杂性,还需要不断摸索并继续深入研究,但是可以肯定的是,GIS技术在城市防洪防灾中一定能发挥重要的作用。

5. 应急管理

应急管理主要是在应急事件产生后,及时开展应急事件的获取和应急事件的风险分析,将应急事件实时上报,进行影响分析和应急会商,开展对应急事件的指挥调度和抢险救灾活动。主要涉及防汛和防凌应急管理,系统功能是实现防凌防汛应急事件处置的标准化和流程化,同时实现防汛信息化的技术性服务向包括技术和行政决策全面服务的转变。

应急管理的业务流程主要包括:雨情、水情、凌情查询→获取应急事件→影响分析→会商分析→会商对策→应急预案→抢险救灾。GIS主要在查询、影响分析和应急预案环节进行空间数据的处理与分析。

6. 抗旱防灾

旱灾对于农业影响非常大,对于中国这样的农业大国,抗旱防灾非常重要。GIS在抗旱防灾中应用广泛,可以开发抗旱防灾系统,发挥如下功能。

1)旱情数据管理

收集整理典型旱灾年的水雨情数据、土壤墒情数据;对于历史典型旱灾年旱情信息的收集入库;当旱情发生后,系统实现自动提取当天的降雨、蒸发量、气温、水情等各类相关旱情数据信息。

2)旱情数据接收与处理

按照具体数据结构的要求,实现旱情数据接收和处理的功能;实现土壤墒情遥测数据的接收和入库;实现遥感影像和分析成果数据的接收和入库,并对各类数据进行加工处理。

3)实时旱情显示

系统实现实时监测和入库的各类实时旱情信息的监视以及各类旱情信息的查询显示,信息查询结果的表现方式结合各类信息的特点可采取表格和矢量图、栅格图等多种方式。

4)旱情分析与预测

系统通过查询和分析历史旱灾年的旱情相关信息和旱灾的状况,与当前旱情发生发展的具体情况进行受旱程度分析、抗旱水量分析以及土壤干旱分析,为旱情分析预测和评估提供支撑,为旱情发展趋势提供统计分析依据,为决策分析和指导抗旱工作的开展提供依据。

5)抗旱预案管理

系统通过调用气象和水情中长期的预报成果,结合各级抗旱预案的总体要求,制订抗旱预案。

6)旱灾与抗旱评估

根据实测和预报的旱情,结合土地利用、其他社会经济数据等,确定受旱的范围及程度,伴随着旱情的发生发展,系统实现对旱灾灾情和抗旱效益进行定量和定性的分析评估,为救灾、防灾、减灾提供指导依据。

GIS 在水利工程防灾减灾中的应用非常广泛,不乏典型的应用案例,其中主要是利用 GIS 管理和处理空间数据的强大功能,为防灾减灾做出辅助决策支持(图 8 -4 和图 8 -5)。

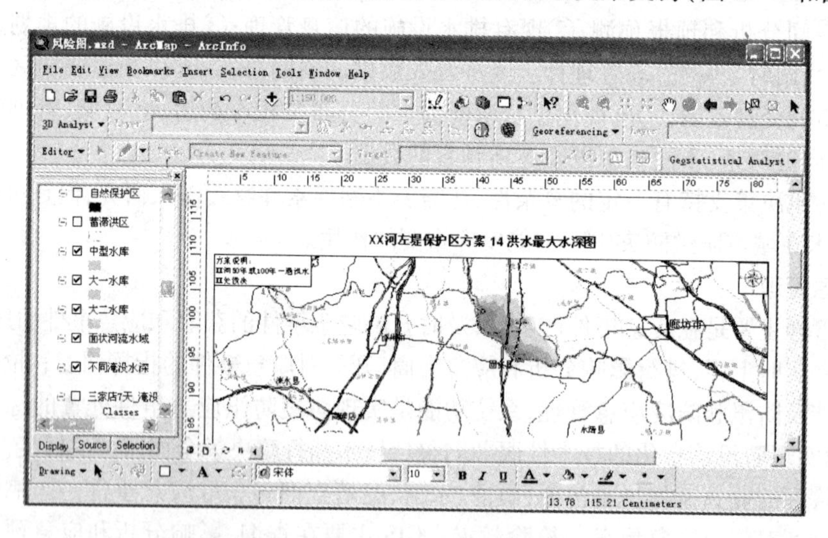

图 8 -4　GIS 在洪水风险图制作中的应用

图 8－5　GIS 在洪水灾害分析灾情评估中的应用

8.3　水文水资源与 GIS

8.3.1　水文学与 GIS

水文学主要研究地球上各种形态水的运动、变化与分布。GIS 擅长空间数据管理和分析，因此水文学与 GIS 结合发展迅速。自 20 世纪 70 年代起，美国田纳西河流域管理局开始将 GIS 应用于水文学，充分利用 GIS 特有的空间分析功能，为流域数据的存储、管理、分析和规划决策提供技术支持。20 世纪 80 年代后，国际上举办的各种年会或专题会议表明，GIS 在水文学领域的发展非常迅速。20 世纪 90 年代后，GIS 在水文学领域的应用更为实用，并为管理部门提供科学决策依据。到目前为止，GIS 在水文领域的应用与服务更加广泛，现从以下几方面进行简要叙述。

1. 水文数据管理与分析

水位、水体质量、流量、流速、降雨量、蒸发量、泥沙和水土含量等属于主要的水文数据，其时空变化快、分布复杂。影响水文数据的因子众多，主要包括地形、地貌、地质构造、水文地质条件、河流水系、气象、土壤、植被和水利工程等。这些水文数据与影响因子数据的关系复杂，而且影响因子涉及大量空间数据，数据量庞大。甚至有些因子的时空变化很快，对于这些数据的更新、存储、查询、处理和空间分析相当费时费力。GIS 是解决上述问题的理想技术手段。这些因子数据需要进行时空综合处理、矢量栅格综合处理和遥感影像数据处理。处理之后的数据作为水文模拟或分析的基础数据入库管理。利用 GIS 技术，具体的空间数据处理可以实现多因子的空间数据叠加分析、空间统计与量算、获取新数据，从而了解地理实体的空间分布与关系；还可以进行图形、属性的双向查询与显示。GIS 交互式制图和自动制图技术增强了水文数据的可视化应用，将水文数据图形化输出显示提高到一个新水平。Web GIS 的迅速发展，使水文数据和因子数据可以在互联网上发布并提供相关应用服务的发布，供用户浏览、下载或在线提供服务，这也是水文数据 GIS 管理的一个新趋势。

2. 水文模拟模型

水文学研究的问题或内容具有明显的空间分布的性质。在不断研究水文循环的自然规律前提下提出了水文模拟模型。其研究越来越强调空间的概念,将空间分布式模型融入水文模拟系统中。水文模拟模型在生产实践中应用很广,主要应用在防洪抗旱、水资源调度、洪水淹没演进、水库规划、面源污染评价、人类活动的流域响应等诸多方面。

水文模拟模型中涉及庞大的空间数据处理,近年来水文模拟中广泛应用了GIS。GIS在水文模拟中既可以处理和管理水文空间数据,还可以为水文模型提供输入数据和输出水文模型的分析结果并图形化。水文模拟模型和GIS技术可以相互集成,使界面操作统一。具体集成方式是在水文模拟模型中嵌入GIS组件,或者是在GIS中嵌入水文模拟系统。GIS在水文模拟模型中的应用,进一步促进从物理本质上认识水文现象,使水文模型更能反映自然规律。数字高程模型(DEM)存储的地形信息可以实现流域水系参数的自动化提取。这一集成技术为水文模拟模型向分布式的物理模型发展提供了可能。

目前,已研制出许多专业基础软件和系统集成软件。美国Brigham Young大学开发了流域建模系统(Wartershed Modeling System,WMS),是概念性水文模型与GIS集成的典型代表。这个模型系统是专业的水文模拟分析软件,提供了水文模拟分析的所有工具。将GIS功能嵌入WMS中,根据数字高程模型(DEM)可以自动产生流域和子流域,进而计算流域汇流时间、降雨深等水文因子和几何参数等。WMS的模拟结果可以应用嵌入的GIS功能实现可视化输出。矢量地图数据、数字高程模型(DEM)、不规则三角网(TIN)等格式的数据都可用于WMS,进行水文模拟,用于洪水预报、水库设计、城市规划等。

在传统的水文模型中不考虑要素的空间分布,主要通过描述降水-径流关系来模拟流域的水文特性。GIS技术应用于水文模拟模型,为流域综合研究提供了一种新的思维方法,可以在产汇流理论中引入数字化空间数据,如流域内的地质地貌、土壤植被等地理因素。美国农业部农业研究局开发的SWAT(Soil and Water Assessment Tool)模型是目前应用比较广泛的分布式水文模拟模型。SWAT中嵌入了GIS,能够处理空间数据用于模拟地表水和地下水的水量与水质。模型中产流计算采用的是SCS径流曲线数方法(Modified SCS Curve Number Method),产沙计算采用的是修正通用土壤流失方程MUSLE(Modified Universal Soil Loss Equation)方法。

3. 水文站网管理

水文站网是为监测水文环境、记录水文数据、掌握水文规律,服务于社会经济发展而设立的。水文站的位置和数量会由于自然条件和社会需求而变化。传统的做法是建立纸质档案,档案中只用文字记载位置、设站时间、断面设施等,对水文站网的规划调整非常不便。利用GIS存储、管理水文站的空间图形数据和非空间数据,可以形成一个GIS水文站管理信息系统。在这样的系统中可以建立电子档案,存储图、文、声、像数据,实现计算机检索和查询,还可以将水文站信息以图形和报表文件方式输出。GIS水文站管理系统对水文站网的管理提供了先进的技术方法,有利于水文站网的优化、规划、调整和改造。

8.3.2 水资源与GIS

水资源在工农业生产和国民生活中非常重要,已经成为可持续发展及社会稳定的主要因素。地球水资源尤其是中国水资源越来越匮乏,科学规划和合理利用水资源是当今社会资源配置的重大问题。

1. 水资源管理与规划

水资源管理与规划和水资源的地理空间密切相关。GIS在研究地表水和地下水的过程中广泛应用。在资源的空间分布、调配、勘察、规划和开发中，GIS都能发挥重要作用。GIS可以对地下水的位置、埋深、蕴藏量以及地表水的补给来源位置和补偿量等大量空间数据进行采集、管理和空间分析。基于GIS的水资源管理与规划系统可以综合流域基础地理数据和流域社会经济数据等作背景底图。借助GIS的绘图输出功能，在这些背景图件的支撑下，绘制可供水量与实际需水量间的关系图、水资源灌溉规划图、水资源污染分布图等。在系统中应用GIS的空间分析功能，以管理的水资源勘察数据和社会经济数据可以完成流域内水资源蓄量和分布分析、水资源分布与人口分布、区域社会经济关系的分析等。在系统中应用GIS的空间查询功能，以管理的水资源分布图可以完成空间查询水资源相关信息以及空间分布显示和剖面显示。在系统中应用GIS的空间分析和模拟仿真功能，分析并仿真水资源的补给和开采模拟等，为水资源规划服务。基于GIS模拟和仿真技术，南非水利林业部研发了"南非国家水资源管理系统"，其中GIS的应用可以更好地服务于水资源管理和规划，为南非国家水资源管理政策的方向提供决策支持。GIS在中国水资源管理与规划中同样有着举足轻重的作用。中国20世纪90年代建成的国家基础GIS在南水北调工程中发挥了重要作用。此系统对工程的可行性研究、调水方案对比分析、调水路线规划等工程初期工作起着基础地理信息支持的作用，同样在施工管理和监测、效益分析等方面做出了贡献。

2. 水资源调查评价

水资源的调查评估需要从资源量和水体质量两方面进行考虑。水资源的资源量和水质无论在地表或是地下都会在各种地理自然条件和人类活动的影响下发生变化。利用GIS技术建立水资源的空间数据和属性数据，动态跟踪水资源水质并记录，可以实现地表水与地下水的水资源水质的模拟和监测。在水资源调查评价中，运用GIS的空间分析和制图功能，可以绘制等值线并拟合多种关系。通过雨量站、水文站采集降水、径流、蒸发三要素的数据存储于数据库，在GIS中根据分区文件进行水资源空间分析、平衡分析及水资源量的计算，可以快速、准确地计算出各分区的平均降水量、径流量、陆地蒸发量、水面蒸发量、径流系数等。

3. 水资源决策支持系统

水资源决策支持系统的建立可以使管理部门对水资源管理的水平更加提高。中国地质大学以ArcView GIS为平台，借助其提供的二次开发语言Avenue，将GIS技术、先进的地下水水质及水量模拟技术和统计分析等技术集成在一起，开发了更符合专业应用需要的方法模型，建成了"河北平原区域地下水资源决策支持系统"。该系统采集了地质、水文地质等空间数据存储于GIS的空间数据库，将预测预报系统、统计分析工具和数据库进行了有效的集成，构建了水流、水质等模拟模型。该系统具有实时评价、预测预报和辅助决策的功能。该系统通过模拟河北平原区域地下水超采引起的水位空间变化，预测可能由此引发的地面沉降的空间分布态势以及最大沉降量，还预测了地下水超采后，咸水体扩展的可能空间范围和分布态势等。通过预测预报，该系统计算了不同时间、不同开采条件下，地下水水资源利用的多种可选方案，为管理部门提供决策支持。基于Arc/Info软件平台的流域水资源管理决策支持系统，是由隶属于爱尔兰国立大学的都柏林学院研发的。该系统有效利用了流域水体质量、水量与流域地形模型等信息，在GIS技术支持下提供查询、分析流域内各主要河段的水质、水量状况并预测可能的趋势等服务。

4. 水资源保护

水资源保护对于地球或者中国这样的缺水国家来说非常重要。以GIS为基础支撑平台，开发水质监测与评价系统可以为水资源水质的保护提供新的技术手段。在这种系统中，可以科学布设水质监测断面,科学管理监测成果,为水质资料查询和水质保护带来极大的方便。以 GIS 为基础支撑平台,开发城市污水处理 GIS,可以为管理部门的污水管理提供现代化手段。在这种系统中,可以发挥 GIS 优越的空间分析能力,为规划和设计城市污水处理厂的位置提供技术支持,并以直观的图形图像显示规划和设计的成果;还可以给工程师提供污水处理的管道布设方案等。在水资源保护方面,GIS 支持的系统能根据管理者的要求制订不同的保护方案,并模拟比较各种保护方案的实施效果,再以图形图像的形式输出结果,供管理者根据具体需求选择合适的保护方案。GIS 还可以迅速模拟预测污染物对水资源污染的时空分布特征,提供给管理者以迅速制订应急保护措施。

8.4 水环境与 GIS

水环境与工农业生产、国民经济和人民生活息息相关。水环境管理与污染防治是中国面临的最为艰巨的环境问题之一。该问题往往影响的地域范围广、数据量巨大,因此地理信息技术应用于水环境污染防治和水环境管理势在必行。

对于水环境污染防治,需要 GIS 采集并存储水功能区的纳污能力、污染源分布位置、排污口的监测数据和污染物排放标准等。在 GIS 中还需要存储水功能区的基础地理数据和社会经济数据。通过 GIS 的空间查询功能可以为防治水环境污染提供参考依据。如果污染事件发生,通过 GIS 的查询功能可以快速定位污染事件发生的位置,了解污染源的排污强度和水文情势。通过 GIS 的空间分析功能,结合相关水文模型,模拟预测污染物在一定时间范围内的时空分布特征,为迅速制订相关应急方案提供决策依据。

水环境管理就是管理与监测水资源周边环境,以防治水体环境恶化或改善水体环境质量为目标。可以通过组织、调整、控制和协调等手段,尽量避免会使水环境遭受污染的活动出现,以确保区域内的水环境能满足人们生活或生产的需要。水环境管理涉及数据广泛,包括各种空间数据、属性数据和社会经济数据。GIS 应用于区域水环境管理主要是以 GIS 为基础平台开发区域水环境管理信息系统或者区域水环境管理决策支持系统或专家系统。在这些系统中需要将 GIS 技术、水环境相关数据、各种水质模型、规划设计方案、环境评价模型及社会经济模型等集成,通过一定的算法计算,为区域水环境管理决策提供依据。由北京大学联合长江流域水环境监测中心开发了全国水环境决策支持系统。该系统也是在 GIS 基础平台上集成了水环境管理的其他模块功能。这个系统是一个面向国家、流域、省(市)及某一具体区域的水环境管理系统,可以实现多目标、多层次、多参数的水环境空间分析。该系统还可以为水环境管理提供模拟决策方案,并比较方案优劣。该系统采集并在空间数据库中存储了全国七大流域及其主要支流的地形、地貌、土壤、植被、气象、水文、河流水力学特征等基础地理数据。该平台集成了 GIS 强大的空间分析功能和多种河流水质模拟模型,为决策者管理流域水环境提供决策依据。利用存储在已有数据库中的各种空间数据,结合流域土地利用现状、污染物的排放状况、环境污染事故等实时数据,经过模型算法运算,可以为决策者获取以下信息:①全国七大江河、某一流域(区域)的动态水质空间分布状况;②全国七大江河、某一流域(区域)在具体某一特征条件下水质的时间、空间分布预测;③某一流域(区域)内污染物的总量控制方案及其执行结果以及优化污染控制方案;④环境污染事故发生后,全国七大江河可能受到的危害程度和影响范围、控制措施的选择及其执行结果的模拟。

8.5　水土流失与GIS

水土流失是地球表面物质在各种动力驱使下迁移的一种自然现象。全球大部分区域存在不同程度的水土流失，包括各种自然条件下的水力侵蚀、风力侵蚀、冰蚀、冰冻风化和融冻泥流以及重力侵蚀中的崩塌、滑坡、泥石流等山地灾害。人类出现后，自然和人类活动共同驱使水土流失。水土流失逐渐成为可持续发展所面临的世界性问题之一。

中国的水土流失问题引起了社会各界的高度重视。管理部门先后在主要江河流域重点防治区建设了水土保持监测站网，借助地理信息技术，将防治区内水土流失相关数据进行集中存储管理。水土流失下垫面数据可以利用具有周期性和视域广特点的遥感技术采集，位置数据可以利用具有高精度定位特点的GPS采集。

有效监测水土流失和评价水保措施的效益是研究水土流失的重要内容。各种水土侵蚀模型是进行水土流失研究的热点，然而这些水土侵蚀模型的传统方法需要大量的经费、时间和人力的投入。20世纪80年代后，随着GIS的成熟，GIS开始与土壤侵蚀模型——修正的通用土壤流失方程（the Revised Universal Soil Loss Equation，RUSLE）相结合进行流域水土流失量的预测和估算，已成为水土流失动态研究的有力工具。GIS与RUSLE相结合可以预测研究区的水土流失量，为流域内土地利用规划提供科学决策的依据和手段。在该方法中，GIS空间分析主要使用栅格数据，可以测算每个栅格单元的侵蚀量，并分析研究区引起水土流失的关键因子。

8.5.1　RUSLE侵蚀模型介绍

RUSLE模型是目前国内外应用广泛的土壤侵蚀预测模型之一。RUSLE模型是由美国通用土壤流失模型USLE修正而来的。

1. RUSLE模型开发背景

国际上水土流失预报模型的研究以美国最为突出。1965年，Wischmeier和Smith建立了著名的通用土壤流失方程(USLE)。该方程是在大量流域小区监测资料和人工模拟降雨试验等基础上建立起来的。USLE自诞生以来，在美国和国际上其他国家得到广泛应用，尤其在水土侵蚀的预测预报和水土保持规划方面最为常见。USLE模型只涉及降雨侵蚀力指标，其他影响径流发生和变化，且与土壤侵蚀紧密关联的因子却未考虑；同时，也忽略坡长、坡度与降雨等相关因子的交互作用。因此，USLE模型只是一个根据经验数据归纳(特别是统计)得到的模型，没有透彻分析侵蚀过程及机理。随着科技的不断发展和人类认知水平的提高，学者们渐渐认识到USLE模型的不足。于是，在20世纪70年代后期，美国农业部提议将计算机技术用于土壤侵蚀计算中，代替传统USLE模型的手工计算、绘图等。基于先进的现代化测试技术和计算机模拟水平，结合土壤侵蚀原理和泥沙输移的动力机制，产生了修正的通用土壤流失方程。为了进一步完善USLE模型，在不断试验和模拟的基础上，美国农业部于1992年12月首次推出新一代RUSLE模型，即修正的通用土壤流失模型。RUSLE模型于1997年被美国农业部国家自然资源保护局正式施行，且在全球范围内获得广泛使用。

2. RUSLE模型结构

RUSLE模型的方程形式简单，参数容易获取，且各因子可用通俗易懂的语言描述其物理量，成为现今土壤侵蚀量估算的常用方法之一。其模型公式如下：

$$A = R \cdot K \cdot L \cdot S \cdot C \cdot P \tag{8-1}$$

式中：A 为单位面积上的年均土壤流失量（t/(hm^2·a)）；R 为降雨－径流侵蚀指数（MJ·mm/(hm^2·h·a)），一般用长期年均降雨侵蚀力指数表达；K 为土壤可蚀性因子（t·hm^2·h/(MJ·hm^2·mm)）；L 为坡长因子；S 为坡度因子；C 为作物栽培管理因子；P 为水土保持工程措施因子。

RUSLE 模型的公式中各因子详细阐述如下。

1）降雨侵蚀力因子（R 因子）

对于 R 因子来说，可以通过年降雨量或月降雨量来估算。实际应用中要采用哪种方法，可以根据研究区的降雨情况和降雨记录情况选择合适的方法。

降雨侵蚀力可利用月降雨量估算，公式如下：

$$R = \sum_{i=1}^{12} 0.012\,5 P_i^{1.629\,5} \tag{8-2}$$

式中：P_i 表示第 i 月降雨量（mm）。

降雨侵蚀力还可利用年降雨量估算，公式如下：

$$R = -0.033\,4P + 0.006\,661P^2 \tag{8-3}$$

式中：P 表示年降雨量（mm）。

2）土壤侵蚀力因子（K 因子）

K 因子反映了土壤对侵蚀的敏感性。有诸多方面的要素或原因会影响到 K 因子值。通常，若土壤质地越粗（或越细），其 K 值就会较低，敏感度相对较差，较不易受到侵蚀；相反，若土壤质地适中，其 K 值反而会较高，敏感度也相对较强，较易受到侵蚀。在土壤侵蚀和生产力影响估算（Erosion-Productivity Impact Calculator, EPIC）模型中，Williams 等人提出了 K 因子值计算方法，借鉴此方法，利用土壤中含碳有机化合物与颗粒组成因子进行估算。具体计算公式如下：

$$K = \{0.2 + 0.3\exp[-0.025\,6S_d(1 - S_i/100)]\} \cdot [S_i/(C_1 + S_i)]^{0.3} \cdot \{1.0 - 0.25 \cdot (C/1.724)/[C/1.724 + \exp(3.72 - 2.95 \cdot (C/1.724))]\} \cdot \{1.0 - 0.7(1 - S_d/100)/\{1 - S_d/100 + \exp[-5.51 + 22.9(1 - S_d/100)]\}\} \cdot 0.131\,7 \tag{8-4}$$

式中：S_d 为砂粒含量，S_i 为粉粒含量，C_1 为粘粒含量，C 为有机质含量。

3）地形因子（L、S 因子）

地形因子主要计算地形的坡长和坡度因子，RUSLE 模型由坡度和坡长计算每个像元的 L 和 S 值，然后求每段坡的 L 和 S，最终求得整个坡面的 L 和 S 值。

坡长因子采用如下公式计算：

$$L = \left(\frac{l}{22.13}\right)^m \tag{8-5}$$

式中：L 为坡长因子，l 为像元坡长，m 为坡长指数。

像元坡长的计算公式如下：

$$l_i = \sum_{1}^{i} (D_i/\cos\theta_i) - \sum_{1}^{i-1} (D_i/\cos\theta_i) = D_i/\cos\theta_i \tag{8-6}$$

式中：l_i 为像元坡长，D_i 在实际空间上是沿径流方向每像元的坡长在水平面的投影长度（在栅格数据中是两个相邻栅格单元的中心距，随栅格单元的坡向而异），θ_i 为每个像元的坡度

(°),i 为自山脊像元至待求像元个数。

对于栅格数据中的每个栅格单元与周边的八个栅格的距离 D 有两种值(图8-6),分别为$\sqrt{2}$和1,当流向为32,128,8,2的时候,距离为$\sqrt{2}$,其他情况下距离为1。

32	64	128
16		1
8	4	2

图8-6　像元坡长示意

m 取值如下:

$$m=\begin{cases}0.5 & \beta \geqslant 5\% \\ 0.4 & 3\% \leqslant \beta < 5\% \\ 0.3 & 1\% \leqslant \beta < 3\% \\ 0.2 & \beta < 1\%\end{cases} \tag{8-7}$$

式中:β 为像元坡度(%)。

坡度因子分段计算,公式如下:

$$S=\begin{cases}10.8\sin\theta+0.03 & \theta<5^{\circ} \\ 16.8\sin\theta-0.5 & 5^{\circ}\leqslant\theta<10^{\circ} \\ 21.91\sin\theta-0.96 & \theta\geqslant 10^{\circ}\end{cases} \tag{8-8}$$

式中:S 为坡度因子,θ 为坡度。

4)植被覆盖度因子(C 因子)和水保措施因子(P 因子)

植被覆盖度因子,又称作物栽培管理因子。经验指出,植被覆盖度与土壤侵蚀量关系极大。在不考虑其他环境因子值的前提下,植被覆盖度越小,土壤流失量越大;反之,植被覆盖度越大,则土壤流失量越小。流域的 C 因子赋值如表8-1所示。

表8-1　不同土地利用 C 因子值

土地利用类型	旱地	水田	交通用地和水体	草地	居民地	林地
C 因子	0.31	0.18	0	0.06	0.2	0.006

采用水土保持措施后的水土流失量与顺坡种植时的水土流失量之比为水土保持工程措施因子。其中,横坡耕作、等高带状种植或修建地埂、梯田等控制措施属于此因子范畴。通过关联土地利用图与 P 因子值的属性库文件记录,依次将 P 因子值赋予土地利用图,最终获得 P 值因子图。自然植被 P 因子为1,坡耕地为0.35,水稻是梯田修筑最好的一种土地利用,P 值为0.01。

8.5.2　数据收集

从 RUSLE 模型中的因子不难发现,应用 RUSLE 模型研究流域水土流失,需要收集如下数据:①矢量数据,包括研究区界线、气象数据、土地利用数据和土壤数据;②栅格数据,即地形数据。

在该实验过程中,会涉及很多数据,获取也比较困难。例如数字高程模型(DEM)、降雨数据、土壤机械组成、土壤类别、土壤有机质含量、遥感影像等都属于实验中的主要数据。降雨数据需要气象站监测的记录,如日降雨量、月降雨量或年降雨量;土壤可蚀性因子数据主要从研究区的土壤类型图和土壤志获取;遥感数据主要用来获取土地利用类型。

8.5.3 GIS 建模

利用脚本文件实现空间建模,使 GIS 各种分析工具在 GIS 建模环境下实现 RUSLE 模型中的各个因子自动化计算。为 GIS 建模可以选择 ArcGIS 平台的 Model Builder 环境。

1. *R* 因子 GIS 建模

为获取 R 因子,主要是应用收集的研究区所有雨量站记录的年降雨量的点状矢量数据生成泰森多边形,然后将泰森多边形栅格化,再应用栅格化的泰森多边形和公式(8-3)计算研究区的降雨侵蚀力因子 R。建立的获取 R 因子的 GIS 模型如图 8-7 所示。

图 8-7 *R* 因子 GIS 建模

计算研究区降雨侵蚀力因子 R 的公式(8-3)在模型的"Single Output Map Algebra"中用脚本语言代码实现,其内容如下:

0.006 661 1 * [Climate_raster] * [Climate_raster] - 0.033 4 * [Climate_raster]

在模型中矢量数据栅格化的过程中,输出的栅格数据的分辨率要与地形数据重采样后的分辨率一致。

2. *K* 因子 GIS 建模

为获取 K 因子,主要应用收集的研究区土壤质地面状矢量数据,不同的土壤质地在属性表中都记录了砂粒含量(SAND)、粉粒含量(SILT)、粘粒含量(CLAY)和有机质含量(OM)四个字段。根据以上四个字段,将矢量数据栅格化,生成四个栅格数据层,分别对应 SAND 层、SILT 层、CLAY 层和 OM 层,应用这四个栅格层和公式(8-4)便可计算研究区的土壤侵蚀力因子 K。建立的获取 K 因子的 GIS 模型如图 8-8 所示。

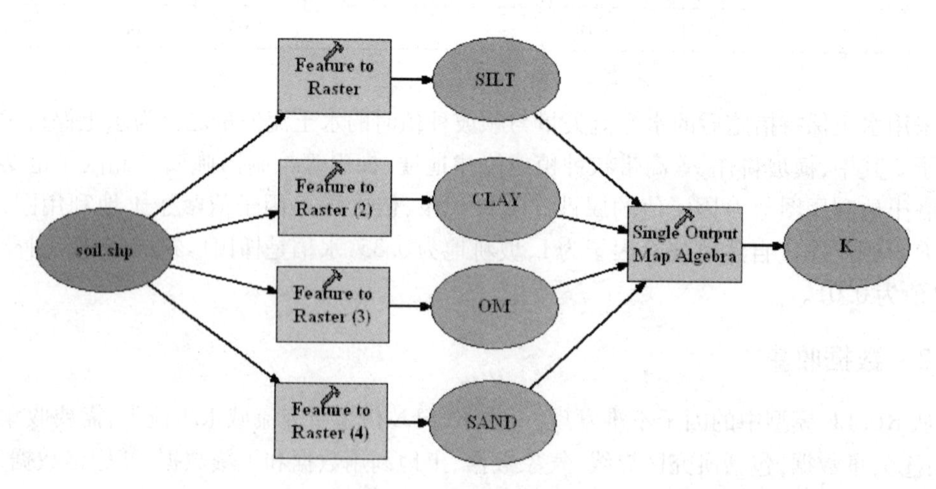

图 8-8 *K* 因子 GIS 建模

计算研究区土壤侵蚀力因子 K 的公式(8-4)在模型的"Single Output Map Algebra"中

用脚本语言代码实现,其内容如下:

0.1317 * (0.2 + 0.3 * exp(- 0.0256 * [SAND] * (1 - [SILT] / 100))) * pow(([SILT] / ([CLAY] + [SILT])),0.3) * (1 - 0.25 * ([OM] / 1.724) / (([OM] / 1.724) + exp(3.72 - 2.95 * ([OM] / 1.724)))) * (1.0 - 0.7 * (1 - [SAND] / 100) / (1 - [SAND] / 100 + exp(- 5.51 + 22.9 * (1 - [SAND] / 100))))

在模型中矢量数据栅格化过程中,每次栅格化要应用矢量数据中的属性数据的不同字段,而且输出的栅格数据的分辨率同样要和 DEM 重采样后的分辨率一致。

3. *S* 和 *L* 因子 GIS 建模

地形因子中的 *S* 和 *L* 因子主要从数字高程模型(DEM)中获取,应用 ArcGIS 软件工具箱中的相关工具,建立的获取 *S* 和 *L* 因子的 GIS 模型如图 8-9 所示。

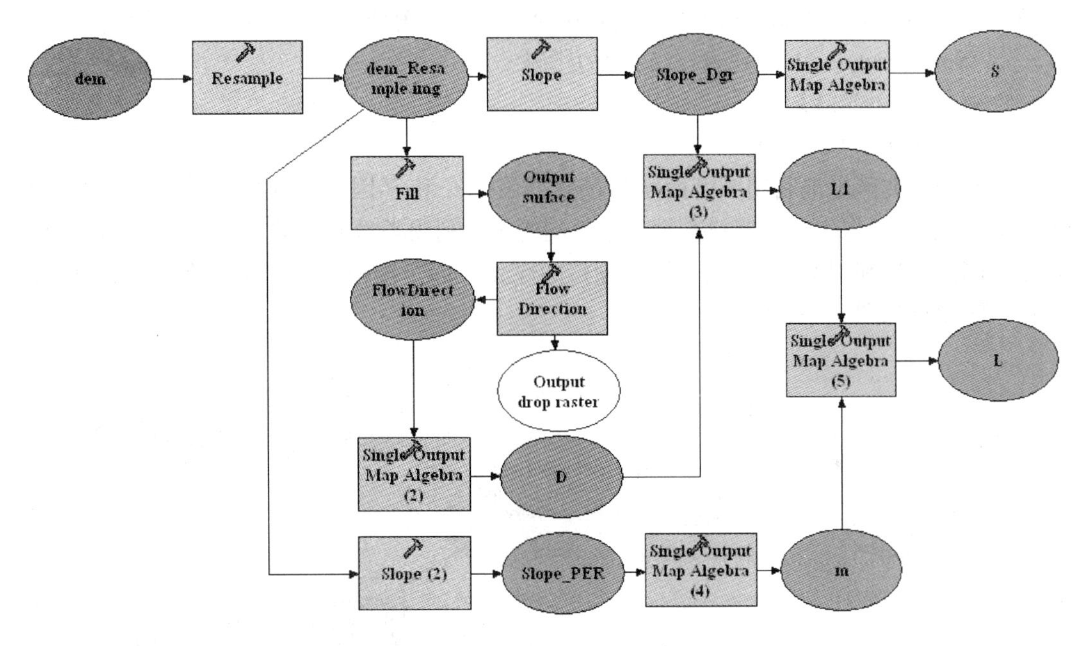

图 8-9　*S* 和 *L* 因子 GIS 建模

1) *S* 因子

求取 *S* 因子的公式(8-8)在模型"Single Output Map Algebra"中用脚本语言代码实现,其内容如下:

Con([Slope_Dgr] < 5,10.8 * Sin([Slope_Dgr] * 3.14 / 180) + 0.03,Con([Slope_Dgr] > = 5 & [Slope_Dgr] < 10,16.8 * Sin([Slope_Dgr] * 3.14 / 180) - 0.5,21.91 * Sin([Slope_Dgr] * 3.14 / 180) - 0.96))

这段脚本语言代码使用的是条件选择语句 Con,类似于 C 语言中的 if 语句,其写法为 Con(条件 1,如果条件为真执行,如果条件为假则不执行)。如果多个条件进行嵌套,就要写成 Con(W1,T1,Con(W2,T2,Con(W3,T3,Con(W4,T4,……)))),W 代表条件,T 代表条件为真时执行的语句。

2) *L* 因子

欲求取 *L* 因子首先需要求的是公式(8-5)中的 l 和 m。求取 l 的公式(8-6)和公式中的 D 在模型中的"Single Output Map Algebra(3)"和"Single Output Map Algebra(2)"中用脚

本语言代码实现;求取 m 的公式(8 - 7)在模型中的"Single Output Map Algebra(4)"中用脚本语言代码实现;求取 L 的公式(8 - 5)在模型中的"Single Output Map Algebra(5)"中用脚本语言代码实现。这些脚本语言的代码内容主要如下。

(1)Single Output Map Algebra(2)中的代码:

Con([FlowDirection] = = 2 | [FlowDirection] = = 8 | [FlowDirection] = = 32 | [FlowDirection] = = 128 , Sqrt(2) * 90 ,1 * 90)

此代码中的90为数字高程模型重采样后的分辨率。

(2)Single Output Map Algebra(3)中的代码:

[D] / Cos([Slope _ Dgr] * 3.14 / 180)

(3)Single Output Map Algebra(4)中的代码:

CON([Slope _ PER] > = 0.05,0.5,CON([Slope _ PER] < 0.05 & [Slope _ PER] > = 0.03,0.4,CON([Slope _ PER] > = 0.01 & [Slope _ PER] < 0.03,0.3,0.2)))

(4)Single Output Map Algebra(5)中的代码:

Pow([L1] / 22.13,[m])

4. *C* 和 *P* 因子 GIS 建模

收集的研究区土地利用类型面状矢量数据用于 *C* 和 *P* 因子的获取。首先需要将矢量数据栅格化,然后将生成的栅格数据根据不同的土地利用类型对应的 *C* 因子和 *P* 因子的值赋给不同的土地利用类型,生成 *C* 因子栅格图层和 *P* 因子栅格图层。建立的获取 *C* 和 *P* 因子的 GIS 模型如图 8 - 10 所示。

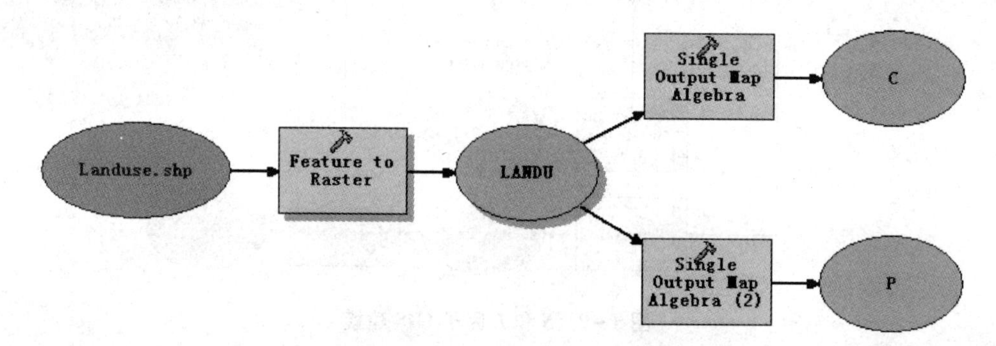

图 8 - 10　*C* 和 *P* 因子 GIS 建模

不同土地利用类型对应的 *C* 值和 *P* 值的赋值运算在模型中的"Single Output Map Algebra"和"Single Output Map Algebra(2)"中用脚本语言代码实现,其主要内容如下。

(1)Single Output Map Algebra 中的代码如下:

Con([LANDU] = = 11,0.18,Con([LANDU] = = 12,0.31,Con([LANDU] > = 20 && [LANDU] < = 23,0.006,Con([LANDU] > = 31 && [LANDU] < = 33,0.06,Con([LANDU] = = 52,0.2,0)))))

(2)Single Output Map Algebra(2)中的代码如下:

Con([LANDU] = = 11,0.01,Con([LANDU] = = 12,0.35,Con([LANDU] > = 21 && [LANDU] < = 23,1,Con([LANDU] > = 31 && [LANDU] < = 33,1,0))))

研究区土地利用矢量数据栅格化生成的栅格数据的分辨率同样要保证与 DEM 数据重采样后的分辨率一致。

5. RUSLE **模型 GIS 建模**

在 R、K、S、L、C 和 P 因子的 GIS 模型建立好之后，为了计算单位面积上的年均土壤流失量，即实现公式（8－1）的计算，必须将六个因子组织在一起建立 RUSLE 模型的 GIS 建模（图 8－11）。

RUSLE 模型的计算公式（8－1）在建立好的 RUSLE 的 GIS 模型中"Single Output Map Algebra（10）"中用脚本语言代码实现，其主要内容如下：

```
[K] * [R] * [P] * [C] * [L] * [S] * 100
```

代码中乘以 100 是进行了单位转换，将计算结果的单位由 $t \cdot hm^2/a$ 转换成了 $t \cdot km^2/a$。计算获得 A 栅格图层后，依据中华人民共和国水利部颁发的土壤侵蚀强度划分标准，将其划分为微度、轻度、中度、强度、极强度和剧烈侵蚀六类（表 8－2）。

表 8－2　流域土壤侵蚀强度分级

侵蚀分级	侵蚀模数/（$t \cdot km^2/a$）
微度侵蚀	< 500
轻度侵蚀	500～2 500
中度侵蚀	2 500～5 000
强度侵蚀	5 000～8 000
极强度侵蚀	8 000～15 000
剧烈侵蚀	> 15 000

在 RUSLE 的 GIS 模型中，计算获得 A 之后添加重新分类工具，将 A 栅格图层按照表 8－2 重新分类、赋值，然后统计每个等级的面积和百分比。

8.5.4　模型界面设置

RUSLE 模型的 GIS 模型建立好之后，为了下一次或其他人能够直接顺利的利用，可以为这个模型建立自己的使用界面，而且可以添加这个模型的使用说明以及每个因子的使用说明。RUSLE 模型使用界面如图 8－12 所示。

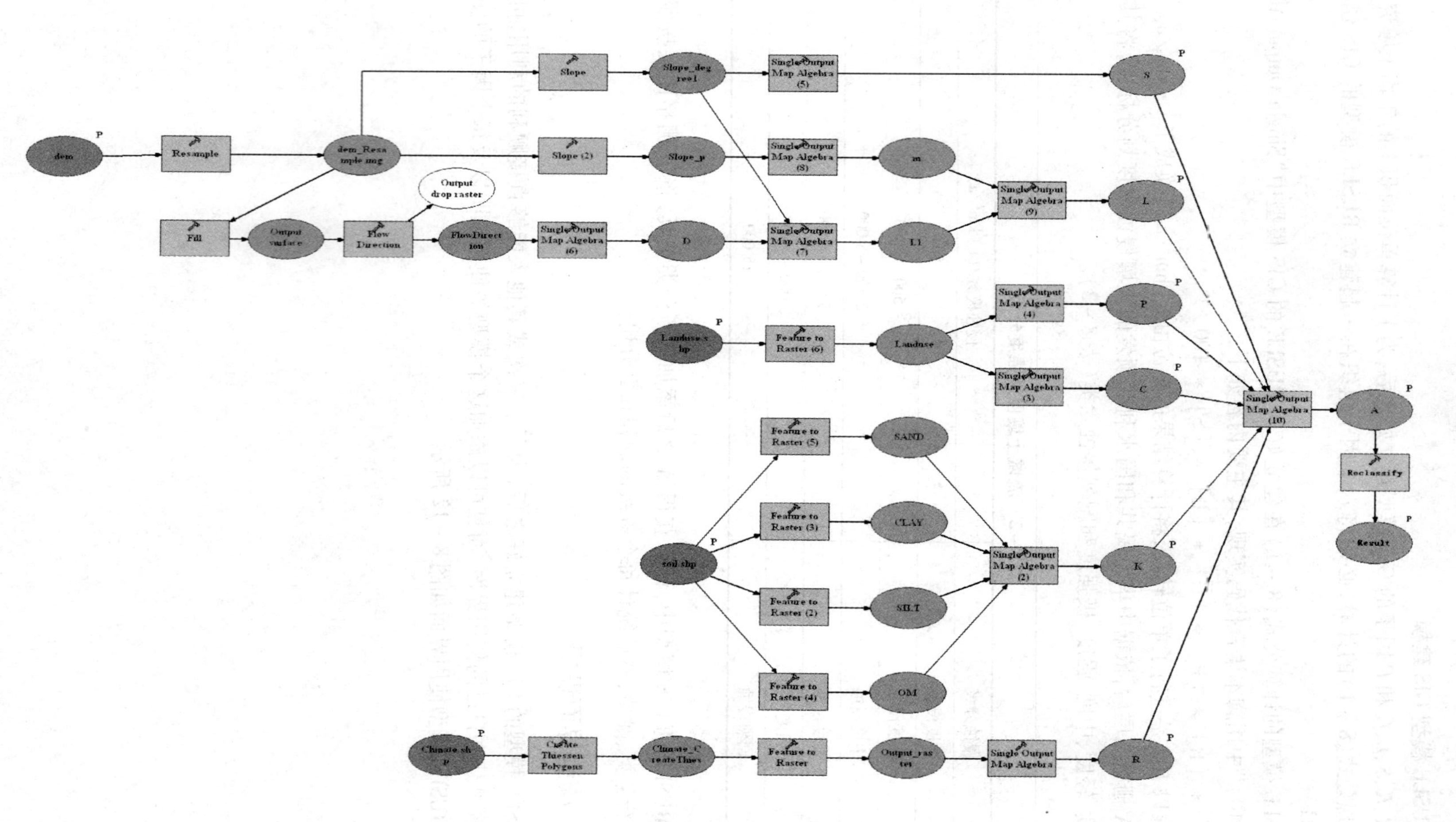

图 8-11 RUSLE 模型GIS 建模

图 8－12　RUSLE 模型使用界面

练　习　题

1. 问答题

(1)GIS 在水利水电工程中有何应用?

(2)GIS 在水文水资源中有何应用?

(3)GIS 在水环境科学中有何应用?

2. 分析题

假设计算某地区的水土流失,请分析需要准备的空间数据,并设计计算模型。

3. 论述题

论述 GIS 在水科学中的应用,并举例说明。

第9章　土木工程中 GIS 的应用

随着中国城市化步伐的加快,土木工程作为人类改变自然、改善人民居住环境的重要手段,正在发挥重要作用。GIS 软件功能日趋多样化,其中的一些功能正在向土木工程领域应用并促进土木工程中若干重要研究方向的进一步深入发展。从一定程度上讲,GIS 的应用将加快土木工程的信息化建设,引起土木工程管理方式的深刻革命,促进土木工程技术和施工手段的革新。目前,土木工程师们对工程的管理思想和施工的思维方式正在受到 GIS 技术应用的影响和改变。

本章主要介绍 GIS 在土木建筑工程中的应用,阐述 GIS 在工程勘察、工程制图、辅助管理和设计、安全监测和地震危害性分析等方面的应用,最后以案例的方式讲解 GIS 技术在土方填挖工程中的应用。

9.1　概述

20 世纪 80 年代以来,GIS 得到广泛应用,在许多领域发挥着其处理空间数据的优势。GIS 在土木工程领域的应用也存在着潜在的市场。GIS 可以处理海量数据,实现其空间分析的优势。就实际情况而言,土木工程中处理的数据往往具有空间定位的特性,GIS 处理海量数据的能力和空间分析功能,可以加快土木工程施工中的数据处理速度。一项重大的土木工程,从规划、设计到施工、建成,都需要处理大量的土木工程空间数据。每项土木工程都与空间地理环境密切相关,如拟建建筑物位置的选择、道路桥梁规划位置的布置、建筑物地基地质环境分析、地下管线的空间布局等都需要空间数据和空间信息的支持。GIS 在土木工程中的应用既能快速解决这些问题,又能保证结果的客观性和可行性。目前,GIS 在工程监测、施工管理及震害预测评估中的应用都显示了其特有的优越性。

9.2　岩土工程与 GIS

9.2.1　工程地质勘察

将 GIS 技术应用于工程地质勘察,可以利用 GIS 管理空间数据、处理空间数据进行空间分析的强大功能,将工程地质勘察或区域地质调查中获取的基础地理信息成果资料(如各种图形、图像、表格、文本报告)进行统一的存储、管理、分析和显示。根据采集的二维平面数据可以生成地质岩性二维分布图形并分析计算;二维平面数据结合钻孔采集的岩性数据可以建立三维地质结构模型。在工程地质勘察中采用虚拟现实、三维建模等可视化技术,可以仿真、形象地表达地质结构以及岩性单元的空间展布特征,促进岩土工程的数字化、信息化、可视化。GIS 在工程地质勘察中的应用,建立工程地质空间信息系统,可为管理部门和工程施工单位提供有效的工程地质信息和科学决策依据。

目前,国内将 GIS 科学技术应用于工程地质勘察的业务流程中,开发相关的 GIS 专业应用系统成为GIS应用软件研发的一个新方向。在这个新方向上，国内也不乏优秀案例，如MapGIS工程勘察信息系统、理正工程地质勘察系列软件等。典型的工程地质勘察GIS由以下几个功能模块组成。

1. 数据采集与管理

工程地质勘察业务流程中的数据采集与管理主要实现对地理背景数据、岩土勘察数据等的输入、编辑、存储、检索、显示等。工程地质勘察中采集的数据需要数据库管理，可根据实际工程的需要建立地理背景数据库和岩土勘察数据库，以实现对勘察数据的存储和更新。工程勘察GIS软件兼有GIS管理空间数据的能力，可以同步管理诸如钻孔数据和平面图形数据，钻孔数据可以作为平面图形的属性数据存储于属性表中。各种地质体的三维建模结果和成果资料的存储与管理以及多种空间分析和统计图表成果的存储与管理，可以作为工程地质勘察地理信息管理系统的功能。

2. 空间分析及应用

GIS空间分析的功能在工程地质勘察中可以实现：①生成钻孔布置平面布图、岩土层柱状图和岩土剖面图等基本图件；②根据离散的钻孔测试数据生成等值线，如某种成分含量等值线、某种岩层层厚等值线、某种岩层的底面和顶面的深度等值线等；③根据钻孔采样的试验数据进行缓冲分析和叠加分析；④根据钻孔采样的试验数据进行空间自相关等空间统计分析。

3. 三维地质结构可视化

GIS在工程地质勘察中的应用，可以根据岩性平面数据和钻孔数据自动建立地质岩性空间展布特征的三维地质结构模型。通过虚拟现实、三维建模技术可视化地质体的三维结构。对于地质环境比较复杂的地质单元，可以通过工程地质实测剖面修正三维建模，处理地质岩层的夹层、地质岩层尖灭、透镜体地质体等特殊岩土现象。同时，对地质体的三维模型可以提供多种方式的可视化表达，如透视图、阴影图、晕眩图或者生成任意位置的剖面图、切割模型等。

4. 成果生成和输出

GIS在工程地质勘察中的应用能生成多种多样的平面图件、各种统计图表，这些成果可以灵活方便的屏显输出和打印输出，还可以对地质体的三维模拟结果生成静态图、动态图等成果并屏显输出。对于地质体的空间分析和量算的结果可以屏显输出和打印输出。

9.2.2　岩土工程制图

GIS技术起源于计算机辅助设计和计算机辅助制图，采用GIS技
达到CAD制图的输出效果，并实现工程信息的综合应用。在土木
中，很多工作内容和工作成果虽然不是GIS的研究领域，但是处
据为主的，往往需要图形图像的拼接处理。土木工程制图
理参数要求不高甚至不做要求。土木工程制图中引入
理功能，实现制图的准确性和高效快捷的效果。

1. 岩土地质等值线生成

岩土工程中地质等值线图是一种应用
上岩土特性在二维平面空间的展布现
的图形。如土层厚度、某岩性厚度

形。岩土地质等值线是岩土地质数据的图形化表达。这种图可以使决策者和施工人员清楚地看到岩土地质数据变化的趋势和计算机空间差值模拟的直观结果,是反映区域地质情况的重要图件之一。

2. 岩体性质分布图编制

自然界中地物相关性原理描述了地物性质的相关性与距离有关,即距离相近的事物比距离远的事物具有更大的相似性。在地质岩层性质空间分布的现象中,这种地物相关性原理也得到了广泛印证,并将其应用在了各类工程地质图件的编制中。如利用钻孔采样数据绘制工程地质的岩性剖面图以及绘制工程地质中各种专题的等值线时,采用的反距离权插值方法就应用了这种原理,即离插值点越近的采样样本点被赋予的权重越大,对插值点的取值或性质影响越大。但在岩体性质空间分布图的编制过程中,钻孔采样样本点的数据往往是有限并离散的,为了推断钻孔采样点之间的岩性分布情况,应用地物相关性原理也是比较合理的。

Voronoi 多边形是利用有限离散的已知空间位置的点集合对空间平面进行空间划分,形成分割单元组成的多边形,又叫泰森多边形。它是荷兰气候学家利用气象站监测的降雨量估算平均降雨量时提出的。这种方法是根据离散分布的气象站监测的降雨量来计算连续空间范围内的平均降雨量。该方法是将所有相邻的气象监测站(点数据)作为顶点连成三角形,分别作所有三角形每条边的垂直平分线,这些垂直平分线相互相交并形成多边形,每个多边形内会包含唯一的一个气象监测站点。这些所有的多边形便构成 Voronoi 多边形。用每个多边形内所包含的气象监测站点监测获取的降雨强度来代表每个多边形连续空间区域面内的降雨强度。

Voronoi 多边形的原理和特点表明其很好地反映了这种相近相似原理。因此,在岩体性质分布图的编制过程中,采用 Voronoi 思想也是科学合理的。一些大型 GIS 软件,如美国 ERSI 公司推出的 ArcGIS、中国中地数码集团研发的 MapGIS 等,均可完成 Voronoi 多边形的剖分和分析。

3. 图幅拼接

图幅拼接也是岩土工程中施工图纸绘制时经常遇到的问题,尤其在道路桥梁工程领域。岩土工程专业的学生毕业设计中经常会遇到这类问题。在土木工程中,尤其是道路桥梁工程的施工图纸比较狭长,需要多人分幅协同完成。这就带来一个问题,每个人的工作完成后需要将多幅施工图拼接。引入 GIS 技术后,在每幅图上定义相同的坐标系,并在图幅内定义关键点的坐标,这样便很容易实现图幅拼接。如果是将多幅已有图件进行扫描矢量化,可以事先选好相邻扫描图的重合点,在 GIS 软件中实现扫描图件的图幅拼接,然后再在 AutoCAD 中以拼接后的图件为底图进行矢量化。在土木工程制图中引入 GIS,提供了 GIS 处理土木工程制图问题的思路。

9.2.3 土方量计算

在大型岩土工程设计中首先要估算施工的土石方工程量。土木工程中土石方量的常规[illegible]算方法是:首先在工程区域的地面上布置合适间距的规则网格,实际测量每个网格的高[illegible]算每个网格的设计高程与实际测量的高程差值,就是每个网格的填挖方的高[illegible]格的面积和网格的填挖方高度,分别计算每个网格的填挖方并累加所[illegible]工程中的土石方量。这种常规方法的工作程序相当烦琐。

在GIS环境里,用户可以应用数字高程模型重现真实地形地貌或虚拟仿真各种复杂的三维形体,并且可以计算和查询例如面积、周长、距离、体积和剖面等信息,为进一步的空间决策服务。

在GIS环境中,土方量计算工作变得相对容易。在GIS中,首先建立原始地形的数字高程模型(DEM),再建立设计地形的数字高程模型,根据两个数字高程模型在GIS中进行地形空间分析,便很容易地计算出土石方量的工程量。

9.3　管理设计与GIS

9.3.1　辅助管理

GIS管理空间数据和社会经济属性数据的强大功能,在大型土木工程的施工过程管理、建成的土木设施的日常管理中可以发挥重要作用。

1. 辅助施工管理及进度监控

现代大型土木工程施工过程越来越复杂,需要应用工程管理的手段面对这个复杂的系统工程。在整个施工过程中,需要处理的数据量大、施工周期较长。为了能及时了解工情、监督质量和安全、监督施工进度及施工现场调度、避免施工决策的失误,目前在一些大型土木工程施工过程中已经采用了基于GIS技术的决策支持系统、可视会议等新技术。应用GIS学科的研究成果,采用新技术、新方法来强化大型土木工程的施工管理和进度监控,对施工进度控制及现场管理会产生很大帮助。

GIS的空间数据管理及可视化技术,可以提高土木工程施工过程管理的信息化,即辅助管理中的图形查询及空间分析需求。以GIS技术和多媒体技术为支撑,可以开发土木工程管理决策支持系统。该系统可以模拟集成指挥中心,以土木工程施工区域的地形地貌为背景数据,在可视化的GIS三维场景环境下,以多种形式(包括统计图表、数字、文字、图形图像)为管理者或施工人员提供施工过程中各种动态、静态信息;还可以实现施工过程仿真、高度优化决策支持功能。GIS技术在现代大型土木工程的施工过程管理中具有重要意义。

2. 土木设施管理和安全监测

已经建成的重要土木设施的有效管理和安全监测,是这些土木设施功能正常地、安全地发挥作用的有力保障。科学管理对于重要的土木设施非常重要,要求管理人员能实时掌握管理对象的情况,并且能够在这些重要土木设施出现问题时及时做出应急反应和应急措施。目前,对大型土木设施如高层建筑、大型桥梁隧道等的健康监测活动都是基于单体建筑考虑的。对于单体建筑行之有效,但是不方便管理部门的集中管理。要想在城市或区域范围内或者专门管理机构对多个重要土木设施进行集中实时监测,必须具备一个空间信息平台。

GIS提供空间定位查询和显示技术,可以为大型土木设施及设施群的管理与安全监测提供良好的技术支持。应用GIS基础平台可开发建立土木设施管理和安全监测系统。将摄像头或探测器与系统连接,可以直观地观察和监测土木设施的运行情况。对于出现问题的土木设施可以快速查询并定位于需要应急处理的对象。GIS在大型土木设施管理和安全监测中,可以将结构类型、设施环境(如地质环境、钻孔数据、振动源数据)、实时监测数据等大型土木建筑物单体数据输入到GIS空间数据库。系统还可以集成其他分析模型如土动力学模型、结构动力学模型、波形分析模型等安全评估系统,建立大型土木设施管理信息系统,管理并监测这些土木设施的安全。

9.3.2 道路设计

在GIS发展之初,以二维GIS发展较为普遍。二维GIS的本质是基于地物的抽象化和符号化系统,并不能使用户对其所描述的地物或自然界有身临其境的仿真感受。GIS在土木工程中的应用,三维GIS比二维GIS更能满足土木工程的需要。随着数据库技术与虚拟现实技术的发展,加之用户需求的日益提高,三维GIS在土木工程中应用已成为必然。

三维GIS对客观世界的地形起伏表达能给人以更真实的感受。在三维环境中空间对象的平面位置关系能清楚表达,垂向关系也能描述。三维GIS技术的不断革新,将对土木工程中某些领域的发展提供有力的工具。

道路工程是土木工程中的一个重要方面。道路工程的前期设计在三维GIS环境中可以方便地进行。在三维GIS环境中的DEM上可以模拟选择道路线,并且可以查询分析道路线经过地面的地形剖面。如果符合设计要求则定案,反之,要求继续选线,直到最终的选线符合设计要求。根据选择的道路线,在三维GIS环境中的DEM上虚拟生成道路。在施工前可以预算修建此路需要开挖的土石方量,并可以进行缓冲区分析,叠合社会经济背景数据,统计修建此路需要拆迁和占用良田带来的社会经济问题。

9.4 工程灾害监测与GIS

土木工程在建设过程和建成后的防震减灾中,对国民经济的发展以及人民生命财产的安全非常重要。目前,GIS技术逐渐在土木工程的防震减灾中得到广泛应用。

9.4.1 地震危害性分析及损失评估

土木工程中防震减灾的重要方向是地震危害性分析和损失评估。地震危害性分析主要包括危险性和易损性分析。地震危害性分析需要处理大量的空间数据,因而GIS在地震危害性分析中有广阔的应用前景。在地震危害性分析结果的基础上,集成社会经济数据可以进行地震损失预报预测等评估工作。

目前,国内外已有许多科研工作者和科研机构在研究将GIS技术应用于城市防震减灾工作中取得理想的效果和成果,应用GIS技术可以识别或判断地震对桥梁或高层建筑的危害性。在这个识别判断过程中将建筑物所处区域的地理背景数据、建筑物地震危害性模型和地面运动力学衰减模型结合起来,可以识别和判断给定区域内建筑物在地震环境下的易损性。

以GIS作为空间统计工具,可以研究地震破坏和地震烈度在空间上的分布规律或特征。将城市建筑物基本数据储存于空间数据库,并在GIS系统中进行空间匹配,可以开发具有实用价值的城市建筑物地震损失快速评估系统,为防震减灾及应急决策提供方案。

GIS技术在土木工程领域的防震减灾应用是否成功,关键在于空间数据、地震监测数据和建筑物等社会经济数据的正确性、完备性和实时性是否能得到有力保障。地震危害性分析及损失评估工作,需要建立在大量历史资料和实时实测数据的基础上,需要具备大量的样本性知识,使用这些知识构建的数学模型具有很强的经验性和不确定性。目前,土木工程界在分析这些数据或使用这些知识时通常采用人工智能系统。人工智能系统中以专家系统和神经网络为主。GIS 和人工智能系统的集成,可以使 GIS 平台上储存的土木工程数据、实时监测数据和社会经济数据获得最大限度的推理分析,因而人工智能系统和 GIS 的集成在评价地震危害性和损失评估方面具有重要意义。人工智能系统和 GIS 集成的优点在于,GIS 为人工智能系统提供推理时所需要的大量空间数据和社会经济数据,而人工智能系统可以保障空间数据的充分利用,为应急决策提供科学合理的方案,保障 GIS 在防震减灾中的深入应用。

9.4.2　沉降监测

随着中国经济的飞速发展,随处可见高楼大厦等大型土木工程建筑物的日益增多。大型土木工程建筑物的建成,必定会改变原有地面的受力分布情况,引起地面及地基周边土层的变形。为了确保这些大型土木工程建筑物的正常使用寿命和安全性,并为以后类似的大型土木工程建筑物的前期地质勘察、设计施工提供可靠的经验资料及相应的沉降参数,沉降监测的必要性和重要性愈加明显。

现行土木工程中的相关规范或标准规定,对于大型水库大坝或堤防及港口重要设施、高层或高耸建筑物、重要遗址或古建筑物、大型桥梁隧道等均要进行沉降监测。特别在大型构筑物建设施工过程中需要进行沉降监测,加强施工过程中构筑物的监控并合理指导施工程序及过程。沉降监测可以预防土木工程在施工过程中因地面不均匀沉降造成建筑物主体破坏或产生裂缝,造成巨大的经济、财产和生命的损失。沉降监测可以实时采集数据,为施工管理部门提供决策依据。

传统的沉降监测,提供的成果大多是大量枯燥的数据。如何将沉降监测成果和沉降观测点的布置以图形可视化的方式传递给决策者是非常重要的。GIS 技术强大的可视化功能可以完美地解决这个问题。

GIS 技术在沉降监测中的应用,可以开发沉降监测系统。在系统中可以将水准点的设置位置、沉降监测标志、大量实时采集的监测数据存储于 GIS 空间数据库。应用这些数据和 GIS 强大的制图功能,绘制水准点的平面位置图,可以计算每个观测点总沉降量和逐次沉降量,绘制每个监测点的沉降量、地基荷载与延续时间三者的关系曲线图。根据所有监测点的监测数据,在 GIS 中可以计算建筑物的平均沉降量、弯曲程度和倾斜程度,并可视化显示。在上述工作的基础上,系统可以自动编写沉降观测分析报告。在三维 GIS 技术的支持下,还可以将建筑物沉降监测的成果以三维形式输出,提供给施工人员或管理单位用以决策。

9.5　GIS 挖填方计算案例

在土木工程施工设计中,填挖土石方量的传统演算方法常用各点的填挖高度来代替各点的填挖方工程量,以简化计算工作量。随着 GIS 在铁路、道路工程中的逐渐应用,尤其是数字高程模型(DEM)的应用日益普及,利用 GIS 中的数字高程模型来进行土石方工程量的计算就成为可能。本节将以案例的形式讲解 GIS 在填挖方计算中的应用。

9.5.1　数据采集

土木建筑工程中应用 GIS 进行填挖方计算,离不开数字高程模型(DEM)。因此,需要采集填挖方计算范围内的地形数据,主要包括场地边界、现状地形和设计地形等数据。

1. **场地边界数据**

场地边界就是土木工程中填挖方计算的边界，在 GIS 中用面状数据记录。场地边界的采集可以用测绘仪器实地采集，也可以使用已有图件的数据。图 9－1 是实地采集的场地边界数据。

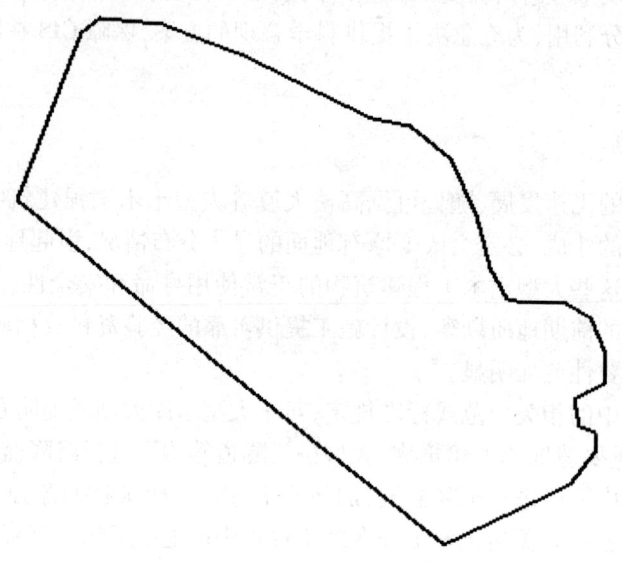

图 9－1　场地边界数据

2. **现状地形数据**

工作区域内填挖方之前的地形即为现状地形，地形测绘可以采用测绘仪器实地采集或者采用填挖方区域已有的地形数据。现状地形数据可以采用点状或线状数据记录。如果已有数据没有电子格式的，就需要将已有数据进行数字化。数字化可以采用手扶跟踪数字化仪或扫描数字化。图 9－2 是采用测绘仪器实地采集的现状地形等高点数据，进而可生成现状等高线（图 9－3）。

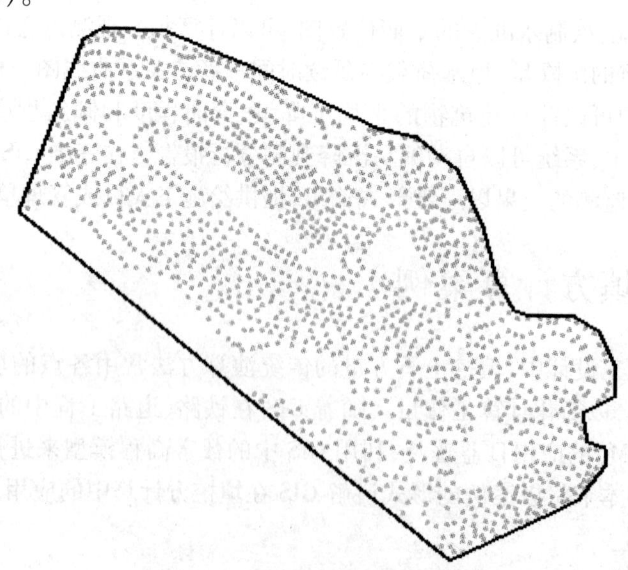

图 9－2　现状地形等高点数据

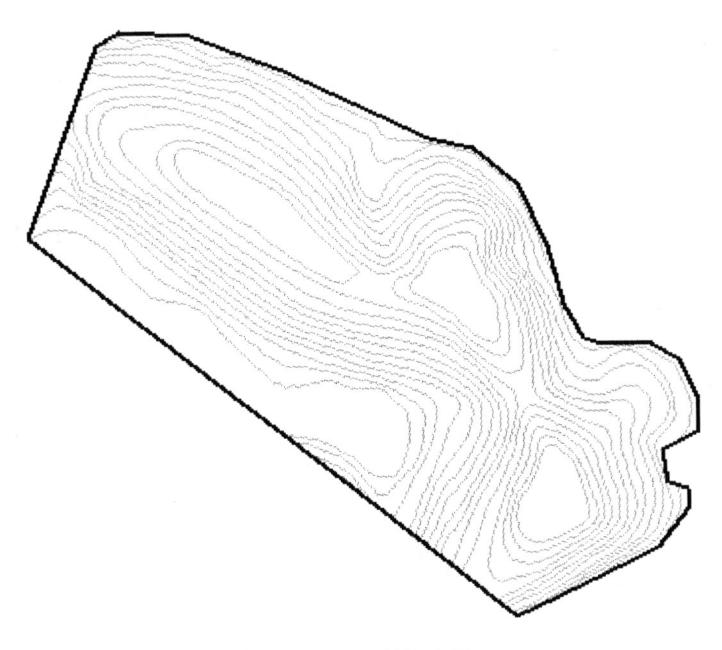

图 9－3　现状等高线

3. 设计地形数据

设计地形是填挖方区域内填挖方之后的地形，即土木施工之后的地形，是设计者按照工程要求设计的地形。设计地形数据同样可以采用点状或线状数据记录。设计地形不可能用测绘仪器进行实地测量，也不可能利用已有数据，而是设计者设计的地形。因此，设计地形数据的采集需要根据工程要求在 GIS 中将地形信息绘制出来(图 9－4)。

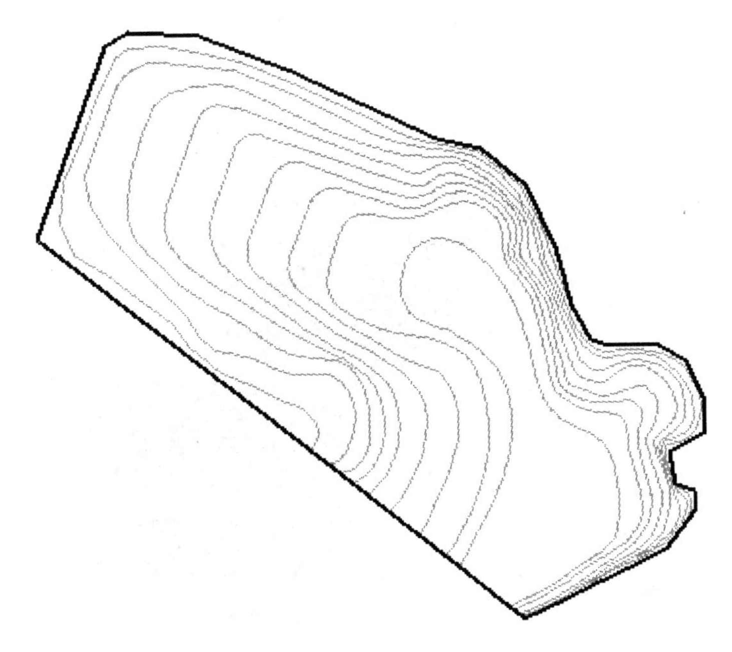

图 9－4　设计等高线

9.5.2 生成数字高程模型

应用数字高程模型计算填挖方量的中心思想是对比现状地形和设计地形的DEM。具体的做法是将填挖方区域按一定的网格间距分割，比较现状地形和设计地形中对应网格的高程，网格的面积乘以高差即是每个网格的填挖方量，所有网格的填挖方量则是整个填挖方区域的填挖方量。网格的大小决定了最终的填挖方量的计算精度。网格越小计算精度越高，反之亦然。因此计算填挖方量之前，需要根据现状地形和设计地形的高程数据分别制作DEM(图9-5和图9-6)。

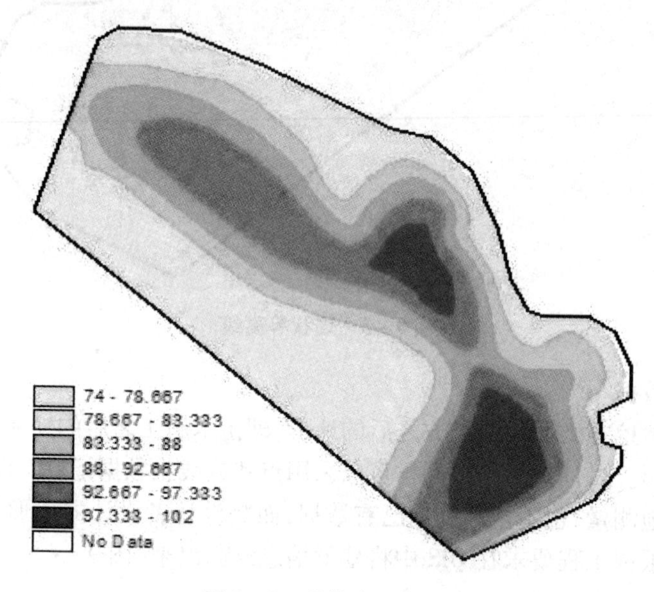

图9-5　现状地形DEM

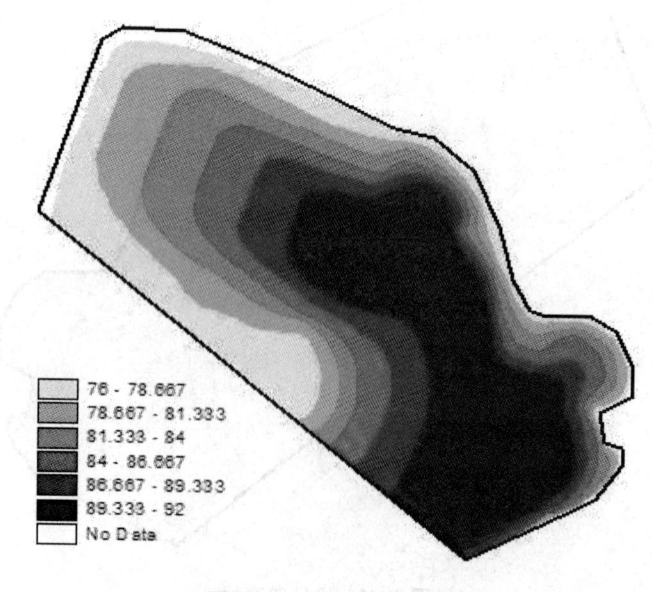

图9-6　设计地形DEM

9.5.3　填挖方量计算

应用现状地形和设计地形的DEM计算填挖方区域的填挖方量,计算完毕后产生填挖方计算栅格数据(图9－7)。该图中Net Gain表示净填方,Unchanged表示不填不挖,Net Loss表示净挖方,No Data表示缺少合适的数据。栅格数据的属性中记录了每个栅格单元的填挖方量Volume值,其中Volume值大于零的表示填方,小于零的表示挖方,等于零的表示不挖不填(图9－8)。在GIS软件中可以统计所有栅格单元的填挖方量,进而获得该栅格数据的填挖方体积的统计结果。若统计结果大于0,表示总填方大于挖方;反之,填方小于挖方。如图9－9所示,栅格数据的填挖方体积统计结果为75 888.119 m^3,说明总填方大于挖方。

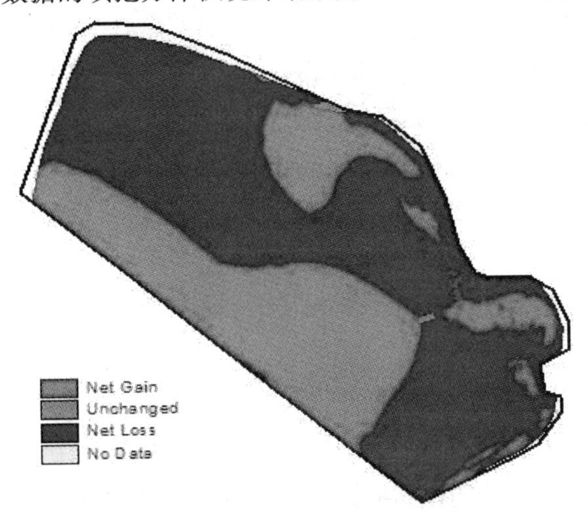

图9－7　自动计算产生的填挖方栅格数据

Attributes Of Cut-Fill betwe...

Value	Count	Volume	Area
29	3	0.073	3.000
30	34	0.000	34.000
31	2	-0.395	2.000
32	2	-0.111	2.000
33	3670	-7515.894	3670.000
34	15	-0.668	15.000
35	15729	-64863.984	15729.000
36	1	0.044	1.000
37	1	-0.014	1.000
38	76	0.000	76.000
39	2	0.000	2.000
40	13	0.000	13.000
41	2	0.181	2.000
42	58	34.907	58.000
43	2	0.175	2.000
44	1	-0.002	1.000
45	1	0.033	1.000
46	1	0.000	1.000
47	1	0.000	1.000
48	1	0.070	1.000

图9－8　栅格属性数据

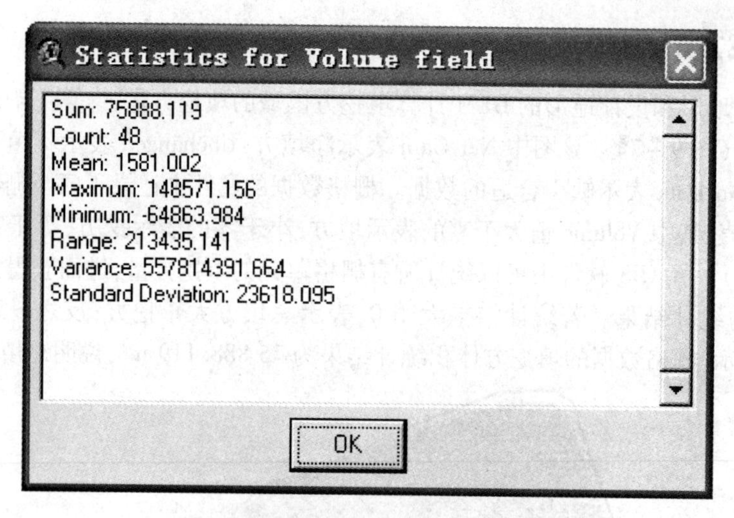

图 9-9 栅格数据的填挖方体积统计结果

练 习 题

1. 问答题

GIS 在岩土工程制图中有何应用?

2. 分析题

某工程区域要计算填挖土方量,请分析需要准备的空间数据,并设计计算步骤。

3. 论述题

论述 GIS 在土木工程中的应用,并举例说明。

第 10 章　环境工程中 GIS 的应用

本章主要介绍 GIS 在环境工程中的应用，重点对 GIS 技术在水污染和大气污染控制中的应用作详细阐述，最后以案例的方式讲解 GIS 在生态环境监测信息系统中的应用。

10.1　概述

目前，GIS 已经在诸多领域得到了广泛的应用。环境工程领域的环境保护与治理、环境污染监测、环境灾害监测和防治等，都需要处理大量空间数据。GIS 的优势正是管理空间数据、通过空间分析获取空间信息。因此，对于环境工程领域中的环境污染监测与控制、环境保护与污染治理等，GIS 可以起到至关重要的作用。

利用 GIS 技术可以将环境监测数据与地理背景空间数据建立关联，进行空间分析，输出各类环境专题地图，辅助环境保护与治理决策。GIS 在环境工程中的应用不仅可以节省大量的人、财、物等资源，最主要的是可以快速、高效地获得高精度的成果。GIS 应用于环境工程领域，将有利于环境工程的信息化、现代化、自动化，提高环境工程研究成果的可视化程度。GIS 对环境工程与科学的发展以及环境监测、环境保护的实施具有深远的意义。另外，利用 GIS 基础平台开发应用于环境工程领域的信息管理平台，需要打破行政管理界限、共享数据，使得管理系统的应用和服务发挥最大的效益，充分发挥 GIS 在环境工程中的应用优势，为行政管理部门的环境决策提供科学依据。

10.2　水体环境与 GIS

10.2.1　水污染控制

水污染控制是区域环境保护的重要组成部分，通过 GIS 对环境保护中的原始数据以及新生成的数据进行合理规范的处理和管理，可提高这些数据的使用效率，更好的应用和服务于水污染的监测与防治。

水污染控制中管理者需要许多统计图表和监测数据进行辅助决策。如何在计算机管理系统中对环境监测数据、基础地理数据和环境统计图表等进行统一管理，合理处理和空间分析，共享这些数据和分析结果，是水污染控制的一个重要研究方向。将 GIS 应用于水污染控制，上述问题便可以迎刃而解。

水污染控制引入 GIS 技术，可方便解决如下一些问题：①实现特征信息的分类；②实现特征信息的管理、查询和分析；③特征信息的输出。

1. 数据分类

GIS 在水污染控制中的应用首先可以将涉及的数据进行分类管理，并输入 GIS 管理系统。这些数据主要包括：社会经济规划数据、污染源及污染物基础数据、城市排污管网数据、水文条件数据、水质目标数据、水域流场及浓度场的空间分布数据、污染物允许排放量数据和需要削减量数据。

2. 数据管理、查询和分析

数据分类输入 GIS 管理系统后，需要进行数据编辑和规范化处理，以便于后续工作数据的存储管理、查询及分析。数据分类中属于空间数据的采用面向对象的图形形式表示和存储；属于非空间数据的社会经济数据或日常统计数据可以作为属性信息，使用与 GIS 兼容的商业数据库存储，如使用 Oracle、SQL Server 等数据库，以增强数据信息的可移植性。水污染信息控制系统中，大多数信息（如水体质量的空间分布、城市排污管网的空间布设信息等）都可采用矢量数据的形式进行存储和管理。国民经济统计数据、水文日常记录数据、污染物的种类及数量等可用商业关系型数据库存储。已经入库存储的特征数据，都可以进行查询和空间分析。如查询某一功能区水域的水质分布、流场与浓度的叠加分析等。

3. 图表输出

水污染控制中应用 GIS 可以将空间信息和属性信息通过显示屏、打印机或绘图仪等设备输出，输出的信息可以是数字、图表以及数字和图表相结合的形式。可以输出水环境容量结果信息、排污口的分布以及允许排放量等，以供决策部门使用。

10.2.2 水体非点源污染

随着人们对环境问题的关注，非点源污染（Non-Point Source Pollution，NPS，又称面源污染）逐渐受到各国政府和环境保护部门的高度重视。水体非点源污染是相对于点源污染而言的一种水环境污染类型。

水体非点源污染具有空间分布的特性，GIS 为水体非点源污染空间分布问题提供了解决的工具，二者的有机结合成为必然。随着计算机和 GIS 技术的飞速发展，使得地理信息科学与技术在各种类型（包括水体）的非点源污染领域中的研究更加深入广泛。

水体非点源污染模型与水文循环过程、气象条件密切相关。由于流域水文信息具有空间分布特征，而非点源污染在空间和时间上也有一定的分布特性，因此建立在水文基础模型上的分布式模型逐渐成为水体非点源污染模型的发展趋势。然而，在构建分布式水文模型过程中，要输入复杂且繁多的过程参数以及大量的数据，这就需要具有强大功能的空间数据库来支撑，GIS 为分布式非点源污染模型的研究和应用提供了可能，使模型的实现、检验、校正更加容易。

1. 建立水体非点源污染空间数据库

在水体非点源污染应用研究中，最基础的工作就是构建水体非点源污染的空间数据库。此项内容工作量繁重，且会直接影响其结果的可用性，主要考虑采用的数据精度高低以及空间数据库的质量如何。从数据源来看，包括地图、遥感影像、GPS 接收的数据、各种电子数据、照片、各种记录性文件等。在数据类型方面，要从空间数据和属性数据两大类来考虑。空间数据主要包括行政区划、气象气候、地形地貌、土壤、植被、土地利用等；属性数据主要包括实验数据、统计报表和野外实地调研数据等。空间数据库的构建主要经过图形数据管理、属性信息编码、数据分层、空间索引设计等步骤完成。

水体非点源污染空间数据库的构建是应用水体非点源污染模型的前提和基础。由于国外对水体非点源污染模型的开发应用较早，因此应用 GIS 建立水体非点源污染空间数据库也比较成熟和广泛。中国随着非点源污染模型的引入和应用，在这方面开展的工作也逐渐多起来。水体非点源污染空间数据库不是为建库而建库，是为深入研究流域非点源污染提供基础数据平台。

2. 空间分析提取模型参数

借助GIS技术,对数据进行空间分析以及提取水体非点源污染模型的参数,已成为水体非点源污染的研究热点。这里涉及的空间分析功能主要包含缓冲区分析、数字地形分析、栅格空间分析、水文分析、叠合分析、地学分析等。缓冲区分析在考虑植被类型、土壤类型、地形等相关因素的基础上,可利用GIS技术划定河流沿岸缓冲区。将生成的中间数据缓冲区结果与其他数据层作叠合分析,判断并识别受污染源影响的因素和影响水源保护的因素。数字地形因子分析结合GIS技术,多用于获取坡度、坡向、坡长等地形空间参数以及相关的属性参数,以满足水体非点源污染模型的研究所需。栅格空间分析运用于分布式的非点源污染模型时,主要进行网格单元的划分和栅格运算。具体操作为:①网格单元的划分,可以依据数据分析的精度、流域大小以及流域内的土壤信息、土地利用分类信息、地形特点等信息来划分;②基于网格单元的划分结果,就不同栅格图层进行运算。插值运算在非点源污染中的应用主要是将点数据转换为面数据,以点代面,生成新的数据。如借助GIS平台,将气象站的雨量信息和数字高程模型(DEM)经空间插值运算后,可划分出子流域,进而获取子流域面积、地形数据、河道等相关信息。

3. GIS与水体非点源污染模型的集成

水体非点源污染模型可以从定量的角度描述或再现水域系统的污染过程,分析非点源污染物排放的时间以及在水域系统内的空间分布规律,标识污染物主要来源的空间位置以及迁移传播的途径,估算非点源污染负荷,并能对负荷及其对水体的影响进行预测、预警和评价,为水域规划、管理和保护提供决策依据。

对于水体非点源污染的研究,各个过程会用到很多空间参数,需要考虑不同的流域范围以及研究区地理空间的背景条件。以GIS为核心的3S技术可以方便地采集、管理和分析这些空间数据。充分采用这些空间数据,将GIS和非点源污染模型二者集成,更有利于复杂污染水体机理过程的正确表述。因此,GIS与水体非点源污染模型的集成,是当前水体非点源污染研究的必然趋势。

10.2.3　水质模型

目前,在研究水体的污染状况、水体的自净水平以及如何解决水体水质的预测问题时,一般都采用水质模型法,以实现水体水质变化规律的定量化描述。水质模型的模拟对象是具有空间分布特征的河流水域,用数学语言和手段模拟水体水质的物理、化学和生物过程的内在规律。为了提高水质模型的预测预报成果的可视化水平和实用性、易用性,水质模型与GIS技术的集成逐渐成为该项研究的趋势。

水质模型中应用GIS技术的目的在于利用GIS先进的空间数据管理功能和空间分析能力,将区域水环境质量与地理空间数据等集合在一起,通过水体水质内在的迁移规律,对其进行综合分析,为区域水污染防治方案提供可操作的决策支持。

1. 空间数据库的建立

(1)空间数据的建立,主要采集基础地理背景数据,用来制作地图。这些空间数据包括行政边界、水域、居民用地、建筑物、道路、湖泊和植被等地理要素。

(2)水环境属性数据的建立,主要收集与水环境相关的属性信息。这些属性数据主要包括:①采集水环境质量监视监测数据,采集方式可以是断面、垂线、监测点;②根据水环境质量划分的各种功能区的属性数据等。水环境属性数据最终为绘制各种水环境专题图服务。

(3)水环境图形数据与水环境属性文本数据的关系建立,主要是采集和编辑水环境图形和属性文本数据的关系,并在数据库中存储这些关系数据。存储这种关系数据需要在数据库中建立关键字段,使空间数据与水环境属性数据建立对应的关系。

2. 水质模型的建立

(1)水污染控制单元划分。为了能够很好地控制水质,并考虑实际管理的需要,应选取合理的水质控制点,并划分相应的水污染控制单元。

(2)相关参数确定。在使用水质模型时,需要确定相关参数,主要包括污染物综合降解系数、河段平均流速和背景浓度等。

(3)水质模型与GIS集成。水质模型建立的过程中需要和GIS集成,使水质模型的数学计算结果能利用GIS高效的管理和分析功能。

3. 模拟结果的显示与查询

水体质量的动态变化信息和实时水体有关情况,都可通过水质模型的模拟结果进行动态显示。GIS可以为整个显示过程提供逼真的三维场景,用户可以直观地浏览水体水质变化的全过程。

若要查询实时的水体质量信息以及通过浏览器查询和访问各类数据库的服务器,都可通过水质模型的模拟结果来实现,也可通过直观的折线图、条状图等形式表达、查询和分析企业排污量对水体水质的影响。

10.3 大气环境与GIS

大气环境质量的优劣直接影响人类的生存环境。受到污染的大气,会通过各种方式威胁人类的健康,进而破坏其生存环境。大气模型是评估污染源对大气环境潜在影响的有效手段,更是评价危害物泄漏事故对大气环境影响的最好方法。

在大气模型的发展过程中,GIS技术逐渐被大量应用。GIS主要用于空间数据管理、可视化等工作中。随着技术的发展,二者呈现出融合的趋势。最新研究结果表明,进行大气污染对人类健康及其生存环境的影响评价时,GIS已成为主要的关键技术之一。如大气环境分析中的区域影响分析、人口影响分析、基础设施分布、各种影响的叠合分析、三维显示等都需要GIS技术的支持。

10.3.1 大气污染控制管理

大气环境保护是目前国内外许多国家或大城市非常重视的工作。需要开展大气污染综合防治、控制管理和总量规划等研究工作。大气污染问题和地理空间位置密切相关。传统的数据库已不能满足大气环境管理中数据存储、管理和分析工作的需要。GIS应用于大气环境防治中可以很好地解决这些问题。

1. 空间数据输入

在大气环境控制管理过程中引入GIS技术,可以通过屏幕输入、扫描数字化或数字化仪方式输入采集的基础地理空间数据,作为背景底图。为了日后便于输出地图,需要通过计算比例关系,将输入数据的图标分为常用图标、专用图标、单线、双线和字符等输入。

2. **属性数据管理**

属性数据主要是大气污染源的属性数据,包括点源污染和面源污染。借助GIS技术,选择常用的关系型数据库,将大气污染源的属性数据进行存储和管理,便于与有关的环境保护部门现有的数据库衔接。

3. **控制管理**

大气污染信息管理可以实现污染程度查询、污染排放源管理、优化管理方案、大气污染单位管理和大气污染图形输出等。

(1)污染程度查询。大气污染程度查询中,分为空间查询和属性查询。查询结果可以以数字或等值线图方式表示污染物浓度的空间分布;可以查询监测站监测的年变化,或比较监测站之间的记录数据;可以查询每个网格单元的污染物浓度超标的污染源贡献率。

(2)污染排放源管理。可以实现通过污染源的地理位置或编号查询单个污染源的属性记录,包括面源、排放量、削减量和允许排放量,都是以网格"填充"形式表现的。

(3)优化管理方案。方案的选择、分布与消减、预测污染等都可在大气污染的优化管理方案中体现。

(4)大气污染单位管理。原有单位和新建单位的管理、单位污染数据的输入以及环境影响评价和排污许可的管理等,都可通过大气污染单位管理来实现。

(5)大气污染图形输出。大气污染图形输出中可以实现图形、报表等输出,提供给管理部门决策污染排放单位是否建设或停产。

10.3.2　大气污染扩散空间分析

大气扩散模型是研究大气污染传播的重要手段。大气污染扩散以及扩散后的损失评估需要处理大量的空间数据。在很多情况下,大气污染扩散研究需要引入GIS技术来处理空间数据。大气扩散模型不同,输入和输出的参数也会有差异,进而会影响到分析过程的复杂程度。目前,将大气污染扩散模型与GIS无缝集成,是大气污染扩散的重点研究方向。

1. **大气扩散模式的建立**

大气扩散模式的建立对于研究大气环境污染非常重要。在研究大气污染防治时,首先需要建立污染物在大气中的扩散模式。大气中的污染源主要分为四类,即点源、线源、面源和体源。不同的污染源在大气中的扩散模式不同。目前,国内外虽有很多研究,但是污染源的大气扩散模式受很多因素制约,因此污染源的大气扩散模式有很大的研究空间。点源污染目前以高斯模式最为权威。

2. **数据输入管理**

在大气污染扩散中引入GIS技术,可以编辑、输入和管理污染源、浓度空间分布、基础地理背景数据及其他数据。在GIS技术支持下,还可以直观地以图形方式查询和显示各污染源的污染状况、地理位置。

3. **数据库设计**

大气污染扩散分析中使用的各污染源空间数据和属性数据、气象数据、模型控制参数、基础地理数据和属性数据等数据量庞大,需要建立一个统一的数据库进行存储,并且可以进行增、删、改等操作。

4. **空间分析**

可应用建立的大气扩散模式分析污染物的扩散范围。经大气污染扩散模型计算,所得结果为一些离散点的大气污染物浓度值数据。为便于这些数据在 GIS 平台上进行空间分析,需要把这些离散点的数据数字化为等值线或分级等值图。

等值线便于对某一特定大气污染物浓度值空间分布进行分析,分级等值图便于对处于某一大气污染物浓度级的范围进行空间分析。无论数字化为等值线还是分级等值图,都需要对计算结果的离散点进行空间插值运算。

通过 GIS 空间插值运算,即可绘制大气环境的浓度预测图、大气环境质量图和大气污染源的浓度贡献图。

5. 输出

空间分析获得的结果图可以通过 GIS 图形处理的功能,以图形图像、报表形式输出,提供给大气环境管理部门辅助决策。

10.4 生态环境与 GIS

随着生态环境的逐渐恶化,决策者们纷纷提出:要大力保护和改善生态环境的安全,同时要满足生态环境的可持续发展。生态环境保护和监测引入 GIS 技术,可以研制集生态环境信息管理、数据库管理、生态环境各要素的实时监测、时空查询分析等多功能为一体的生态环境监测信息系统,可以满足实时动态、分时段监测、查询和分析的要求。

10.4.1 系统开发基础

1. 技术基础

系统开发可以选择可视化面向对象的多种开发语言(VB、VC、C#和 Java)。地理信息基础平台可以选择国内外的多种商业化的 GIS 二次开发平台,考虑到数据兼容性和软件功能以及二次开发平台提供的开发工具易用性、灵活性和可移植性,可以选择 ArcGIS 软件提供的 ArcEngine 进行开发。通过操作其属性、方法和事件,包括属性数据和元数据,体现其强大的空间图形、属性和图像的数据管理功能;实现对地图进行查询检索、修改属性数据等功能。运用的控件主要包括 MapControl、GlobeControl、TOCControl 和 ToolbarControl。

2. 数据基础

系统开发需要准备的基础数据包括研究区的数字化专题地图、卫星遥感图像以及实时的水文、气象、土壤和植被等数据,由此建立研究区生态环境信息数据库。除此之外,该数据库中还需要包括多年积累的研究区水文、气象、地质、地貌、土壤、植被和社会经济等文本资料。这些数据还需要具备一个共同的特征,就是统一的标准数据格式。

10.4.2 总体设计

系统功能结构可以按图 10-1 设计。

10.4.3 详细设计

1. 信息管理系统

借助地理信息科学与技术,结合现代多媒体技术,将研究区的生态环境、空间要素和社会经济等信息进行数字化存储管理,并且以大量的空间数据和文字信息的方式形象、直观地反映研究区的地质、地貌、气候、土壤、植被、水文、土地利用现状等。

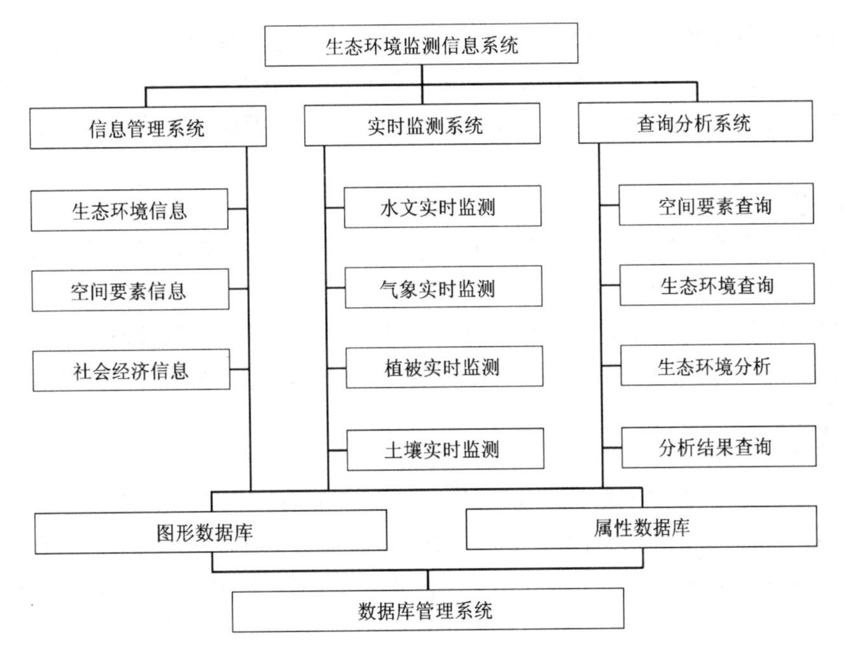

图 10－1　生态环境 GIS 系统功能结构

1)生态环境信息

系统应用 GIS 技术和现代多媒体技术,将研究区的水文、气候、地质、地貌、土壤、植被等多年积累的统计信息生动、直观地表现出来,并配合大量文字和数据信息,以达到信息输出的及时、准确、有效以及图、文、声并茂的效果。

2)空间要素信息

应用 GIS 技术高效地管理和显示系统中水文、气候、地质、地貌、土壤、植被等的图形要素信息。

3)社会经济信息

应用 GIS 技术高效地管理研究区的社会经济信息,并与空间要素信息建立相互关联的效果。

2. 实时监测系统

运用 GIS 对研究区的水文、气象、土壤、植被等要素的实时数据进行录入和实时显示,能动态、实时、准确地以文本、图表等形式显示和打印输出数据以及分析结果。此外,利用 GIS 技术和遥感技术将最新遥感图像和不同时期的图像进行叠加,以直观的形式将研究区水系、土壤、植被类型的变化情况表现出来。实时监测系统主要包括水文实时监测、气象实时监测、植被实时监测、土壤实时监测。

1)水文实时监测

该功能模块提供水文最新数据录入窗口,用户可以随时输入最新的水文数据,并且结合多年积累的研究区水文资料,根据用户选择的水文观测站和生态观测站、监测方式和内容,将水情的变化情况直观地以图表形式显示出来,或以文本方式对其进行总结描述,使用户对研究区的水情变化及趋势有一个全面细致的了解。此模块主要为研究区的防洪、配水决策的支持提供参考。

2)气象实时监测

该功能模块提供最新气象数据录入的窗口,用户可以随时输入最新气象数据。结合多年积累的研究区气象资料，根据用户选择的气象站、监测方式和内容，对其进行对比分析，将气候变化情况直观地以图表的形式显示出来，或以文本方式对其进行总结描述，使用户对研究区的气候演变情况及其趋势有一个全面细致的了解。此模块主要为分析研究区气象演变规律而设计。

3）植被实时监测

该功能模块主要应用研究区实时的航空航天遥感影像与多年积累的航空航天遥感影像资料进行对比，对研究区植被类型的演变情况进行动态监测。具体表现为，用户可以根据需要将研究区不同年份的植被类型分布图叠加，可以对植被变化情况进行直观地、准确地分析和图形输出。此外，还可以输出文本的方式获得详细分析结果，如某种植被类型的面积年变化量或变化率。

4）土壤实时监测

该功能模块主要将研究区实时获取的土壤类型与研究区多年积累的土壤资料进行对比，动态监测土壤类型的演变情况。具体表现为，将研究区不同年份的土壤类型分布图叠加，分析土壤类型、土壤成分和土地利用类型及面积等的变化，以图形和文本的方式进行直观、明确地表示。如某种类型土壤的养分、土地利用类型及面积的年变化量或变化率。

3. 查询分析系统

依据研究区域的空间要素、区域生态环境等信息，此系统可查询分析研究区域内的各个环境要素，且对分析结果进行直观反映。

1）空间要素查询

该模块功能主要实现根据用户点选的地物要素，获得该图元的属性，或根据用户双击所选择的区域，获得该地区的详细图形。还可利用生态环境信息数据库中现有的资料，点选某生态环境区划的相关资料，可以显示该区域最新的生态环境遥感监测图像资料。遥感监测资料的更新通过对数据库的更新来完成。经过遥感影像的解译操作和处理后的结果对比分析，可提取出研究区的各种生态环境因子信息以及生态环境现状情况，进而对生态环境的好坏做出适当的评价，也可提出相关保护措施。

2）生态环境查询

该模块依据用户选择的水情、气象、土壤、植被等生态环境因子，对生态环境现状与变化情况进行查询。

Ⅰ. 水情查询

将研究历年有水情的遥感图像资料存储在后台数据库中，点选该生态环境要素，查询某时间段的记录情况，并且显示此时间段的水情遥感信息资料。从多年资料的相互比较，来了解和分析研究区的水情演化趋势和亟待解决的问题。

Ⅱ. 气象查询

影响研究区生态环境的气象因素主要是研究区的降雨量和蒸发量。根据用户点选的该生态环境要素，查询气象遥感资料，即可看到研究区在某个时间段的气象变化情况和现状。通过对降雨量和蒸发量的专题地图进行比较，从而直观地推求历年研究区的水量供求关系和水量平衡关系。

Ⅲ. 土壤查询

可以利用遥感图像资料制作的土壤专题地图中图斑的颜色来判断土壤类型。这些专题地图也存储在后台数据库中。根据用户选择的该环境要素在研究区查询。通过新旧资料的对比,可以直观地分析研究区土壤类型的变化和荒漠化的面积。

Ⅳ.植被查询

植被可以直观地反映研究区生态环境发展变化的综合情况,与水情、气象、土壤等多个要素密不可分。通过植被查询可以获得植被专题地图,对比分析可以明显地看出生态环境的变化。

3)生态环境分析

通过将水文、气象、植被和土壤的现状地图和历史地图进行叠加分析,可以综合地反映出研究区生态环境的变化情况和变化规律。

4)分析结果查询

将研究区的遥感资料分成不同区域,将同一区域不同时间的遥感影像资料进行叠合分析,形成差值图,并存储在后台数据库中。或者将生态环境空间分析生成的差值图(水情、气象、土壤和植被)存储在后台数据库,可以点选不同要素查询分析结果。

10.4.4　数据库管理系统设计

数据库管理是生态环境监测信息系统的基础,负责对系统所涉及的数据和信息进行统一、有效地管理,并与其他子系统建立相应的关联,以达到数据资料的共享。

1.图形库管理

图形库主要管理基本图和专题图的图形数据。基本图主要包括分区地形图、DEM等,专题图主要包括水文、气候、地质、地貌、土壤、植被分布图、等水线、等径流深、等蒸发量线和土地利用等。这两类图的数据量大,信息准确度高,极具参考价值。

2.属性数据库管理

数据库中存储大量的文字信息以及图形对应的属性信息。用户可以根据需要随时任意添加或修改数据信息。数据录入、修改、编辑灵活简便。

10.4.5　系统实现

系统实现可以采用Visual Basic、Visual C++、C#等可视化开发语言,结合GIS基础平台软件ArcGIS的内核ArcEngine或者MapInfo的MapX控件进行二次开发。数据库可以采用商业软件SQL Server、Oracle等,并通过数据库引擎技术ArcSDE和DAO技术提取数据,实现生态环境监测信息系统中GIS的应用,满足用户的空间数据处理、时空分析及可视化工作。

练　习　题

1.问答题

GIS在水体环境中有何应用?

2.分析题

某市欲借助GIS技术建设一个生态环境地理信息管理系统,请分析需要准备的空间数据,并设计开发步骤。

3.论述题

论述GIS在环境工程中的应用,并举例说明。

第11章　海洋港口海岸工程中GIS的应用

本章主要介绍GIS在海洋及相关工程中的应用,分别阐述GIS在海洋工程、港口工程和海岸工程中的具体应用方向,最后以案例的方式详细讲解海岸带GIS的设计与实现。

11.1　概述

随着陆地资源逐渐减少,人类将目光转向了海洋这个自然资源宝库,近年海洋经济在整个社会经济中的地位已开始崭露头角。现代海洋经济主要包括海洋资源、能源的开发利用和依赖海洋空间而进行的运输、旅游等其他生产活动以及与海洋有直接或间接关系的所有生产活动。具体的现代海洋经济产业范畴包括海洋渔业、海洋交通运输业、海洋矿产业、海盐业、海洋风能业、海洋潮汐能业、海洋油气业、滨海旅游业等,这些与海洋有关的产业发展都需要海洋、港口和海岸的工程和技术支持。

海洋工程、港口工程和海岸工程中都需要处理和分析大量的空间数据,GIS作为空间数据处理和分析的先进技术,可以在这些工程中发挥重要作用。

11.2　海洋工程与GIS

11.2.1　海洋水文

丰富的海洋水文数据若以传统的管理方式管理,将不便于相关海洋学科的科学研究和生产活动。海洋水文数据的计算机存储与高效管理、检索、综合分析和结果图形化、可视化,对于海洋事业的发展非常重要。海洋水文数据与空间位置关系密切:海洋水文观测站有大地坐标,自然观测的数据与观测位置的坐标相关;海洋水文数据中包括观测到的温度、盐度、流速等数据,这些数据在地理空间上连续分布,分布特征与空间地理位置密切相关。基于这些原因,有必要在GIS技术支持下建立海洋水文数据库管理平台。在GIS平台上对现有的海洋水文数据、图件资料、文档资料均可以进行统一管理、分析及可视化。海洋水文数据中包含的空间信息和属性数据,可以利用GIS技术中具有空间坐标系的矢量图、栅格图、属性表和空间统计图等方式直观表达。总之,GIS为具有空间信息的海洋水文数据的科学、高效管理和可视化表达提供了有效的理论依据和技术支持。

GIS技术应用于海洋水文可以实现数据管理、地图可视化、水文空间信息查询、综合分析并输出水文专题地图等功能。数据管理主要实现海洋水文数据(海流数据、海风数据和海浪数据等)的空间数据库输入、修改、删除、导入和导出;地图可视化实现海洋水文数据以地图的方式屏显、缩放、移动、全图和鹰眼等功能;水文空间信息查询可以实现根据海洋水文数据的属性数据查询空间信息或者根据海洋水文观测点的空间数据查询海洋水文数据的属性信息。例如查询海流数据的流速流向、含沙量、含盐度、海水温度等属性数据和空间特征数据;查询海风数据的风向和风速等属性数据和空间特征数据;查询海浪数据的波浪高度、方向和速度等属性数据和空间特征数据;综合分析并输出水文专题地图,实现以各种海洋水文模型分析海洋水文数据,并将分析结果以专题地图(如海流矢量图和断面悬沙直方图、海风方向矢量图和海风速度空间分布图等)的方式可视化表达,以电子屏幕方式或打印方式输出给决策者。

11.2.2　海洋污染

随着世界海洋交通运输业的发展和海上油气田的不断开发,海洋溢漏事故不断发生,破坏海洋生态环境。海洋溢漏事故包括海洋溢油(海洋油田溢油、运输船溢油)、危险化学品溢漏和污染物溢漏(主要是运输船溢漏)。溢漏事故中的溢漏物会严重污染和破坏海洋、港口、海岸带的自然生态环境。海洋溢漏事故往往是突发性事故,如何能及时、迅速、有效、直观地处理溢漏事故已成为各国海洋环保部门急需解决的课题。溢漏事故的处理包括准确的预测预报溢漏的危害程度和影响范围,并制订应急措施和方案,以减少经济损失和修复海洋生态环境。

海洋溢漏事故发生后,合理调度应急物资、组织应急救援队伍、控制溢漏污染破坏海洋生态环境的范围、最大限度地减少经济损失,对于保护海洋环境和修复海洋生态非常重要。利用GIS技术优势,可为海洋溢漏事故进行数值模拟提供空间决策支持。GIS结合数值模拟可以反映溢油的空间分布特性与溢漏迁移扩散的相互作用。通过面向对象的可视化编程语言在GIS基础平台上进行集成开发,可以较好地解决数值模拟预测的一些困难问题。如数值模拟中空间数据输入难、空间分析和空间数据管理功能弱、数值模拟结果可视化程度低,结合GIS可以轻松解决这些问题。

1. 海洋溢油

海洋溢油污染往往空间上破坏范围广、时态上危害时间长,是对海洋生态环境破坏力比较大的污染之一。船舶溢油事故、钻井平台溢油事故和近岸设施溢油事故对海洋的污染已引起世界各国政府的高度重视。特别是在发达国家,政府已经投入了大量人力、物力建设探测设施,进行巡视、监测和管理近海专属经济区和领海海域的溢油污染。

遥感技术和GIS技术已被广泛应用于海洋溢油监测中。遥感技术主要被用来实时采集溢油污染的范围和程度,作为GIS的主要数据源配合地面监测进行定量数据采集。GIS技术主要被用来处理多种数据源(遥感影像数据、观测站数据),并进行数字化和融合分析,为模型分析提供可靠的空间数据。遥感技术和GIS技术的集成,可实现海洋溢油大面积、实时监测及可视化,可全面监测海洋溢油的空间分布、迁移运动方向和速度以及影响的面积。

GIS技术在海洋溢油监测中的具体应用主要表现在:可以在计算机屏幕上以可视化的图形方式显示溢油在海上的扩散过程;以不同的颜色模式表达溢油油膜的不同厚度和污染范围,可以放大、缩小及漫游浏览;可以查询溢油范围内的任何空间位置数据和属性数据,量取溢漏区与海洋保护区、敏感区、脆弱区的距离。

GIS结合溢油扩散数学模型,辅助数值模拟计算,统计如下信息:①溢油在海面上不同方向的扩散速度;②溢油扩散和不同厚度油膜的影响面积;③估算溢油到达某一保护区、敏感区或脆弱区的时间;④统计溢油影响区内的经济背景和修复污染的成本,估算可能的经济损失。根据需要可以将这些统计信息以图形的方式在屏幕上显示或打印输出,制作专题地图。

2. **危险化学品溢漏**

随着海洋运输业的发展，途径海上运输的化学品日益增加，导致化学品在海上溢漏的可能性或频率也逐渐增高。化学品溢漏事故发生后，如何进行扩散数值模拟和风险评估，辅助决策并制订应急处理方案在当今社会显得非常重要。

引入 GIS 技术服务于海上化学品溢漏事故的应急处理，已经被各国学者和政府管理部门广泛研究和应用。化学品在海上溢漏后，以海水为载体的传播运动，是一种动态的、具有时空分布特征的面源污染。海水环境动力模型（如潮流场、风场、温度场和湍流等）可以用于模拟化学品溢漏后在海上的运动方向，还可以模拟化学品溢漏后在传播过程中的行为（如扩散、迁移、蒸发、溶解、乳化、沉降、光氧化和生物降解等）。

GIS 技术可以配合化学品海上扩散的数值模拟计算做如下一些具体工作：①GIS 用于采集海洋数据，制作研究区的海洋空间数据，以获取数值模拟计算需要的离散空间网格和相关模型参数；②输入模型参数和边界条件后，采用一定的数值模拟算法进行模型求解；③将模型模拟的输出结果结合 GIS 进行可视化，可以直观地预测预报污染扩散的浓度时空分布情况。

化学品海上溢漏事故处理时引入 GIS 技术，结合潮流风场数据以及溢漏化学品传播行为特征，能够在很大程度上控制污染程度和提高海洋污染预测预报的准确性和实时性。GIS 为绘制化学品海上溢漏灾害模拟数字专题地图提供技术支持。引入 GIS 技术后，管理部门可以在事故发生时及时得到海洋污染的详细信息，为科学决策提供依据。

11.2.3 海洋运输

随着海洋交通运输业的快速发展，船舶在海洋、港口和航道的航行密度不断加大。GIS 应用于船舶调度和监控，实现船舶的高效系统管理非常重要。

船舶调度监控中引入 GIS、GPS、现代移动通信以及计算机、自动控制等高科技手段并相互结合使用，可以实现船舶的高效运作、合理调度指挥和监控定位，可以实现信息快速处理与传送、业务电子化管理和决策分析以及远程监控。

GIS 技术支持的船舶调度监控系统由两大部分组成：调度监控中心和船舶终端。GIS 主要用来管理调度监控中心和船舶终端的电子地图，包括航道、水文地貌和附近相关航行设施等的信息。监控中心的电子海图用来实时显示船舶航行位置，船舶终端用来接收定位数据并通过现代通信技术传输给监控中心。电子海图的开发包括：①坐标和投影系统的选择；②航行图以及施工图的扫描矢量化、图形编码和分层管理。

11.2.4 海洋地质

为了促进海洋资源的合理开发与利用，调查海底矿产资源和探测海洋油气资源的科学技术，已经成为当前海洋高科技发展的前沿技术。海洋地质学研究海底和海岸带岩石圈。海洋地质调查主要是获取海底和海岸带岩石圈的资料，这些资料具有空间性、全球性。海量的海洋地质调查数据需要 GIS 技术的支持，进行处理、管理和共享等。

引入 GIS 技术手段处理海洋地质调查资料，是因为海洋地质调查所采集的数据具有空间性特点，以空间位置约束记录属性数据。将不同数据层进行叠合分析，找出研究区的海洋地质规律是现阶段海洋地质调查的主要目的。GIS 的最大优点是可以将彼此相互关联却又相互独立的数据层进行叠置，只要这些数据之间在空间上有共通性，就可以综合分析。在海洋地质调查中同一采样点可以采集海水水深、岩性类型、海洋沉积物的砂含量、生物化石种类及数量、重力场数据、磁场数据、地球化学数据等，都可以是相互独立的数据层。GIS 可以对这些数据层分别进行统计和计算，也可以叠置统计，用统计图表、表格和图形图像数据表达出来。有时候，独立的数据层之间似乎毫无联系。然而将数据层在空间纵向上统一，常常能使其实用价值极大的提高。

GIS 技术在海洋地质中，主要用于调查数据的处理、海底地质图数字化表达、海底调查资料的科学管理及其共享。GIS 技术在海洋地质中的具体应用如下：GIS 可以将海洋地质科学研究中调查获取的几何图形定位数据和非几何的描述性数据分别独立存储且可以关联操作，进行专业分析，实现调查资料的科学、准确解释；GIS 可以将多层海洋地质调查数据空间叠合分析；GIS 可以将海洋地质调查数据以数字化方式存储为图形、图像等，具有较高的精确性，实现提高海洋地质调查资料的解释精度；GIS 可以提供调查数据的专业解释或条件查询，根据最新的调查结果可以修改补充已有的调查结果；GIS 可以实现海洋地质调查资料的多种空间运算；GIS 可以长期存储海洋地质调查资料。

11.2.5　海洋渔业

海洋渔业资源是海洋经济的重要组成部分。海洋渔业资源是人类最早开发利用的一种海洋资源，到目前为止仍然是人类生产生活中最为重要的海洋资源之一。随着捕捞技术的大幅提升和海洋环境污染的恶化，海洋渔业资源逐渐减少。为了科学合理地发展海洋经济，需要实现海洋渔业资源的可持续发展，因此维护和保护海洋渔业资源不被破坏的捕捞已引起世界各沿海国家的高度重视。

GIS 技术应用于海洋渔业，可以建立相关区域的海洋渔业数据库，实现渔业数据管理的信息化、网络化、可视化。GIS 可以将海洋渔业数据自动化成图并通过 Web 技术将成果发布和共享。GIS 具有很强的空间分析功能，在海洋渔业管理中能得到充分发挥。

GIS 应用于渔业资源管理的具体作用体现在：①GIS 可以采集、存储、处理海洋渔业资源数据，对各种渔业资源的数量、种类、空间分布，养殖区的分布，渔业水域的划分，渔船的数量、型号、分布等数据全面、直观地掌握；②GIS 可以将底质数据层、水温数据层和溶解氧数据层进行叠合空间分析，对于确定鱼类栖息地、寻找渔场或鱼类保护区非常重要；③GIS 可以结合海洋环境分布模式和鱼类种群季节性迁移路线，建立鱼类种群季节性空间分布分析模型，并动态分析空间分布的变化。

GIS 技术应用于海洋渔业时，除了管理区域内的渔业数据之外，还需要管理区域地理数据、区域环境数据、区域社会经济数据等。全球许多渔业区域、渔业管理部门、渔业研究单位、渔业捕捞生产者都很重视渔业资源数据库的建设，投入了大量财力和人力去建设渔业资源数据库，包括建立海洋渔业区域数据中心、海洋渔业行业数据中心、海洋渔业生产管理数据库等。

11.2.6　海洋环境

海洋环境对于海洋生物资源以及海洋产业与经济的发展非常重要。海洋环境的质量需要进行海洋环境评价。影响海洋环境质量的主要因素是海洋污染危害以及海洋工程与海洋资源的开发利用。对海洋环境的影响主要是指对海洋水体水质、海洋底质和海洋生态等海洋环境要素的影响。因此，海洋环境评价也主要是针对研究区的海洋环境要素进行评价。

海洋环境质量评价图是海洋环境评价的成果。它主要以可视化方式直观、形象地反映海洋环境质量的空间分布特点和规律,为海洋环境管理部门科学决策以及海洋环境保护提供基本手段。其主要目的是反映与海洋环境质量相关联的自然和社会经济情况。

GIS应用于海洋环境质量评价图,可以通过各种制图方法将各类陆源污染源和排污口的空间分布与种类、海域环境污染事件的空间分布规律及变化趋势、严重程度和数量、污染物迁移扩散路线模式等多种环境现象和过程以图形的方式表达。

GIS应用于海洋环境时,主要有以下一些具体工作:建立海洋环境调查的基础空间数据库;设计海洋环境质量评价的专业模型与GIS耦合的方法;对研究区海域环境质量调查结果,包括水体水质、污染程度、生态环境和营养情况等,进行单要素评价和综合评价,定量地分析海洋生物资源栖息区域的环境质量;针对不同的评价目的可以采用不同的评价方法,主要包括营养状态质量法、有机污染综合指数法、《中华人民共和国海水水质标准》、饵料生物水平评价及初级生产力评价模式等专业模型。

GIS技术与海洋环境质量评价模型的集成,可以应用GIS强大的数据库技术和空间分析能力,分析海洋环境质量评价指标的空间分布特征,形成图形文件和空间统计图表相结合的定性和定量的分析结果。GIS技术可以高效、快速、灵活地绘制海洋环境质量评价图。成果图可以屏幕输出显示,也可由彩色打印机打印输出,对于用户使用十分方便。鉴于GIS丰富的技术功能,成果图还可以制作成电子海洋环境质量评价图,并刻制成光盘产品。

11.3 港口工程与GIS

11.3.1 港口规划建设管理

港口规划在港口城市的建设和发展中非常重要。它是港口布局和发展规模的设想,是建设、管理的依据。港口规划中有许多设计资料和各种统计数据,在后续的建设中需要处理许多空间数据的定位、管理、查询等工作。但是目前港口规划的管理工作中存在规划数据利用率不高,不利于决策者和管理者做出港口规划的决策,影响港口的建设工作等问题。为了解决这些问题,有必要将GIS技术应用到港口规划、建设和管理中。开发基于GIS平台的港口信息系统,综合利用港口各类资料和地理空间信息,可以为港口的规划、建设、管理与决策提供科学服务和技术支持。

基于GIS平台开发的港口信息系统,主要包括两个重要的组成部分:港口规划管理和港口建设管理。港口规划管理包括:港口选址分析、港口规划设计方案管理、港口交通规划与管理以及港口地下管线规划与管理。港口建设管理包括:建设用地管理、建设工程管理、公文图件流转管理。

在GIS支持下,港口规划管理实现港口规划设计的数字化管理,港口建设管理实现港口建设的数字化管理。在GIS支持下,将完成的规划设计方案和建设方案数字化,实现科学化、信息化管理。即在空间数据库中存储港口规划的土地利用分类、地块编号、用途、边界坐标、地块范围面积、文字标注和说明图例等。规划方案成果在GIS平台上可以进行预览,调取GIS空间数据库中预存的数据,实现树、建筑物、地貌和道路等实体由二维到三维的自动转换,生成任意角度的鸟瞰图。

GIS技术引入港口规划选址分析,可以充分应用GIS的空间分析功能。港口规划建设管理信息系统在空间分析的过程中,可以将各种比例尺的地形图作为背景数据,分析区域的地理环境特点,综合分析社会经济环境,最终确定在区域范围内进行港口建设的最佳空间位置。社会经济环境主要包括周边配套设施、潜在消费力、运输环境、自然地理特征、地形环境等影响因素。分析结果在GIS技术的支持下,可以实现以基础地理数据为背景直观地展示港口布局、内部设施布局以及道路规划情况。同时,基于GIS平台还可以将多个选址分析的成果建立专题图,对不同的选址方案进行路径分析、挖方分析和社会经济分析,择优选择规划选址地点。

港口区域内道路网的规划数据和逐渐建成的道路网数据,在GIS支持下的港口规划建设管理信息系统中可以实现空间数据库存储和管理并定期维护和更新。港口区的市政管线规划与管理在港口规划建设管理信息系统中通过网络分析、管线工程辅助设计等GIS技术支持,可以为管线规划设计提供决策依据。在GIS平台支持下,港口区建设用地管理在港口规划建设管理信息系统中可以将港区地形空间数据和土地利用现状数据作为背景数据,分类图表显示建设用地的规划,审查是否符合征用土地前期条件,最后生成征地或建设用地红线图。在GIS技术的支持下,可以实现港口建设工程的过程管理,还可以实现规划成果图件和施工成果图件的共享,方便管理者和施工者之间的交流沟通。

11.3.2　港口物流管理

国际贸易货物的运输中,通过海上运输的数量约占总运输量的2/3,可见海上运输的重要性。海上运输量大,因此港口的物流也非常繁忙。为了实现港口物流的高效与安全,最基本的保证是建立基于GIS技术的现代化的港口物流管理系统。

现代化的港口物流管理系统可以促进港口物流信息化、全球化和一体化。基于GIS技术的现代化港口物流管理系统,以现代化管理、信息技术和网络为支撑,以客户为中心保障物流的综合服务水平。GIS技术引入港口物流管理系统,可以利用基于位置服务的技术,提供港口物流的发运跟踪查询服务。在基础地理地图数据的支持下,可以建立货物运输的路径,方便客户查询货物实时的运输位置。如目前快速发展的快递业务,逐渐向客户提供标准化服务,其中最重要的是可以跟踪货物运输路径和查询货物的地理位置。国外提供综合性物流服务的企业,在港口物流管理系统中建立起了强大的货物跟踪查询、自动运输路径选择、电子签收等功能。GIS可以把货物运输过程中的状态做成数据库运用于地图上,通过WebGIS发布于网上来供客户进行跟踪查询。

11.3.3　港口航道管理

长期以来,水路运输在中国国民经济建设中一直占据重要地位,也是交通运输重要的方式之一。水路运输投资少、见效快、运价低。港口航道是水路的重要组成部分。在繁忙的港口航道上航行运输,高效利用现有港口航道,确保航行安全非常重要。目前,我国的港口航道信息化管理,在港口、海区和国家各层次的航运管理、船舶管理、物流管理方面,缺乏稳定成熟、自主创新的港口航道管理软件系统。以空间信息技术为主导的电子物流调度系统更是薄弱。港口航道资料的管理也缺乏数字化或电子化,也难以实现迅速查询所需信息。传统的管理方式以图纸归档资料为主,导致大量的历史资料利用率很低,难以总结航道空间位置的历史演变规律。缺乏信息化的港口航道资料管理,难以实现远程航道信息资源共享,难以快速实现航道实时信息的查询等。传统的人工作业的港口航道管理方式,越来越不能适应高速发展的港口航道运输现代化的需要。港口航道资料的管理需要管理大量的空间数据,随着信息技术的飞速发展,尤其是GIS技术的快速发展,在港口航道管理中引入GIS技术,推进港口航道的现代化管理势在必行。

为了使船舶沿着航道安全、顺利地进入港池或泊位,一般需要熟悉港口航道地形的导航员引导船舶。随着卫星定位精度的提高和GIS技术的成熟,集成卫星定位和GIS可以开发港口航道船舶引航系统。这种系统的建成将极大地提高港口航道的管理水平。首先需要利用GIS的制图功能,将采集的港口航道的定位数据制作成该区域的港口航道矢量图,并叠加港口航道周围的水下地形DEM;其次通过船舶接收终端接收GPS卫星定位数据;再次将接收的定位数据显示在电子地图上;最后可以计算出船舶偏离航道中心的方向、位置和水下深度。基于GPS和GIS的港口航道船舶引航系统,可以为船舶入港的正确行驶提供必要警示信息。上述是在船舶终端显示定位,此外船舶还可以通过无线通信将接收到的定位数据传回监控中心,在监控中心运行的港口航道船舶引航系统中,将定位数据叠加在矢量地图上管理并显示。港口航道管理者或调度者,可以在监控中心直观地了解船舶所在位置。除此之外,这种系统还可以实现监控中心与船舶的双向沟通。可以是文字短信息形式,也可以是语音通话方式。这样可以完全满足监控中心对船舶的调度要求。当船舶在途中遇到紧急情况,船舶可以实时地将危险情况和位置信息传回监控中心,使船舶和货物的安全得到最大化的保障。

GIS应用于港口航道管理系统,可以充分利用GIS技术的空间查询功能,对港口航道的所有空间数据进行查询,并提供可视化平台;还可以为用户在托运之前提供运力、运输航线、水文、气象等信息的查询,提供科学的决策依据,方便用户做出决策。在检索查询的基础上,还可以利用GIS进行航道航线的调度与优化。GIS对航运的线路进行优化具体涉及下列内容:①运输路线、方式的优化选择;②季节性货物航运的优化;③资源调度,仓库管理;④资源配货等。

11.4 海岸工程与GIS

海岸地处海陆交互过渡带,主要包括海滨平原、狭义的海岸带和大陆架三部分。海岸地貌类型多样且变化极为剧烈。海岸常规调查耗费人力、物力,困难大,而且有相当一部分区域人力难以触及,调查数据更新速度缓慢,难以满足海岸海洋生态、环境的科学研究与海岸带社会、经济、文化发展和管理的要求。因此,应用现代高科技技术获取海岸地貌环境信息显得尤其重要。如应用遥感技术可以快速采集海岸地形地貌数据和空间分布特征,并可应用不同时相的遥感影像对比研究海岸环境的演变;利用多波束技术探测海底地形等。现代探测技术已成为获取海岸带空间数据、建立海岸GIS的主要手段。

11.4.1 海岸环境调查与动态监测

海岸要素的时空分布规律和变化趋势,是海岸生态保护、海岸环境、海岸工程等科学研究的理论依据和海岸带科学管理的决策依据。传统的海岸环境调查主要是人工实地考察,存在较大局限:①海岸带往往存在沼泽、悬崖或沙滩,导致通达性较差,不易人工考察;②海岸环境复杂多变,传统手段难以同步大范围考察;③海岸环境涉及信息量大,人工实时处理数据有很大困难。遥感技术完全可以克服上述困难,为海岸环境调查提供了新手段,适宜于海岸环境大面积调查和动态监测。遥感影像采集的海岸环境数据,可以作为GIS空间分析的数据源。

海岸带湿地是海水与陆地互动的特殊自然综合体。海岸带湿地资源是调节生态环境的理想场所。同时,海岸湿地时空演变与人类生活、生产活动紧密相关,与区域及全球海洋气象环境、海洋水文环境和海洋生态环境等方面密切相关。运用遥感(RS)、GIS技术研究海岸带湿地景观格局的变化,可以为合理利用海岸资源及可持续发展等提供依据。

海岸带湿地环境调查中,数据源采取不同时期遥感影像数据,在RS支持下,对海岸带湿地景观进行解译;在GIS支持下,采用景观生态学的研究方法,可以分析湿地景观类型的变化矩阵、湿地景观破碎度和多样性的变化规律。

11.4.2 海岸地形测量与显示

海岸地形是海洋动力作用于海岸物质所形成的。在GIS技术的支持下,利用GPS空间定位技术与RS技术相结合,可以快速、精确地采集海岸地形数据。海岸数字高程模型(DEM)是GIS处理海岸地形数据的基础。GIS可以利用DEM评价和分析海岸空间信息,诸如海岸高程、海岸坡度和坡向等重要的地貌要素。在GIS技术支持下,由海岸DEM可以勾绘海岸等高线,刻画海岸地面形态、海岸地形剖面等地形要素。

海岸工程科学研究对海岸地形的变化幅度和变化规律极为重视。海岸工程的科学研究往往需要获取实时的、动态的海岸地形测量数据,传统的测量手段受资金、人力和自然条件的多重因素制约,很难满足科学研究的要求,需要采取高科技手段。现代GIS技术利用有限数据源便可建立数据库和相关数学模型,进而进行海岸地形演变的动态分析和模拟预测。

11.5 海岸GIS设计与实现

海岸(或称海岸带)是指海陆交互作用的过渡、交接地带,主要包括沿岸陆地和水下岸坡。河口三角洲、沿岸平原、沿岸湿地、沿岸沙滩和沙丘、珊瑚礁、红树林等都属于海岸带范畴。目前海岸带的范围尚无全球一致的定义。国际地圈生物圈计划(International Geosphere-Biosphere Program,IGBP)1995年提出海岸带的范围为:上限到陆地200 m等高线位置,下限在向海方向大致 -200 m等深线位置。我国拥有广袤的大陆海岸线和岛屿海岸线。从北面环渤海地区,到南部珠江三角洲平原,跨越中国14个省市区,沿岸分布众多城市,构成中国社会经济的黄金链。

建设海岸GIS主要用来实现海岸带资源环境时空过程的一体化分析、海岸带资源环境动态变化的信息查询以及科学管理决策支持。海岸GIS建设是一个复杂的系统工程,涉及数据规范、统一坐标、数据之间的格式转换、数据库建设、应用功能模块集成等。

11.5.1 建设海岸GIS的必要性

海岸带的科学研究涉及多学科交叉,包括海岸带资源、环境和生态研究,海岸带规划、管理和建设研究,海岸带经济、社会和人类活动发展研究等。无论哪个学科研究海岸带,都需要庞大的空间数据支持。近年来,海岸带面临着环境污染、资源破坏、生态恶化等问题。因此,对海岸带的空间数据进行监测、采集、存储、管理对于海岸带的资源、环境和生态等研究非常重要。建立一种海岸GIS系统显得迫在眉睫。这种系统以计算机软硬件为基础,在

GIS 技术和 RS 技术的支持下,能够存储、管理与海岸资源、环境、生态相关的空间数据,以便相关科学研究能够方便地获取各类空间数据。

GIS 是空间数据管理和空间分析应用的计算机软件系统。它可以按照用户的需求,科学、合理地管理与海岸资源、环境和生态相关的空间数据,还可以将这些基本数据处理或者空间分析生成可供研究者使用的新数据。遥感技术是采集这些基础空间数据的有力手段。遥感与 GIS 技术的结合可以强有力地、科学有效地管理海岸资源、环境和生态,是目前国内外研究海岸带的重要方向。加拿大在 20 世纪 80 年代就基于 GIS 技术开发了海岸带渔业管理系统;荷兰在 1993 年基于 GIS 技术开发了海岸带管理系统,管理海岸带气候变化数据和海岸带工程以及法规等。

国外为了保护和合理开发利用海岸带资源、环境和生态,对海岸 GIS 的建设很重视。国内为了科学发展,目前也非常重视海岸资源、环境、生态的保护。但是由于起步较晚,至今尚未出现非常出众的海岸 GIS 对这些空间数据进行统一管理。目前,大部分海岸带仍然停留在依靠经验管理的水平上,遥感和 GIS 技术,尤其是 GIS 技术在海岸带资源环境管理中还没有得到很好的应用。中国学者已逐渐热衷于研究海岸 GIS 领域的问题,但是许多理论问题尚在解决之中。本章尝试探讨海岸 GIS 系统的建设。

11.5.2 需求分析

海岸 GIS 的设计与开发主要服务于国土资源、海洋管理部门、海事管理部门、环境管理部门、生态保护部门、科研机构和企事业单位等。为了满足不同部门和不同用途的需求,系统需要提供基本的管理和服务功能,即提供空间信息查询与检索、时空分析、数据共享、成果输出等。海岸 GIS 提供的数据需要包括海岸带的基础地理数据、资源勘察数据、环境监测数据、生态调查数据、水文站观测数据、气象观测数据、社会经济统计数据以及重要的文档资料等。海岸带受多种营力作用,有些数据变化快,海岸 GIS 需要考虑数据的动态更新和补充。海岸 GIS 还需要在数据库的支持下,开发设计有关的分析应用模型。这些模型可以是环境评价模型、资源评价模型、生态评价模型、环境污染预测预报模型等,用以进行管理、辅助支持决策。

11.5.3 系统建设目标

海岸 GIS 的建设是管理海岸资源、环境和生态,走向高度信息化的重要过程,其建设总体目标是为海岸资源、环境和生态的科学研究与管理提供有力的决策支持,全面提高海岸带管理工作效率及海岸带信息化水平。

通过对海岸 GIS 业务和功能需求的梳理,基于 GIS 技术、Web 技术和相关分析模型对空间数据资源进行挖掘,实现数据到信息的转化,满足海岸带资源、环境和生态等管理业务信息化的需求。该系统具体建设目标如下:

(1)构建海岸地理信息应用服务平台,提高地理信息服务能力;

(2)建立适合海岸资源、环境和生态管理的时空数据库系统;

(3)提高海岸带管理决策的业务能力和应急管理能力;

(4)提升海岸带信息化建设水平。

海岸 GIS 的建设以基础 GIS 作为开发平台,通过该系统平台的建设,有效提高海岸带信息化建设水平,为科学管理决策支持提供依据。

11.5.4　系统结构设计

系统采用分层设计,分层的基本原则是系统各个层之间相对独立,任何一层都只依赖低于自己的层。对系统进行分层划分,有利于系统逻辑设计和实现。系统设计遵循如下思路:

(1)根据用户需求,规划出应建设的各应用系统,并划分系统边界;

(2)分析各子系统的功能需求和系统运行环境要求,规划出需要的支撑环境、服务平台;

(3)根据支撑环境、服务平台的需求,设计所需要的计算机软硬件环境、网络通信环境。

根据系统设计遵循的思路,海岸 GIS 将自上而下划分为五层,分别是系统表现层、系统应用层、系统集成层、数据访问层和数据层(图 11－1)。

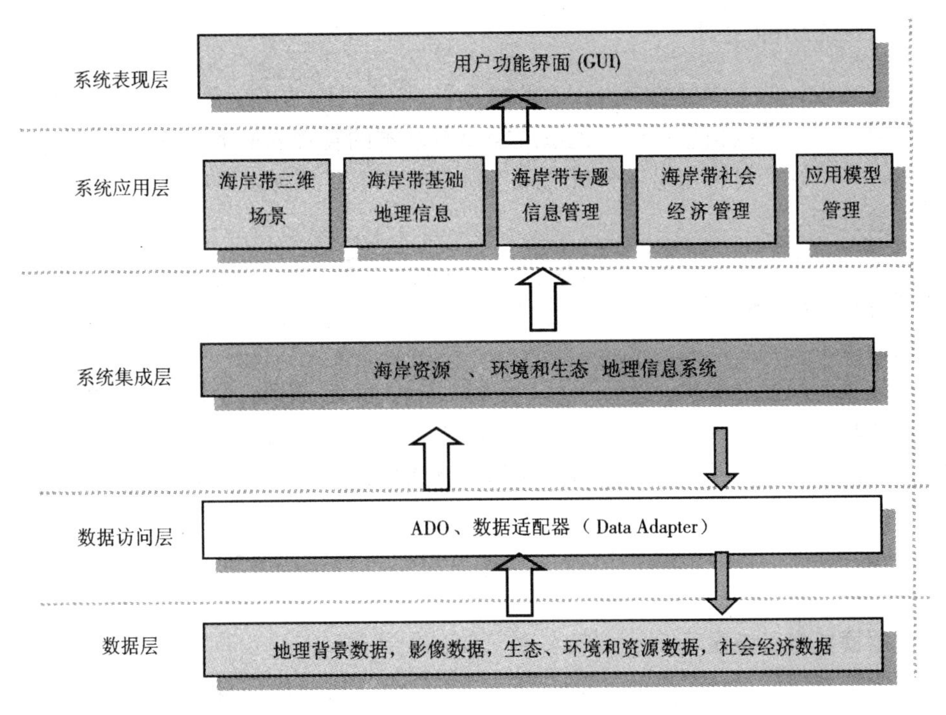

图 11－1　系统架构

11.5.5　系统数据库设计

首先根据应用需求和服务目标确定对各类数据的内容、格式和精度要求;其次确定数据来源和采集方式,并对数据进行采集、编辑;最后进行各类数据的质量综合分析评价,将符合要求的数据入库,以确保系统数据库中的数据准确并符合特定要求。

1. **数据内容**

数据内容主要包括小比例尺的背景地理数据、生态及资源和环境数据、影像数据、水文数据、气象数据和社会经济数据。背景地理数据主要包括海岸带地形、地貌、行政区划、面积和专题地图等;生态、资源和环境数据主要包括土地利用、矿产分布、生态系统的分类及其等级、生态景观特征、生物多样性特征、动植物区系、动植物优势种特征、土壤、植被和环境污染源等;影像数据主要包括多分辨率、多时相、多平台的海岸带遥感影像数据;水文数据主要包括水文水质、海水温度、潮汐、海水动力等数据;气象数据主要包括风力、风向、降雨量、蒸散发等数据;社会经济数据主要包括人口、房屋、生产力水平、产业结构、资源开发状况、利用需求及环境污染等统计资料。

2. 数据编码

目前,在海岸带数据分类编码方面没有国际或国内统一的标准和规范可以遵循,十分不利于日后的数据共享和开放服务。地理要素相对于资源和环境要素是稳定的,所以与资源和环境数据相比,地理要素数据具有更高的共享性。为了建成性能稳定、共享程度高的海岸带资源环境地理信息系统,系统数据库设计旨在将有关的地理要素本身的描述数据、资源特征的描述数据及环境特征的描述数据分别形成不同的数据文件,并建立相互间的关系,以海岸带资源环境的地理特征为主要属性进行描述和编码。

11.5.6 系统功能设计

海岸 GIS 设计的主要目的是为政府的决策者、科研机构的研究者、工程单位的生产和公众生活提供一个必要的信息平台。此系统需要有基本的管理和服务功能,可查询检索空间信息、分析时空数据、可视化显示分析结果。海岸 GIS 主要具有以下功能。

1. 矢量处理

提供海岸带资源、环境和生态相关的空间数据的矢量处理功能,包括采集、编辑、存储、添加要素、撤销和重做等。

2. 地图浏览

提供浏览空间数据的功能,可进行数据无极缩放、漫游、俯瞰、全屏显示、量距及图层管理和导航图功能。图层管理可以将图层按顺序进行分层,实现选定矢量图层可编辑及用特殊方式渲染图层的功能;导航图可随着主图的变化而动态刷新。

3. 空间分析

利用从数据库中提取的数据结合应用模型可以进行空间分析,实现海岸带专题信息分析。

4. 数据模拟与三维显示

数据模拟实现利用空间离散分布监测点的采样数据进行内插,模拟连续的自然现象和环境过程。插值方法多种多样,如反距离加权、样条函数、克吕金、趋势面法等。利用采样数据和内插数据模拟空间表面并可以生成等值线。三维显示实现了海岸带地形仿真显示,在场景中可进行旋转、漫游。在三维场景中可以任意点击查询区域内任一点的资源、环境和生态属性数据。

11.5.7 系统实现

系统实现可以采用商业软件 SQL Server、Oracle 等数据库存储数据,并通过数据库引擎技术 ArcSDE 和 DAO 技术提取数据,然后利用 Visual Basic、Visual C + +、C#等可视化开发语言,结合地理信息系统软件 ArcGIS 的内核 ArcEngine 进行二次开发,实现海岸带资源环境地理信息系统的数据处理、时空分析及可视化工作。

练　习　题

1. 问答题

(1) GIS 在海洋工程中有何应用?

(2) GIS 在港口工程中有何应用?

(3) GIS 在海岸工程中有何应用?

2. 分析题

某地区欲借助 GIS 技术沿海岸带建设一个海岸地理信息管理系统,请分析需要准备的空间数据,并进行系统开发设计。

3. 论述题

论述 GIS 在海上溢油中的应用,并举例说明。

参 考 文 献

[1]汤国安,赵牡丹,杨昕,等.地理信息系统[M].2版.北京:科学出版社,2010.
[2]汤国安,刘学军,闾国年,等.地理信息系统教程[M].北京:高等教育出版社,2007.
[3]邬伦,刘瑜,张晶,等.地理信息系统:原理、方法和应用[M].北京:科学出版社,2001.
[4]李德仁,龚健雅,边馥苓.地理信息系统导论[M].北京:测绘出版社,1993.
[5]龚健雅.地理信息系统基础[M].北京:科学出版社,2001.
[6]李德仁,关泽群.空间信息系统的集成与实现[M].武汉:武汉大学出版社,2002.
[7]吴信才.地理信息系统原理与方法[M].2版.北京:电子工业出版社,2009.
[8]吴信才.地理信息系统设计与实现[M].2版.北京:电子工业出版社,2009.
[9]黄杏元,马劲松.地理信息系统概论[M].3版.北京:高等教育出版社,2008.
[10]陈述彭,鲁学军,周成虎.地理信息系统导论[M].北京:科学出版社,1999.
[11]陈俊,宫鹏.实用地理信息系统:成功地理信息系统的建设与管理[M].北京:科学出版社,1998.
[12]边馥苓.GIS地理信息系统原理和方法[M].北京:测绘出版社,1996.
[13]樊红,詹小国.ARC/INFO应用与开发技术[M].修订版.武汉:武汉大学出版社,1995.
[14]郭达志,盛业华,余兆平,等.地理信息系统基础与应用[M].北京:煤炭工业出版社,1997.
[15]汤国安,陈正江,赵牡丹,等.ArcView地理信息系统空间分析方法[M].北京:科学出版社,2002.
[16]胡鹏,黄杏元,华一新.地理信息系统教程[M].武汉:武汉大学出版社,2002.
[17]李建松.地理信息系统原理[M].武汉:武汉大学出版社,2006.
[18]宋小冬,钮心毅.地理信息系统实习教程(ArcGIS 9.x)[M].北京:科学出版社,2007.
[19]张超.地理信息系统应用教程[M].北京:科学出版社,2007.
[20]张超.地理信息系统实习教程[M].北京:高等教育出版社,2000.
[21]KANG-TSUNG CHANG.地理信息系统导论[M].3版.陈健飞,译.北京:科学出版社,2003.
[22]池建.精通ArcGIS地理信息系统[M].北京:清华大学出版社,2011.
[23]刘明德,林杰斌.地理信息系统GIS理论与实务[M].北京:清华大学出版社,2006.
[24]王亚民.地理信息系统及其应用[M].西安:西安电子科技大学出版社,2006.
[25]苏奋振,周成虎,杨晓梅,等.海洋地理信息系统:原理技术与应用[M].北京:海洋出版社,2005.
[26]李旭祥,沈振兴,刘萍萍,等.地理信息系统在环境科学中的应用[M].北京:清华大学出版社,2008.
[27]李旭祥.GIS在环境科学与工程中的应用[M].北京:电子工业出版社,2003.
[28]刘耀林.土地信息系统[M].北京:中国农业出版社,2003.
[29]陈正江,汤国安,任晓东.地理信息系统设计与开发[M].北京:科学出版社,2005.
[30]吴信才.MAPGIS地理信息系统[M].北京:电子工业出版社,2004.
[31]李治洪.WebGIS原理与实践[M].北京:高等教育出版社,2011.
[32]李斌兵.移动地理信息系统开发技术[M].西安:西安电子科技大学出版社,2009.
[33]KENNEDY M. Introducing geographic information systems with ArcGIS: a workbook approach to learning GIS[M]. 2nd. Wiley, 2009.
[34]TOMLINSON R. Thinking about GIS: geographic information system planning for managers[M]. 4th. Esri Press, 2008.
[35]LONGLEY P A, GOODCHILD M, MAGUIRE D J, et al. Geographic information systems and science [M]. Wiley, 2010.
[36]O'SULLIVAN D, UNWIN D J. Geographic information analysis[M]. Wiley, 2010.
[37]DEMERS MICHAEL N. Fundamentals of geographic information systems[M]. 4th. Wiley, 2008.
[38]BRIMICOMBE A, LI CHAO. Location-based services and geo-information engineering [M].

Wiley, 2010.
[39]蔡宽余,杨晓慧. 城市地下管线信息管理系统的设计[J]. 上海地质,2005(2):37-40.
[40]魏立飞,文正敏. GIS 在水利现代化中的应用和发展趋势[J]. 中国水运,2008,6(11):94-96.
[41]潘建平. RUSLE 及其影响因子的快速计算分析[J]. 地质灾害与环境保护,2008,19(1):88-92.
[42]秦伟,朱清科,张岩. 基于 GIS 和 RUSLE 的黄土高原小流域土壤侵蚀评估[J]. 农业工程学报,2009,25(8):157-163.
[43]陈云明,刘国彬,郑粉莉,等. RUSLE 侵蚀模型的应用及进展[J]. 水土保持研究,2004,11(4):80-83.
[44]丁飞,潘剑君. 分布式水文模型 SWAT 的发展与研究动态[J]. 水土保持研究,2007,14(1):33-37.
[45]雷秋良,张继宗,岳勇,等. GIS 技术在非点源污染研究中的应用进展[J]. 土壤通报,2008,30(3):687-693.
[46]王晓燕,王晓峰. 北京密云水库石匣小流域空间数据库的初步建立[J]. 环境科学与技术,2004,27(3):42-43,46.
[47]董亮,朱荫湄,王珂. 应用地理信息系统建立西湖流域非点源污染信息数据库[J]. 浙江农业大学学报,1999,25(2):117-120.
[48]王少平,俞立中,许世远,等. 基于 GIS 的苏州河非点源污染的总量控制[J]. 中国环境科学,2002,22(6):520-524.
[49]黄金良,洪华生,张珞平,等. GIS 在九龙江流域农业非点源污染信息数据库建立中的应用——以五川小流域为例[J]. 厦门大学学报:自然科学版,2004,43(1):93-97.
[50]郭昳,李星,邱玉宝. GIS 在非点源污染数据库建设中的应用[J]. 工程地球物理学报,2005,2(5):391-393.
[51]臧永强,崔希民,龚建华. 水质模型与 GIS 的集成研究与应用[J]. 矿山测量,2007(2):60-63.
[52]林晖,闾国年,宋志尧,等. 地理信息系统支持下东中国海潮波系统的模拟研究[J]. 地理学报,1997,52(S1):161-169.
[53]侯英姿,陈晓玲,李毓湘. 基于 GIS/RS 技术的海岸带环境管理信息系统研究[J]. 华中师范大学学报:自然科学版,2005,39(2):287-290.
[54]张绪良,王树德,张朝晖,等. GIS 湿地生态环境监测与管理信息系统的建设与应用[J]. 中国农学通报,2010,26(13):129-133.
[55]崔丽静,尚承金. 地理信息系统(GIS) 在海洋地质中的应用[J]. 海洋地质动态,2005,21 (4): 33-36.
[56]李真,艾波,陶华学. 基于 GIS 的海洋水文信息系统的设计与实现[J]. 海洋地质动态,2007,23(8):35-38.
[57]王立华,李继龙,葛常水,等. 利用 GIS 技术进行海洋环境质量评价的研究[J]. 海洋环境科学,2003,22(4):44-48.
[58]庄学强,陈坚,孙倩. 基于"3S"技术的海上溢油信息系统设计与初步实现[J]. 集美大学学报:自然科学版,2008,13(3):237-240.
[59]陈新,杨波. GIS 在港口规划建设管理中的应用模型[J]. 海洋技术,2005,24(4):98-102.
[60]贾建军,王义刚. 地理信息科学在海岸工程学科中的应用[J]. 水利水电科技进展,1999,19(4):13-16.
[61]郭伟,李书恒,朱大奎. 地理信息系统在海岸海洋地貌研究中的应用[J]. 海洋学报,2008,30(4):63-70.
[62]彭冰,杜闽,徐占华. 基于 GIS 的海岸带管理信息系统开发[J]. 地理空间信息,2007,5(1):84-86.
[63]丁晶晶,王磊,邢玮,等. 基于 RS 和 GIS 的盐城海岸带湿地景观格局变化及其驱动力研究[J]. 江苏林业科技,2009,36(6):18-21.
[64]PULLAR D, SPRINGER D. Towards integrating GIS and catchment models[J]. Environmental Model-

ling and Software, 2000, 15: 451 -459.

[65] ANDNUS M. Integration of GIS and a dynamic spatially distributed model for non-point source pollution management[J]. Water Science and Technology, 1996, 33 (4 -5): 211 -218.

[66] TSIHRINTZIS V A, FUENTES H R, GADIPUDI R K. GIS-aided modeling of non-point source pollution impacts on surface and ground waters[J]. Water Resources Management, 1997, 11(3): 207 -218.